21世纪高等学校计算机类专业
核心课程系列教材

数据结构（C语言版）

第4版

唐国民　王国钧　主　编

李树东　邵　斌　副主编

清华大学出版社

北京

内 容 简 介

本书系统介绍各种常用的数据结构及它们的存储表示，讨论了基于这些数据结构的基本操作和实际的执行算法，并阐述了各种常用数据结构内涵的逻辑关系。全书共分为9章。第1章为概论，引入数据结构与算法的一些基本概念，是全书的综述；第2～7章分别介绍线性表、栈、队列、串、多维数组、广义表、树、二叉树和图等基本的数据结构；第8章和第9章分别介绍查找和排序，它们都是数据处理时广泛使用的技术。书中既体现了抽象数据类型的观点，又对每个算法的具体实现给出了完整的C语言源代码描述。

本书的特色是深入浅出，既注重理论又重视实践，使用算法设计实例的教学方式来组织内容，重点明确、结构合理。全书配有大量的例题和详尽的注释，各章都有小结和不同类型的习题。书中自始至终使用C语言来描述算法和数据结构，全部程序都调试通过。

本书可作为高等学校计算机及相关专业的教材，也可供从事计算机应用的科技人员参考。

图书在版编目（CIP）数据

数据结构：C语言版/唐国民，王国钧主编. —4 版. —北京：清华大学出版社，2024.7
21 世纪高等学校计算机类专业核心课程系列教材
ISBN 978-7-302-66346-1

Ⅰ.①数… Ⅱ.①唐…②王… Ⅲ.①数据结构－高等学校－教材 ②C语言－程序设计－高等学校－教材 Ⅳ.①TP311.12②TP312.8

中国国家版本馆 CIP 数据核字（2024）第 105976 号

策划编辑：魏江江
责任编辑：王冰飞
封面设计：刘　键
责任校对：时翠兰
责任印制：刘　菲

出版发行：清华大学出版社
　　　　　网　　　址：https://www.tup.com.cn，https://www.wqxuetang.com
　　　　　地　　　址：北京清华大学学研大厦 A 座　　　邮　　　编：100084
　　　　　社 总 机：010-83470000　　　　　　　　　邮　　　购：010-62786544
　　　　　投稿与读者服务：010-62776969，c-service@tup.tsinghua.edu.cn
　　　　　质量反馈：010-62772015，zhiliang@tup.tsinghua.edu.cn
　　　　　课件下载：https://www.tup.com.cn，010-83470236
印 装 者：三河市人民印务有限公司
经　　销：全国新华书店
开　　本：185mm×260mm　　　印　　张：15.5　　　字　　数：378 千字
版　　次：2009 年 9 月第 1 版　　2024 年 7 月第 4 版　　印　　次：2024 年 7 月第 1 次印刷
印　　数：51001～52500
定　　价：49.80 元

产品编号：101149-01

前　言

党的二十大报告指出：教育、科技、人才是全面建设社会主义现代化国家的基础性、战略性支撑。必须坚持科技是第一生产力、人才是第一资源、创新是第一动力，深入实施科教兴国战略、人才强国战略、创新驱动发展战略，开辟发展新领域新赛道，不断塑造发展新动能新优势。高等教育与经济社会发展紧密相连，对促进就业创业、助力经济社会发展、增进人民福祉具有重要意义。

在社会信息化的今天，社会对信息技术型人才的需求量越来越大，而信息技术型人才的培养又是高等学校人才培养的重要组成部分。本书就是基于培养信息化人才的需要而编写的。

"数据结构"是计算机科学的算法理论基础和软件设计的技术基础，主要研究信息的逻辑结构及其基本操作在计算机中的表示和实现。因此，"数据结构"不仅是计算机专业的一门核心课程，也是其他理工科专业的热门选修课。学会研究、分析计算机加工的数据对象的特性，能够选择合适的数据结构、存储结构和相应的算法并加以实现，是计算机工作者和其他科技工作者不可缺少的知识和能力。

"数据结构"课程内容抽象，知识丰富，隐藏在各章节内容中的方法和技术多。编者长期从事"数据结构"课程的教学，对课程的教学特点和知识的难点有比较深切的体会。在本书中，编者对多年来形成的"数据结构"课程的教学内容进行了合理的剪裁和重组，既强调数据结构的原理和方法，又特别注重其实践性与实用性。

本书介绍了各种常用的数据结构和它们在计算机中的存储表示，讨论了在这些数据结构上的基本运算（操作）和实际的执行算法，简要介绍了算法的时间分析和空间分析的技巧，并阐述了各种常用数据结构内涵的逻辑关系。

本书共分9章。第1章为概论；第2~4章分别介绍线性表、栈、队列和串等几种基本的数据结构，它们都属于线性结构；第5~7章分别介绍多维数组、广义表、树和图等非线性结构；第8章和第9章分别介绍查找和排序，它们都是数据处理中需要广泛使用的技术。

本书的特色是深入浅出，注重基本理论、基本知识和基本技能，每一章的开头都配有本章要点和本章学习目标，且思想性、科学性、启发性贯穿所有章节。它的教学要求是：让学生学会分析和研究计算机加工的数据结构的特性，为应用的数据选择恰当的逻辑结构、存储结构及相应的算法，并初步掌握算法的时间分析和空间分析技术，在学习中提高程序设计的能力。书中配有大量的例题和详尽的注释，每一章的末尾处都有本章小结和不同类型的习题。书中自始至终使用C语言来描述算法和数据结构，各章的程序都在C-Free 4.0或

Visual C++ 6.0中调试通过,以方便读者在计算机上进行实践,有助于理解算法的实质和基本思想。

本书提供教学课件,扫描封底的"图书资源"二维码,在公众号"书圈"下载。

本书可作为计算机专业的教材,其内容可以讲授一个学期。若将本书用作其他相关专业的教材时,建议授课教师根据实际情况适当删减教材内容(带"＊"部分)。本书也可供从事计算机应用等工作的工程技术人员参考,读者只需要掌握 C 语言编程的基本技术就可以学习本书。

在教学过程中,除了理论教学以外,上机实践也是一个不可缺少的环节,与本书配套的《数据结构实验教程(C 语言版)》也由清华大学出版社出版。

由于编者水平有限,书中难免存在不足之处,殷切希望广大读者批评指正。

编　者

2024 年 7 月

目 录

## 第1章

概论

本章要点
◇ 什么是数据结构
◇ 为什么要学习数据结构
◇ 算法和算法分析

本章学习目标
◇ 了解数据结构的基本概念,理解常用术语
◇ 掌握数据元素间的 4 类结构关系
◇ 掌握算法的定义及特性,算法设计的要求
◇ 掌握分析算法的时间复杂度和空间复杂度的方法

1.1 什么是数据结构

计算机科学是一门研究信息表示和处理的科学,而信息的表示和组织又直接关系处理信息程序的效率。由于许多系统程序和应用程序的规模很大,结构又相当复杂,因此有必要对程序设计方法进行系统的研究,这不仅涉及程序的结构和算法,同时也涉及程序的加工对象(数据)的结构,因为数据的结构直接影响算法的选择和效率。

1.1.1 数据和数据元素

数据(data)是信息的载体,是对客观事物的符号表示,能够被计算机识别、存储和加工处理。可以说,数据是计算机程序加工的"原料"。例如,一个求解代数方程的程序所处理的对象是整数、实数或复数;一个编译程序或文本编辑程序所处理的对象是字符串。随着计算机科学和技术的发展,以及计算机应用领域的扩大,数据的含义也越来越广。目前,图像、声音、视频等都可以通过编码而由计算机处理,因此它们也属于数据的范畴。

数据元素(data element)是数据中具有独立意义的个体,是数据的基本单位,通常在计算机程序中作为一个整体进行考虑和处理,如成绩表中的学生成绩信息、通讯录中的个人或组织的通信信息等。数据元素也称为元素、结点或记录。有时,一个数据元素可以划分为若干数据项(也称字段、域),数据项是数据不可分割的最小单位。

1.1.2 数据类型与数据对象

在数据结构中往往涉及数据类型与数据对象的概念。

数据对象(data object)是性质相同的数据元素的集合,是数据的一个子集。例如,整数数

据对象是集合 $N=\{0,\pm 1,\pm 2,\pm 3,\cdots\}$；大写字母字符数据对象是集合 $C=\{'A','B',\cdots,'Z'\}$。要注意的是,计算机中的整数数据对象集合 N_1 应该是上述集合 N 的一个子集,$N_1=\{0,\pm 1,\pm 2,\cdots,\pm \mathrm{maxint}\}$,其中 maxint 是依赖于所使用的计算机和语言的最大整数。

数据类型(data type)是计算机程序中的数据对象以及定义在这个数据对象集合上的一组操作的总称。例如,C 语言中的整数类型是区间 $[-\mathrm{maxint},\mathrm{maxint}]$ 上的整数,在这个集合上可以进行加、减、乘、整除、求余等操作。

数据类型可以分为原子数据类型和结构数据类型。原子数据类型是由计算机语言所提供的,如 C 语言中的整型、实型、字符型;结构数据类型是利用计算机语言提供的一种描述数据元素之间逻辑关系的机制,是由用户自己定义而成的,如 C 语言中的数组类型、结构类型等。

1.1.3　数据结构

数据结构不同于数据类型,也不同于数据对象,它不仅要描述数据类型的数据对象,而且还要描述数据对象各元素之间的相互关系。例如,需要描述数据对象元素之间的运算,并使这些运算能合法地用于数据对象的各元素上。

数据结构(data structure)是指数据对象以及该数据对象集合中的数据元素之间的相互关系(数据元素的组织形式)。数据结构的研究范围主要包括:研究数据的逻辑结构和物理结构(数据结构在计算机中的表示),并对每种结构定义相适应的运算;使用某种高级程序设计语言给出各种运算的算法并分析算法的效率;研究各种数据结构在计算机科学和软件工程中的某些应用;讨论数据分类、检索等方面的技术。

数据元素的组织形式一般包含下列内容:

(1) 数据元素之间的逻辑关系,也称为数据的**逻辑结构**。数据的逻辑结构通常有下列 4 类(图 1.1)。

① **集合**:其中的数据元素之间除了"属于同一个集合"的关系以外,别无其他关系。

② **线性结构**:其中的数据元素之间存在一对一的关系。

③ **树结构**:其中的数据元素之间存在一对多的关系。

④ **图结构**:其中的数据元素之间存在多对多的关系。

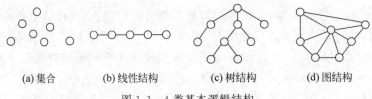

(a)集合　　　　(b)线性结构　　　　(c)树结构　　　　(d)图结构

图 1.1　4 类基本逻辑结构

(2) 数据元素以及它们之间的相互关系在计算机存储器内的表示(映像),称为数据的**存储结构**,也称数据的**物理结构**。

(3) 数据元素之间的**运算**,亦即对数据元素施加的**操作**,有时也直接称为数据的运算或操作。

由于数据的**逻辑结构**是从逻辑关系上描述数据,独立于计算机,与数据的存储无关,因此,数据的逻辑结构可以被看作从具体问题抽象出来的数学模型。数据的**存储结构**是逻辑结构用计算机语言实现的,依赖于计算机语言,因此对机器语言来说,存储结构是具体的,但需要注意的是,我们是在高级语言的层次上讨论存储结构。数据的**运算**是定义在数据的逻辑结构上的,每一种逻辑结构都有一个运算的集合。常用的运算有插入、删除、查找、排序等,这些运算实际上是对数据所施加的一系列抽象的操作。所谓抽象的操作,是指我们只知道这些操作"做什么",而不必考虑"怎么做"。只有在确定了数据的存储结构以后,才能考虑如何具体地实现这些运算。本书中所讨论的数据运算,均以 C 语言描述的算法来实现。

例 1.1 数据结构示例。

表 1.1 称为一个数据结构,表中的每一行是一个结点(记录),由学号、姓名、各科成绩和平均成绩等数据项(字段)组成。

表 1.1　学生成绩表

学号	姓名	计算机导论	高等数学	普通物理	平均成绩
08051101	陈小洁	90	99	81	
08051102	马丽丽	85	68	78	
08051103	林春英	92	68	66	
08051104	卢华娟	70	79	93	
⋮	⋮	⋮	⋮	⋮	⋮
08051138	张晓祥	89	88	75	

首先,此表中数据元素之间的逻辑关系是:与表中任一结点(第一个结点除外)相邻且在它前面的结点(又称**直接前趋**)有且只有一个;与表中任一结点(最后一个结点除外)相邻且在其后的结点(又称**直接后继**)也有且只有一个。表中只有第 1 个结点没有直接前趋,故称为开始结点;也只有最后一个结点没有直接后继,故称为终端结点。例如,表中"马丽丽"所在结点的直接前趋是"陈小洁"结点,其直接后继是"林春英"结点。上述结点之间的关系就构成了这张学生成绩表的逻辑结构。

其次,该表的存储结构是指用计算机语言如何表示各结点之间的这种关系,也就是说,表中的结点是按顺序邻接地存储在一些连续的单元之中,还是用指针链接在一起。

最后,在该表中,经常要查看一些学生的成绩;转入新学生时需要增加结点;学生退学时需要删除相应的结点。至于如何进行查找、插入、删除,这就是数据的运算问题。

搞清楚上述 3 个问题,也就弄清了学生成绩表这一数据结构。

> 数据结构可以理解为:按某种逻辑关系组织起来的一批数据,应用计算机语言,按一定的存储表示方式把它们存储在计算机的存储器中,并在这些数据上定义了一个运算的集合。

在不会产生混淆的前提下,可以将数据的逻辑结构简称为数据结构。本书的第 2~4 章介绍的都是线性结构;第 5~7 章介绍的都是非线性结构。

数据的存储结构可采用以下 4 种基本的存储方法得到。

1) 顺序存储方法

该方法是将逻辑上相邻的结点存储在物理位置相邻的存储单元中,结点之间的逻辑关系由存储单元的邻接关系来体现。由此得到的存储结构称为**顺序存储结构**。通常顺序存储结构是用计算机高级语言中的数组来描述的。

该方法主要用于线性数据结构,非线性数据结构可以通过某种线性化的方法来实现顺序存储。

2）链接存储方法

该方法不要求逻辑上相邻的结点在物理位置上也相邻，结点之间的逻辑关系是由附加的指针来表示的。由此得到的存储结构称为**链式存储结构**。通常链式存储结构是用计算机高级语言中的指针来描述的。

3）索引存储方法

该方法通常是在存储结点信息的同时，建立附加的**索引表**。索引表中的每一项称为**索引项**。索引项的一般形式是"（关键字，地址）"。所谓**关键字**（key），是指能够唯一地标识一个结点的那些数据项。若每个结点在索引表中都有一个索引项，则该索引称为**稠密索引**；若一组结点在索引表中只对应一个索引项，则该索引称为**稀疏索引**。稠密索引中索引项地址指出了结点所在的存储位置，而稀疏索引中索引项地址则指出了一组结点的起始存储位置。

4）散列存储方法

该方法的基本思想是根据结点的关键字直接计算出该结点的存储地址。

上述 4 种基本的存储方法既可以单独使用，也可以组合起来对数据结构进行存储映像。同一种逻辑结构，若采用不同的存储方法，则可以得到不同的存储结构。选择何种存储结构来表示相应的逻辑结构，应该根据具体要求而定，主要是考虑运算便捷和算法的时间、空间需求。

> 需要指出的是，不管怎样定义数据结构，都应该将数据的逻辑结构、数据的存储结构和数据的运算（操作）这三方面看成一个整体。读者学习时，不要孤立地去理解其中的某一方面，而应该注意它们之间的联系。

由于存储结构是数据结构不可或缺的一个方面，因此常常将同一逻辑结构的不同存储结构分别冠以不同的数据结构名称来标识。例如，线性表是一种逻辑结构，若采用顺序存储方法表示，则称为顺序表；若采用链式存储方法表示，则称为链表；若采用散列存储方法表示，则称为散列表。

同理，由于数据的运算也是数据结构不可分割的一个方面，因此，在给定了数据的逻辑结构和存储结构之后，按定义的运算集合及其运算性质的不同，也可以导出完全不同的数据结构。例如，若将线性表上的插入、删除运算限制在表的固定一端进行，则该线性表就称为栈；若将插入限制在表的一端进行，而将删除限制在表的另一端进行，则该线性表就称为队列。进一步而言，若线性表采用顺序表或链表作为存储结构，则对插入、删除运算做了上述限制以后，可以分别得到顺序栈或链栈、顺序队列或链队列。

1.2　为什么要学习数据结构

1.2.1　学习数据结构的重要性

数据结构是一门研究非数值计算的程序设计问题中计算机的操作对象以及它们之间的关系和操作等的学科。由于数据结构的研究不仅涉及计算机硬件，而且与计算机软件的研究有着密切的关系，因此它不仅是一般程序设计的基础，也是设计和实现编译程序、操作系统、数据库系统及其他系统程序和大型应用程序的重要基础。

目前，"数据结构"不仅是计算机科学与技术专业的核心课程之一，而且是其他非计算机专业的主要选修课程之一。由于在计算机系统软件和应用软件中都要用到各种数据结构，因此，仅仅掌握几种计算机语言是难以应付众多复杂问题的，要想更有效地使用计算机，必须学习数据结构的有关知识。

在计算机发展初期，人们主要利用计算机处理数值计算问题。例如，在进行建筑设计时计算梁架结构的应力要求解线性方程组，预计人口增长情况要求解微分方程等。因为当时所涉及的运算对象比较简单(多为整数、实数或布尔型数据)，所以程序设计主要考虑的是设计技巧，并不重视数据结构。随着软件、硬件的不断发展，计算机的应用领域也日益扩大，解决"非数值计算"的问题显得越来越重要。据统计，目前处理非数值计算问题占用了 90% 以上的计算机时间。由于非数值计算问题所涉及的数据结构更为复杂，数据元素之间的相互关系一般无法用数学方程式来描述，因此，解决此类问题的关键是设计出合适的数据结构。

瑞士著名的计算机科学家沃思(N. Wirth)曾指出：算法＋数据结构＝程序。这里的数据结构是指数据的逻辑结构和存储结构，而算法则是指对数据运算的描述。由此可见，程序设计的实质是针对所提出的问题选择一种好的数据结构，并且设计一个好的算法，而好的算法在很大程度上取决于描述该问题的数据结构。

1.2.2 数据结构的应用举例

例 1.2 电话号码查询问题。

要求编写一个电话号码的查询程序。对于任意给出的一个姓名，如果此人留有电话号码，那么就找出他的电话号码；否则就指出此人没有电话号码。要解决这个问题，首先应构造一张电话号码登记表，表中的每个结点存放姓名和电话号码两个数据项。设计的查找算法取决于该表的结构及存储方式。第一种算法是将表中结点顺序地存储在计算机中，查找时从头开始依次核对姓名，若找到需要查找的姓名，则可获得其电话号码；若找遍整张表均无所找的姓名，则表示此人无电话号码。此算法对于一个人数不多的单位是可行的，但对一个大单位或城市来说是不实用的。第二种算法是将电话号码登记表按姓氏排序，另外构造一张姓氏索引表，存储结构如图 1.2 所示。查找时首先在索引表中核对姓氏，然后根据索引表中的地址到电话号码登记表中查找姓名。

> **注意：** 这时已经不需要查找其他姓氏的名字了。相比之下，在新的结构上产生的第二种查找算法比第一种算法更为有效。在第 8 章中将进一步讨论查找策略。

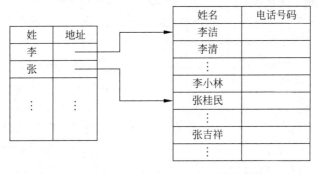

(a) 姓氏索引表　　　　　(b) 按姓氏排序的电话号码表

图 1.2 电话号码查询问题的索引存储结构

例 1.3 n 个城市之间敷设光缆的问题。

假设需要在 n 个城市之间敷设光缆,并且任意两个城市之间都可以敷设。显然,在 n 个城市之间只要敷设 $n-1$ 条光缆,就能将这 n 个城市连成网络,但是由于地理位置的不同,所需经费也不同,问题是采用什么样的设计方案能使总投资最少。这个问题的数学模型如图 1.3(a)所示,图中"顶点"表示城市,顶点之间的连线及其上面的数值表示可以敷设的光缆及所需经费。求解该问题的算法为:在可以敷设的 m 条光缆中选取 $n-1$ 条,既能连通 n 个城市,又使总投资最少。实际上,这是一个"求图的最小生成树"的问题,如图 1.3(b)所示。关于这个问题将在第 7 章中进一步讨论。

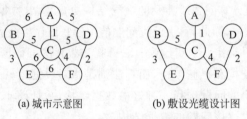

(a) 城市示意图   (b) 敷设光缆设计图

图 1.3　图及其最小生成树示例

从例 1.3 中可以看出,解决问题的关键是:①选取合适的数据结构表达问题;②写出有效的算法。

> 需要指出的是,由于在计算机系统软件和应用软件中都要用到各种数据结构,因此,仅仅掌握几种计算机语言是难以应对众多复杂问题的,要想更有效地使用计算机,就必须学习数据结构的有关知识。希望读者充分了解数据结构的重要性,下功夫学好这门课程。

1.3　算法和算法分析

1.3.1　算法的概念

由于数据的运算是通过算法来描述的,因此,讨论算法是"数据结构"课程的重要内容之一。

算法(algorithm)是对特定问题求解步骤的一种描述,它是指令的有限序列,其中每一条指令表示一个或多个操作。此外,一个算法还具有下列 5 个特性:

(1) **有穷性**。一个算法必须在执行有穷步之后结束,即算法必须在有限时间内完成。

(2) **确定性**。算法中每一步必须有确切的含义,不会产生二义性;并且,在任何条件下,算法只有唯一的一条执行路径,即对于相同的输入只能得出相同的输出。

(3) **可行性**。一个算法是可行的,即算法中的每一步都可以通过已经实现的基本运算执行有限次得以实现。

(4) **输入**。一个算法有零个或多个输入,它们是算法开始时对算法给出的初始量。

(5) **输出**。一个算法有零个或多个输出,它们是与输入有特定关系的量。

在一个算法中,有些指令可能会重复执行,因而指令的执行次数可能远远大于算法中的指令条数。由有穷性和可行性得知,对于任何输入,一个算法在执行了有限条指令后一定要终止,而且必须在有限时间内完成。因此,一个程序如果对任何输入都不会产生无限循环,那么它就是一个算法。

尽管算法的含义与程序非常相似,但二者还是有区别的。首先,一个程序不一定满足有穷性,因此它不一定是算法。例如,系统程序中的操作系统,只要整个系统不遭受破坏,它就永远不会停止,即使没有作业要处理,它也处于等待循环中,以待一个新作业的进入,因此操作系统不是一个算法。其次,程序中的指令必须是计算机可以执行的,而算法中的指令却无此限制。如果一个算法采用计算机可执行的语言来书写,那么它就是一个程序。

1.3.2　算法的描述和设计

算法是一个十分古老的研究课题,然而计算机的出现为这个课题注入了青春和活力,使算法的设计和分析成为计算机科学中最为活跃的研究热点之一。有了计算机的帮助,许多过去靠人工无法计算的复杂问题都有了解决的希望。

一个算法可以采用自然语言、数学语言或者约定的符号语言(如伪码、框图等)来描述。为了方便读者的阅读和实践,本书中的算法和数据结构均使用 C 语言来描述。

在例 1.2 中,介绍了电话号码查询问题的两种算法,那么如何来评价这些算法质量的优劣呢? 一般来说,设计一个"好"的算法应该考虑以下几点:

(1) 正确性。算法应当满足具体问题的需求。

(2) 健壮性。当输入数据非法时,算法也能适当地做出反应或进行处理,而不会产生莫名其妙的输出结果或出错信息,并中止程序的执行。

(3) 可读性。算法主要是为了方便人们的阅读和交流,其次才是机器执行。

(4) 执行算法所耗费的时间。

(5) 执行算法所耗费的存储空间,其中主要考虑辅助存储空间。

1.3.3　算法分析

评价一个程序优劣的重要依据是看这个程序的执行需要占用多少机器资源。在各种机器资源中,最重要的是时间资源和空间资源。因此,在进行程序分析时,大家最关心的就是程序所用算法在运行时所要花费的时间和程序中使用的数据结构所占用的空间,即时间复杂度(时间代价)和空间复杂度(空间代价)。

1. 算法的时间复杂度分析

当需要解决的问题的规模(以某种单位计算)由 1 增至 n 时,解决问题的算法所耗费的时间也以某种单位由 $f(1)$ 增至 $f(n)$,这时就称该算法的时间代价为 $f(n)$。

通常,一个算法是由控制结构(顺序、选择和循环)和"原操作"(固有数据类型的操作)构成的,而算法时间取决于二者的综合效果。为了便于比较同一问题的不同算法,一般是从算法中选取一种对于所研究的问题(或算法类型)来说是基本操作的"原操作",以该原操作重复执行的次数作为算法的时间度量。被称为问题的原操作应该是其重复执行次数和算法的执行时间成正比的原操作,大部分情况下是最深层循环内的语句中的原操作,它的执行次数和包含它的语句的频度相同。所谓语句的**频度**,指的是该语句重复执行的次数。

例 1.4 有下列 3 个程序段：

（1）{x = x + 1; s = 0;}

（2）for(i = 1; i <= n; i++){ x = x + 1; s = s + x;}

（3）for(j = 1; j <= n; j++)
　　　for(k = 1; k <= n; k++){ x = x + 1; s = s + x;}

它们含基本操作"x+1"的语句的频度分别为 1、n 和 n^2。

例 1.5 对 n 个记录进行升序排序，要求采用最简单的选择排序方法。

每次处理时，先从 n 个未排序的记录中选出一个最小记录，则第 1 趟要经过 $n-1$ 次比较，才能选出最小记录；第 2 趟再从剩下的 $n-1$ 个记录中经过 $n-2$ 次比较，选出次小记录；如此反复，直到只剩两个记录时，经过 1 次比较就可以确定它们的大小。整个排序过程的基本操作（原操作）是"比较两个记录的大小"，含"比较"的语句的频度是：

$$(n-1)+(n-2)+\cdots+1=\frac{n(n-1)}{2}$$

用同一个算法处理两个规模相同的问题，所花费的时间和空间代价也不一定相同。要全面分析一个算法，应该考虑它在最坏情况下的代价（对同样规模的问题所花费的最大代价）、最好情况下的代价和平均情况下的代价等。然而，要全面、准确地分析每个算法是相当困难的，因此，本书中在分析算法时将主要考虑它们在最坏情况下的代价，个别地方也会涉及其他情况。

人们通常采用**大 O 表示法**来描述算法分析的结果。如果存在正的常数 M 和 n_0，当问题的规模 $n \geq n_0$ 时，算法的时间量度 $T(n) \leq Mf(n)$，那么就称该**算法的时间复杂度为** $O(f(n))$。这种说法意味着：当 n 充分大时，该算法的复杂度不大于 $f(n)$ 的一个常数倍。

对于例 1.4 来说，程序段（1）的时间复杂度为 $O(1)$，程序段（2）的时间复杂度为 $O(n)$，程序段（3）的时间复杂度为 $O(n^2)$；而对于例 1.5 中的选择排序方法来说，其时间复杂度为 $O(n^2)$。算法另外还可能呈现的时间复杂度有 $O(\log_2 n)$ 和 $O(2^n)$ 等。通常有如下的函数关系排序：

$$c < \log_2 n < n < n\log_2 n < n^2 < n^3 < 10^n$$

其中，c 是与 n 无关的任意常数。上述函数排序与数学中对无穷大的分级完全一致，因为考虑的也是 n 值变化过程中的趋势。常见函数曲线变化速度的比较如图 1.4 所示。

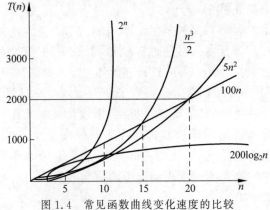

图 1.4 常见函数曲线变化速度的比较

例 1.6　交换变量 x 和 y 中的内容。其程序段如下：

```
temp = x; x = y; y = temp;
```

由于以上 3 条语句的频度均为 1，说明该程序段的执行时间是一个与问题规模 n 无关的常数，因此，算法的时间复杂度为 $O(1)$。

例 1.7　有程序段如下：

```
x = 1;
for(i = 1; i <= n; i++)
  for(j = 1; j <= n; j++)
    for(k = 1; k <= n; k++)
      x++;
```

在此程序段中，因为含基本操作"x+1"的语句"x++;"的频度是 n^3，所以该程序段的时间复杂度为 $O(n^3)$。

2. 算法的空间复杂度分析

与算法的时间复杂度类似，可以定义算法的空间复杂度如下：如果存在正的常数 M 和 n_0，当问题的规模 $n \geq n_0$ 时，算法的空间量度 $S(n) \leq Mf(n)$，那么称该**算法的空间复杂度**为 $O(f(n))$。

一个上机执行的程序，除了需要存储空间来寄存本身所用的指令、常数、变量和输入数据以外，还需要一些对数据进行处理的工作单元和存储一些为实现计算机所需信息的辅助空间。如果输入数据所占空间只取决于问题本身，而与算法无关，那么只需要分析除了输入和程序之外的额外空间，否则应该同时考虑输入本身所需要的空间（与输入数据的表示形式有关）。若额外空间相对于输入数据来说是常数，则称此算法为原地工作，有一些排序的算法就属于此类（见第 8 章）。若所占空间的大小依赖于特定的输入，则一般应按最坏情况来分析。

例 1.8　求例 1.5 中选择排序方法的空间复杂度。

第 1 次处理时，要找出最小记录，并交换位置到最前面；第 2 次处理时，要找出次小记录，并交换位置到第 2 位；依此类推，直至排序结束。而每次交换位置需要一个中间变量（temp）的存储空间，这是与问题规模 n 无关的常数，因此，选择排序方法的空间复杂度为 $O(1)$。

> 算法是通过数据结构求解问题的步骤，程序是用数据类型描述的算法。希望读者能够区分算法与程序的异同，了解怎样的算法才是一个"好"的算法，并学会利用时间复杂度和空间复杂度来进行算法分析。

本 章 小 结

- 本章简要地介绍了数据、数据对象、数据结构等基本概念；阐述了数据结构所包含的内容，即数据的逻辑结构、数据的存储结构和数据的运算；讨论了数据逻辑结构的 4 类基本结构关系，以及数据存储的 4 种基本方法。读者学习这些内容后，应该对数据结构的基本概念具有初步的了解和认识。

- 算法和数据结构密切相关，不可分割。本章介绍了算法的定义和 5 个特性，讨论了算法设计的正确性、可读性、健壮性、算法所耗费的时间度量（算法的时间复杂度分析)和算法所耗费的存储空间度量(算法的空间复杂度分析)。

• 本书使用 C 语言来描述算法和数据结构,以方便读者在计算机上进行实践活动。

习 题 1

一、填空题

1. 数据的逻辑结构是数据元素之间的逻辑关系,通常有下列 4 类:_____、_____、_____、_____。

2. 数据的存储结构是数据在计算机存储器里的表示,主要有 4 种基本存储方法:_____、_____、_____、_____。

二、选择题

1. 一个算法必须在执行有穷步之后结束,这是算法的(   )。

    A. 正确性   B. 有穷性   C. 确定性   D. 可行性

2. 算法的每一步必须有确切的定义。也就是说,对于每一步需要执行的动作必须严格、清楚地给出规定。这是算法的(   )。

    A. 正确性   B. 有穷性   C. 确定性   D. 可行性

3. 算法原则上都是能够由机器或人完成的。整个算法好像是一个解决问题的“工作序列”,其中的每一步都是我们力所能及的一个动作。这是算法的(   )。

    A. 正确性   B. 有穷性   C. 确定性   D. 可行性

4. 在数据结构中,从逻辑上可以把数据结构分为(   )。

    A. 动态结构和静态结构   B. 紧凑结构和非紧凑结构

    C. 线性结构和非线性结构   D. 内部结构和外部结构

三、简答题

1. 算法与程序有何异同?

2. 什么是数据结构?试举一个简单的例子说明。

3. 什么是数据的逻辑结构?什么是数据的存储结构?

4. 什么是算法?算法有哪些特性?

四、算法分析题

1. 将下列复杂度由小到大重新排序:2^n、$n!$、n^2、$10\,000$、$\log_2 n$、$n\log_2 n$。

2. 用大 O 表示法描述下列复杂度:

(1) $5n^{5/2}+n^{2/5}$

(2) $6\log_2 n+9n$

(3) $3n^4+n\log_2 n$

(4) $n\log_2 n+n\log_3 n$

3. 设 n 为正整数,请用大 O 表示法描述下列程序段的时间复杂度。

(1)
```
i = 1; k = 0;
while(i < n)
  {k = k + 10 * i; i++;
  }
```

（2）
```
i = 0; k = 0;
do{k = k + 10 * i;
   i++;
   }while(i < n);
```

（3）
```
i = 1; j = 0;
while(i + j <= n)
  {if(i > j) j++;
    else i++;
  }
```

（4）
```
x = n;    /* n 是常数且 n > 1 */
while(x >= (y + 1) * (y + 1))
  y++;
```

（5）
```
for(i = 1; i <= n; i++)
  for(j = 1; j <= i; j++)
    for(k = 1; k <= j; k++)
      x += c; /* c 为常数 */
```

（6）
```
x = 91; y = 100;
while(y > 0)
{if(x > 100) {x -= 10; y -- ;}
  else x++;
}
```

## 第 2 章

线性表

本章要点

◇ 线性表的基本概念
◇ 线性表的顺序存储
◇ 线性表的链式存储
◇ 线性表两种不同存储结构的比较
◇ 线性表的应用

本章学习目标

◇ 掌握线性表的基本概念
◇ 掌握顺序表上的基本运算
◇ 掌握单链表上的基本运算
◇ 掌握循环链表、双向链表和静态链表的概念
◇ 学会利用线性表来解决问题

2.1 线性表的基本概念

线性结构是指结构中的数据元素之间存在着一对一的关系。线性结构的基本特征如下：

(1) 有且只有一个"第一元素"。

(2) 有且只有一个"最后元素"。

(3) 除第一元素之外，其他元素都有唯一的直接前趋。

(4) 除最后元素之外，其他元素都有唯一的直接后继。

线性表是一种常用的、简单的数据结构，属于线性结构的范畴。

例 2.1 26 个大写英文字母表(A,B,C,…,Z)就是一个线性表，表中的每一个字母字符都是一个数据元素(也称结点)。

例 2.2 第 1 章例 1.1 中的学生成绩表(表 1.1)也是一个线性表，其中每个学生及其有关信息(学号、姓名、各科成绩和平均成绩)都是一个数据元素(也称记录)。

2.1.1 线性表的定义

线性表(linear list)是具有相同数据类型的 $n(n \geqslant 0)$ 个数据元素的有限序列，通常记为

$$(a_1, a_2, \cdots, a_{i-1}, a_i, a_{i+1}, \cdots, a_n)$$

其中，数据元素的个数 n 称为线性表的长度。当 $n=0$ 时称为空表。

从线性表的定义可以看出它的逻辑特征是：在非空的线性表中，有且只有一个起始结点（第一元素）a_1，它没有直接前趋，只有一个直接后继 a_2；有且只有一个终端结点（最后元素）a_n，它没有直接后继，只有一个直接前趋 a_{n-1}；而除了 a_1 和 a_n 外，其他的每一个结点 $a_i (2 \leqslant i \leqslant n-1)$ 都有且只有一个直接前趋 a_{i-1} 和一个直接后继 a_{i+1}。

例 2.3　例 2.1 中介绍的 26 个大写英文字母表（A，B，C，…，Z）的表长是 26，在该表中，起始结点 A 没有直接前趋，A 的唯一的直接后继是 B；终端结点 Z 没有直接后继，Z 的唯一的直接前趋是 Y；而对于 B、C、D、……、Y 中的任意一个字母，都有一个唯一的直接前趋和一个唯一的直接后继。

2.1.2　线性表的基本操作

设线性表 $L = (a_1, a_2, \cdots, a_n)$，则可以定义以下基本操作：

(1) InitList(L)：初始化操作，置 L 为空线性表。

(2) ClearList(L)：清除线性表的内容，将 L 置为空表。

(3) ListLength(L)：求表长。

(4) Ins(L, i, Item)：插入数据。把 Item 插入表 L 的第 i 个位置，原来表 L 中从 i 开始的数据依次向后移动，表长加 1；若 $i < 1$ 或 $i >$ ListLength(L) $+1$，则插入不成功。

(5) Del(L, i)：删除数据。如果 $1 \leqslant i \leqslant$ ListLength(L)，则删除第 i 个数据，线性表 L 的长度减 1，返回 TRUE；否则，删除不成功，返回 FALSE。

(6) GetNext(L, Item, p)：获取 Item 所在结点的后继结点。首先找到 Item 所在的位置，然后把 Item 的后继结点的值赋给 p，若成功，则返回 TRUE；否则，返回 FALSE。

(7) GetNode(L, i)：获取表 L 中位置 i 的结点值。

(8) Loc(L, Item)：定位（按值查找）。如果表 L 中存在一个值为 Item 的结点，则返回该结点的位置；如果表 L 中存在多个值为 Item 的结点，则返回第 1 次找到的位置；如果表 L 中不存在值为 Item 的结点，则返回 0。

(9) GetPrior(L, Item, p)：获取 Item 所在结点的前趋结点。首先找到 Item 所在的位置，然后把 Item 的前趋结点的值赋给 p，若成功，则返回 TRUE；否则，返回 FALSE。

> 线性表是一种常用的数据结构。在线性表中，除表头结点外的其他结点有且仅有一个直接前趋；除末尾结点外的其他结点有且仅有一个直接后继。

2.2　线性表的顺序存储

2.2.1　顺序表

线性表的顺序存储方式，是指利用一段连续的内存地址来存储线性表的数据元素。在 C 语言中，是用一个数组来实现的。

例 2.4　顺序存储结构的线性表（顺序表）示例。

```
typedef struct
    {
    char name[20];
```

```
    char no[10];
    float score;
    }STUDENT;
  STUDENT   s[20];
```

s 就是一个以 STUDENT 类型为数据元素的线性表。

假设线性表 L 的每个元素需占用 m 个存储单元,并以所占的第 1 个单元的存储地址作为数据元素的存储位置,则线性表中第 $i+1$ 个数据元素的存储位置 $Loc(a_{i+1})$ 和第 i 个数据元素的存储位置 $Loc(a_i)$ 之间满足如下关系:

$$Loc(a_{i+1}) = Loc(a_i) + m \qquad (2.1)$$

线性表 L 的第 i 个元素的存储位置和第 1 个元素的存储位置之间的关系为

$$Loc(a_i) = Loc(a_1) + (i-1)m \qquad (2.2)$$

其中,$Loc(a_1)$ 是线性表的第 1 个数据元素 a_1 的存储位置,通常称为线性表的起始位置或基地址。

线性表的这种机内表示称作线性表的顺序存储结构或顺序映像。同时,这种顺序存储结构的线性表称为**顺序表**。

顺序表的特点是以元素在计算机内部存储的物理位置相邻来表示线性表中数据元素之间的逻辑相邻关系。也就是说,如果知道了第 1 个数据元素的地址,就能计算出线性表中任何一个数据元素的地址,计算公式见式(2.2)。同样,如果知道了任何一个数据元素的地址,就能计算出该数据元素的直接前趋和直接后继的地址,计算公式见式(2.1)。

例 2.5　在例 2.4 的线性表 s 中,如果设第 1 个数据元素的地址为 b,则可以得出如图 2.1 所示的存储结构图。

注意:s 中每一个数据元素所占的存储单元为 $20+10+4=34$。

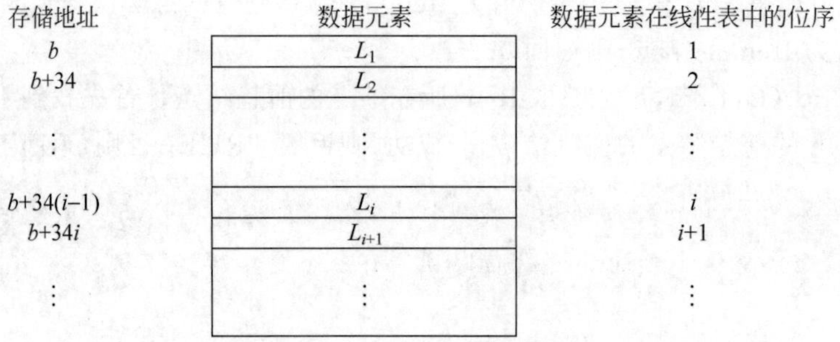

存储地址	数据元素	数据元素在线性表中的位序
b	L_1	1
$b+34$	L_2	2
⋮	⋮	⋮
$b+34(i-1)$	L_i	i
$b+34i$	L_{i+1}	$i+1$
⋮	⋮	⋮

图 2.1　线性表 s 的顺序存储结构

2.2.2　顺序表的基本操作

现在利用 C 语言来描述一个顺序表,由于表的长度通常是可变的,因此需要定义一个足够长的数组来保存数据,同时还需要定义表的长度。

```
#define int datatype;            /*定义数据元素的类型,这里假设为 int */
#define maxsize 1024;            /*线性表的最大长度,这里假设为 1024 */
typedef struct
  {datatype elem[maxsize];
    int length;                 /*表长*/
  }sequenlist;
```

其中,数据域 elem 是存放线性表结点的一个数组,数组下标范围为 $0 \sim$ maxsize -1; length 是线性表的长度。

定义了线性表的存储结构之后,就可以讨论在该存储结构上如何具体地实现定义在逻辑结构上的运算了。在顺序表中,线性表的基本运算实现如下。

1. 顺序表的初始化

算法 2.1 构造一个空的顺序表。

```
void InitList(sequenlist * L)          /* 构造一个空的顺序表,只需要把表长度置为 0 */
{
    L -> length = 0;                   /* 空表,长度为 0 */
}
```

用这样的存储方式,很容易实现线性表的随机存取、数据元素的修改等。例如,要存取第 i 个数据元素,只需要知道线性表的基地址就可以了。需要注意的是,在 C 语言中,数组的下标从 0 开始,因此地址计算的公式相应地改写成:

$$\text{Loc}(a_i) = \text{Loc}(a_0) + i \times m \tag{2.3}$$

其中,m 是数据元素所占的单元数目。

2. 清除一个线性表的内容

要清除一个已经存在的线性表的内容,只需要把该线性表设置为空表,也就是把表长置为 0。

算法 2.2 清除一个线性表的内容。

```
void  clearList(sequenlist * L)
{
    L -> length = 0;
}
```

本算法的时间复杂度为 $O(1)$。

3. 定位(按值查找)

要查找一个值,只需要从头到尾遍历线性表,如果找到了,则返回找到的位置,否则继续;如果一直到最后一个位置都没有找到,则返回 -1。

算法 2.3 定位(按值查找)。

```
int Loc(sequenlist L, datatype  Item)
{  int i, j;
    j = L. length;                     /* 取出线性表的长度 */
    if( j == 0 )                       /* 空表 */
        return FALSE;
    for(i = 0; i < j; i++)
    {
        if(L.elem[i] == Item)          /* 找到 Item */
        return i;                      /* 返回找到的位置 */
    }
    printf("找不到该值!");
    return 0;                          /* 没找到,返回 0 */
}
```

本算法中,有可能找到 Item,这时候,平均比较次数为 $O(n/2)$,其中,n 是线性表的长度;也有可能找不到 Item,这时候,算法的比较次数为 $O(n)$。因此,总结起来,本算法的时间复杂度为 $O(n)$。

4. 插入数据

要在线性表中第 i 个位置插入一个数据元素 b,需要考虑以下因素:

i 是否在 1 和 L. length 之间:如果在 1 和 L. length 之间,则把 Item 插入第 i 个位置,原来的第 i 个位置及其以后的数据元素向后依次移动一个位置,然后线性表长度加上 1,返回 TRUE;如果不在 1 和 L. length 之间,则说明插入位置不合适,返回 FALSE。插入结点示意图如图 2.2 所示。

(a) 插入前

(b) 插入后

图 2.2 在顺序表中插入结点示意图

算法 2.4 插入数据。

```
int Ins(sequenlist * L,int i,datatype b)
{
    int j;
    if(i<1‖i>L->length)
        return FALSE;                    /*位置不合适*/
    for(j=L->length;j>i;j--)
        L->elem[j]=L->elem[j-1];         /*第 i 个位置之后的数据均向后移一个位置*/
    L->elem[i-1]=b;                       /*位置 i-1 就是第 i 个位置,插入*/
    L->length++;                          /*表长加 1*/
    return TRUE;
}
```

本算法的时间主要花在移动数据上,由于插入位置是随机的,因此,移动的平均次数为 $(n/2)$,其中,n 是线性表的长度。由此可知,本算法的时间复杂度为 $O(n)$。

> 注意:本算法最直观的思考方法是从前向后移动数据,也就是用语句:
>
> ```
> for(j=i;j<=L->length;j++)
>     L->elem[j+1]=L->elem[j];
> ```
>
> 这个算法是不正确的,因为前面的值会把后面的值覆盖。

5. 删除数据

删除数据和插入数据很相似,也要求判断 i 的值是否合适,如果合适,则把后面的数据向前移动,删除成功,表的长度减 1,返回 TRUE;否则,返回 FALSE。删除结点示意图如图 2.3 所示。

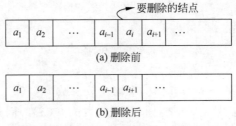

要删除的结点

(a) 删除前

(b) 删除后

图 2.3 在顺序表中删除结点的示意图

算法 2.5 删除数据。

```
int Del(sequenlist * L,int i)
{/* 删除顺序表 L 的第 i 个结点 */
    int j;
    if(i < 1 ‖ i > L -> length)          /* 位置不合适 */
      return FALSE;
    for(j = i;j < L -> length;j++)
      L -> elem[j] = L -> elem[j + 1];   /* 结点前移 */
    L -> length -- ;                      /* 表长减 1 */
    return TRUE;
}
```

> 线性表的顺序存储方式是用一段连续的内存空间来保存线性表结点的值。由于存储空间是连续的,因此能够根据线性表的首地址直接计算出任意一个结点的存储位置。在顺序存储中,能够方便地查找指定位置的结点值;但是插入或者删除结点比较麻烦。

2.2.3 一个完整的例子(1)

例 2.6 编制 C 程序,利用顺序存储方式实现下列功能:从键盘输入数据建立一个线性表,并输出该线性表;然后根据屏幕菜单的选择,进行数据的插入或删除等操作,并在插入或删除数据后输出线性表;最后在屏幕菜单中选择 Q 或 q,即可结束程序的运行。程序如下:

```
# include "stdio. h"                   /* 顺序表方式的实现 */
# include "malloc. h"
# define maxsize 1024
typedef char datatype;
typedef struct
{  datatype data[maxsize];
   int last;
}sequenlist;

/* 在第 i 个元素前插入元素 x(注意: 元素从 0 开始计数) */
int insert(sequenlist  * L, datatype  x, int  i)
  { int j;
    if (L -> last == maxsize - 1)        /* 如果原线性表已满 */
{ printf("overflow");
    return  0;
  }
else if ((i < 0) ‖ (i > L -> last))       /* 如果输入的 i 值超出范围 */
    { printf("error,please input the right 'i'");
     return  0;
    }
    else
      { for(j = L -> last; j >= i; j--)    /* 从第 i 个元素起,每个元素后移一位 */
      L -> data[j + 1] = L -> data[j];
      L -> data[i] = x;
      L -> last = L -> last + 1;
      }
    return(1);
  }
```

```
/*删除第 i 个元素,元素从 0 开始计数*/
int dellist(sequenlist * L,int i)
{ if ((i < 0) || (i > L-> last))            /*如果输入的 i 值超出范围*/
    {printf ("error,please input the right i");
    return  0;
    }
    else
        { for(;i < L-> last; i++)            /*从第 i+1 个元素起,每个元素前移一位*/
            L-> data[i] = L-> data[i+1];
            L-> last = L-> last-1;
            return(1);
        }
    }
/*建立顺序表,其元素为单个字符*/
void  createlist(sequenlist * L)
{ int n,i;
    char tmp;
    printf("请输入数据的个数:\n");
    scanf(" % d",&n);
    for(i = 0; i < n; i++)
    {   printf("data[ % d] = ", i);
        fflush(stdin);                        /*清除键盘缓冲区*/
        scanf (" % c", &tmp);
        L-> data[i] = tmp;
    }
    L-> last = n-1;
    printf("\n");
}


/*打印顺序表*/
void printout(sequenlist   * L)
    { int i;
    for(i = 0; i < = L-> last; i++)
        {printf("data[ % d] = ", i);
        printf(" % c\n", L-> data[i]);
        }
    }


main()
    { sequenlist  * L;
    char   cmd, x;
    int   i;
    L = (sequenlist * )malloc(sizeof(sequenlist));          /*指针在使用前要初始化*/
    createlist(L);
    printout(L);
    do
        {   printf("i,I...插入\n");
            printf("d,D...删除\n");
            printf("q,Q...退出\n");
        do
        {   fflush(stdin);                                  /*清除键盘缓冲区*/
            scanf(" % c",&cmd);
            }while((cmd! = 'd')&&(cmd! = 'D')&&(cmd! = 'q')&&(cmd! = 'Q')&&(cmd! = 'i')
            &&(cmd! = 'I'));
```

```
        switch (cmd)
        { case 'i':
        case 'I':
          printf("请输入你要插入的数据：");
          fflush(stdin);                              /* 清除键盘缓冲区 */
          scanf(" % c",&x);
          printf("请输入你要插入的位置：");
          scanf(" % d",&i);
          insert(L, x, i);
          printout(L);
          break;
        case 'd':
        case 'D':
          printf("请输入你要删除元素的位置：");
          fflush(stdin);                              /* 清除键盘缓冲区 */
          scanf(" % d",&i);
          dellist(L, i);
          printout(L);
          break;
        }
    }while((cmd!= 'q')&&( cmd!= 'Q'));
}
```

2.3　线性表的链式存储

在 2.2 节中，讨论了线性表的顺序存储。顺序存储的特点是逻辑上相邻的两个数据元素，在存储的物理位置上也是相邻的。这样的结构使得我们可以非常方便地随机存取线性表中任意一个数据元素，获取一个数据元素的直接前趋和直接后继。但是，当增加、删除数据元素时，必须大量地移动元素（见算法 2.4 和算法 2.5），这是一个很花费时间的过程。

为了提高增加、删除元素的效率，本节介绍线性表的另一种存储方式——链式存储。采用链式存储方式，能够方便地增加和删除线性表中的元素，但是同时也使随机存取、获取直接前趋和直接后继变得较为复杂。

2.3.1　单链表的基本概念

以链式结构存储的线性表称为**链表**（linked list）。链式存储结构是用一组任意的存储单元来存储线性表的结点。也就是说，链式存储结构中，存储单元可以是相邻的，也可以是不相邻的；同时，相邻的存储单元中的数据不一定是相邻的结点。

由于链式存储结构中结点的存储位置可以是不相邻的，因此，不能通过地址之间的相邻关系来找到逻辑上相邻的结点。为了表示逻辑上的顺序关系，找到逻辑上相邻的结点（直接前趋和直接后继），在每一个结点中，除了要保存结点本身的数据信息外，还必须保存逻辑上相邻的结点的地址信息，这个地址信息称为指针（point）或链（link）。这两部分信息组成了链表中的结点（node）结构，如图 2.4 所示。

数据域	指针域

图 2.4　单链表的结点结构

其中，保存结点中的数据信息的域称为数据域（data）；保存地址信息的域称为指针域（next）。由于图 2.4 所示的链表的每一个结点只包含一个指针域，因此又称为**单链表**。链表正是通过每个结点的地址域中的指针,才将线性表的 n 个结点($1 \leq i \leq n$)按其逻辑顺序($a_1,a_2,\cdots,a_n$)连接在一起的。

例 2.7 线性表("王","李","钱","孙","吴","张","赵")的单链表示意图。

如图 2.5 所示,根据头指针所指的地址,找到链表的第 1 个结点(数据域为"王",指针域为 1);再找到第 2 个结点(数据域为"李",指针域为 40);以此类推,最后找到第 7 个结点(数据域为"赵",指针域为 NULL)。这里的 NULL 表示"空",图示时也记为"∧",指针域为 NULL 表示不指向任何结点,也就是说,本结点是终端结点,链表到此结束。

存储地址	数据域	指针域
1	李	40
7	张	15
15	赵	NULL
20	王	1
40	钱	14
14	孙	13
13	吴	7

头指针 H 20 →

图 2.5 单链表示意图

从例 2.7 中可以看出,用单链表表示线性表时,结点之间的**逻辑关系**是由结点中的指针指示的,如图 2.6 所示。

图 2.6 单链表的一般图示表示法

由于单链表由头指针唯一确定,因此单链表可以用头指针的名字来命名。例如,图 2.6 所示的单链表就可以称为链表 L。

在 C 语言中,单链表可以描述如下:

```
typedef struct LNode                    /* 结点类型说明 */
  {
    ElemType  data;                     /* 数据域 */
    Struct LNode * next;                /* 指针域 */
  }LinkList;
LinkList * L, * head;                   /* 指针类型说明 */
```

这里的 L(或 head)可以作为单链表的头指针,它指向该链表的第 1 个结点。如果 $L =$ NULL,则表示该单链表为一个空表,其长度为 0。

有时,为了更方便地判断空表、插入和删除结点,在单链表的第 1 个结点前面加上一个附设的结点,称为**头结点**。头结点的数据域可以不存储任何信息,也可以存储一些附加信息;而头结点的指针域存储链表第 1 个结点的地址。图 2.7 所示即为带头结点的单链表,此时,单链表的头指针 L 指向头结点。如果头结点的指针域为"空",即 L-> next = NULL,则表示该链表为空表。

在线性表的顺序存储结构中,可以利用存储位置的前后关系来获得一个元素的直接前趋和直接后继。但是在单链表中,任何两个结点的存储位置之间没有固定的联系,要寻找某一个结点,必须从头指针出发,一个结点一个结点地向后寻找。因此,单链表是一种非随机存取的存储结构。

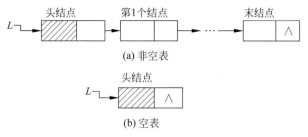

图 2.7 带头结点的单链表

由于线性表的链式存储方式是利用不连续的内存空间来保存结点的信息,因此,在结点中,不仅需要保存结点本身的数据值,还需要利用指针域保存指向直接后继的指针。

2.3.2 单链表的基本操作

下面给出带头结点链式结构下的部分算法(不带头结点的算法请读者自行完成)。设 L 是链表的头结点。

1. 清除链表的内容

分析:要清除链表的内容,就必须从头结点开始,依次释放每一个结点所占有的存储空间,然后把表长设置为 0,把头结点的 next 域设置为 NULL。

算法 2.6 清除链表内容。

```
int ClearList(LinkList * L)
{
  LinkList * temp;
  while(L -> next != NULL)                    /* 当表还没有空时 */
  {
    temp = L -> next;
    L -> next = L -> next -> next;            /* 表头指向下一个结点 */
    free(temp);                               /* 释放当前结点 */
  }
  return TRUE;
}
```

本算法首先把头结点指向第 2 个结点,然后释放第 1 个结点的存储空间,以此类推。

要清除表的内容,就必须对链表进行一次遍历,因此,时间复杂度为 $O(n)$,其中,n 表示链表的长度。

注意:在释放完毕后,不需要进行 L -> next = NULL 操作,因为循环结束后,L -> next 已经等于 NULL 了。

2. 求表长

分析:由于在结点中没有保存链表的长度,因此,要获得表长,就必须对链表进行完整的遍历。

算法 2.7 求链表长度。

```
int ListLength(LinkList * L)
{
  int  len = 0;
  LinkList * temp;
  temp = L;
  while(temp -> next != NULL)
  {
    len++;
    temp = temp -> next;
  }
  return len;
}
```

说明：本算法时间复杂度为 $O(n)$，其中，n 是链表的长度。

注意：定义临时变量 temp 是必需的，否则会导致链表丢失。

3. 定位(按值查找)

分析：与求链表长度类似，要查找一个结点的值，也需要对链表进行遍历。

算法 2.8 按值查找定位。

```
int Loc(LinkList * L,ElemType Item)
{
  int i = 1;
  LinkList * temp;
  temp = L -> next;
  while(temp != NULL && temp -> date != Item)
  {
    i++;
    temp = temp -> next;
  }
  if(temp == NULL)
    return  0;
  else
    return  i;
}
```

说明：采用本算法进行遍历时，如果找到数据，则退出，在能找到的情况下，所需要的时间长度为 $n/2$；如果找不到数据，则必须遍历整个链表，此时所需要的时间长度为 n。因此，本算法的时间复杂度为 $O(n)$，其中，n 是链表的长度。

注意：本算法的编写有一定的技巧性，首先，为了使链表不丢失，需要定义临时变量 temp；其次，在循环中，第 2 个条件使得在找到第 1 个数据元素时跳出循环，这样能节省一些时间；最后，在是否找到数据元素的判断上，利用 temp==NULL 进行，而不需要进行标记。

4. 插入数据

分析：在链表中插入数据比较方便，不需要进行大量的数据移动，只需要找到插入点即可。这里给出的是一个后插入的算法，也就是在插入点的后面添加结点，如图 2.8 所示。如果是在插入点前面添加结点，则是前插入方式，与后插入相比稍有不同，请读者自行完成。

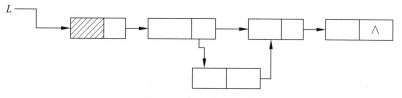

图 2.8　插入数据元素

算法 2.9　插入数据（后插人）。

```
int Ins(LinkList * L,int i,ElemType Item)
{ / * 在单链表 L 的第 i 个位置上后插入值为 Item 的结点 * /
  int j = 1;
  LinkList * node, * temp;
  node = (LinkList)malloc(sizeof(LinkList));
  if(node == NULL)                   / * 存储空间分配不成功 * /
    return  FALSE;
  node -> data = Item;               / * 生成要添加的结点 * /
  temp = L -> next;
  if(temp == NULL)                   / * 空表 * /
  {
    if(i == 0)                       / * 插入作为第 1 个结点 * /
    {
      L -> next = node;
      Node -> next = NULL;
      return TRUE;
    }
    else                             / * 没有合适的插入点 * /
      return FALSE;
  }
  while(j < i && temp != NULL)       / * 寻找第 i-1 个结点,使 temp 指向该结点 * /
  {
    temp = temp -> next;
    j++;
  }
  if(temp == NULL)                   / * 没有合适的插入位置 * /
    return  FALSE;
  node -> next = temp -> next;       / * 插入结点 * /
  temp -> next = node;
  return  TRUE;
}
```

说明：本算法判断较多，要考虑空表、有无合适的插入点等问题，但是时间复杂度不高，只需要进行一个链表的遍历，而不需要进行大量的数据移动。因此，时间复杂度为 $O(n)$，其中，n 是链表的长度。

注意：还有一种比较简单的添加结点的方式，就是把新结点加到链表的末端，请读者自行完成。

5. 删除数据

分析：在链表中，删除数据和插入数据很相似，先寻找删除点，然后进行指针赋值操作，如图 2.9 所示。

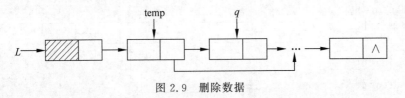

图 2.9   删除数据

算法 2.10   删除数据。

```
int Del(LinkList * L,int i)
{ / * 在带表头结点的单链表 L 中,删除第 i 个结点 * /
  LinkList * temp, * p;
  int j = 1;
  temp = L;
  if(temp == NULL)                    / * 空表,不能删除 * /
    return   FALSE;
  while(j < i - 1 && temp!= NULL)     / * 寻找删除点 * /
  {
    j++;
    temp = temp - > next;
  }
  if(temp == NULL ‖ temp - > next == NULL)   / * 第 i - 1 个结点或第 i 个结点不存在 * /
    return FALSE;
  / * 删除结点 * /
  p = temp - > next;
  temp - > next = temp - > next - > next;
  free(p);
  return TRUE;
}
```

说明:本算法的时间复杂度也是 $O(n)$。

在链式存储中,插入或者删除结点不需要大量地移动结点;但是在定位时,却需要遍历整个链表。

2.3.3 一个完整的例子(2)

例 2.8   编制 C 程序,利用链接存储方式实现下列功能:从键盘输入数据建立一个线性表,并输出该线性表;然后根据屏幕菜单的选择,进行数据的插入或删除,并在插入或删除数据后输出线性表;最后在屏幕菜单中选择 Q 或 q,即可结束程序的运行。程序如下:

```
# include "stdio.h"                  / * 单链表方式的实现 * /

# include "malloc.h"
typedef   char ElemType;
typedef struct LNode                 / * 定义链表结点类型 * /
  { ElemType data;
    struct LNode * next;
  }LNode, * LinkList;
/ * 在带头结点的单链表中第 i 个位置(从 1 开始)之后插入元素 * /
int ListInsert_L(LinkList head,int i,ElemType e)
```

```
{ LinkList   p = head;
    LinkList   s;
    int   j;
    p = p - > next;
    for(j = 1;j < i;j++)
      { if(p) p = p - > next;
                else break;
      }
    if(!p‖i < 1)
        {printf("error!!请输入正确的 i 值!!\n");
        return 0;
        }
    s = (LinkList)malloc(sizeof(LNode));
    s - > data = e;
    s - > next = p - > next;                    /*在当前结点 p 之后插入结点 s*/
    p - > next = s;
    return 1;
  }
```

```
/*建立链表,输入元素,用头插法建立带头结点的单链表(逆序),输入 0 结束*/
LinkList   CreateList_L(LinkList head)
{ ElemType temp;
    LinkList p;
    printf("请输入结点值(输入 0 结束):");
    fflush(stdin);                              /*清除键盘缓冲区*/
    scanf(" % c",&temp);
    while(temp!= '0'){
        if(('A' < = temp&&temp < = 'Z')‖('a' < = temp&&temp < = 'z'))
        {   p = (LinkList)malloc(sizeof(LNode));     /*生成新的结点*/
        p - > data = temp;
        p - > next = head - > next;
        head - > next = p;                      /*在链表头部插入结点,即头插法*/
        }
        printf("请输入结点值(输入 0 结束):");
        fflush(stdin);                          /*清除键盘缓冲区*/
        scanf(" % c",&temp);
        }
    return head;
  }
```

```
/*在带头结点的单链表中删除第 i 个位置(从 1 开始)的元素*/
int ListDel_L(LinkList head,int i)
  { LinkList p,tmp;
    int j;
    p = head - > next;
    tmp = head;
    for(j = 1;j < i;j++)
      { if (p)
        { p = p - > next;                       /*p 指向当前结点*/
        tmp = tmp - > next;                      /*tmp 指向当前结点的前趋*/
        }
        else break;
        }
    if(!p‖i < 1)
```

```
        { printf("error!!请输入正确的 i 值!!\n");
            return 0;
        }
    tmp -> next = p -> next;                /* 删除结点 p */
    free (p);
    return 1;
    }


/* 顺序输出链表的内容 */
void ListPint_L(LinkList head)
    { LinkList p;
      int i = 0;
      p = head -> next;                     /* p 指向第 1 个结点 */
      while(p! = NULL)
      { i++;
      printf("第 % d 个元素是: ",i);
      printf(" % c\n",p -> data);
       p = p -> next;
      }
    }


void main()
{ int    i;
    char cmd,e;
    LinkList head;
    head = (LinkList)malloc(sizeof(LNode));     /* 头结点 */
    head -> next = NULL;
    CreateList_L(head);
    ListPint_L(head);
    do
      { printf("i,I...插入\n");
      printf("d,D...删除\n");
      printf("q,Q...退出\n");
      do
        {fflush(stdin);                         /* 清除键盘缓冲区 */
        scanf(" % c",&cmd);
        }while((cmd! = 'd')&&(cmd! = 'D')&&(cmd! = 'q')&&(cmd! = 'Q')&&(cmd! = 'i')
        &&(cmd! = 'I'));
      switch (cmd)
        { case 'i':
        case 'I':
          printf("请输入你要插入的数据: ");
          fflush(stdin);                        /* 清除键盘缓冲区 */
          scanf(" % c",&e);
          printf("请输入你要插入的位置: ");
          scanf(" % d",&i);
          ListInsert_L(head,i,e);
          ListPint_L(head);
          break;
        case 'd':
        case 'D':
          printf("请输入你要删除元素的位置: ");
          fflush(stdin);                        /* 清除键盘缓冲区 */
          scanf(" % d",&i);
          ListDel_L(head, i);
```

```
            ListPint_L(head);
            break;
        }
    }while ((cmd!='q')&&(cmd!='Q'));
}
```

2.3.4　循环链表

　　循环链表(circular linked list)是一种首尾相接的链表。在单链表中,最后一个结点的指针域为空(NULL),如果把该指针域指向链表的第 1 个结点(头结点),则能构成一个单链形式的循环链表,简称为**单循环链表**。带头结点的单循环链表如图 2.10 所示。类似地,还有多重链的循环链表。这里主要讨论单循环链表。

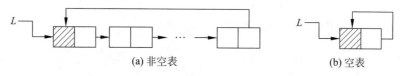

(a) 非空表　　　　　　　　　　　　(b) 空表

图 2.10　带头结点的单循环链表

　　单循环链表的数据结构和单链表相同。下面介绍单循环链表的部分操作。

1. 循环链表的建立

　　分析:循环链表是对单向链表的一种改善。单向链表中末尾结点的 next＝NULL,只需要把这个结点的 next 域的值设置为头结点的地址,就能够获得一个循环链表。创建一个空循环链表的算法如下。

　　算法 2.11　创建循环链表。

```
int InitCList(LinkList * L)
{
    /*创建一个头指针为 L 的循环链表,若成功,则返回 TRUE;否则,返回 FALSE*/
    L=(LinkList *)malloc(sizeof(LinkList));    /*申请一个表结点空间*/
    if(L==NULL)                                /*申请不成功*/
      return  FALSE;
    L->next=L;                                 /*申请成功,创建一个空循环链表*/
    return  TRUE;
}
```

　　说明:本算法的时间复杂度为 $O(1)$,和创建单向空链表相同,唯一的区别是:在单向空链表中,L->next＝NULL;而在空循环链表中,L->next＝L,也就是指向了自身。

2. 空循环链表的判断

　　分析:在单向链表中,判断一个链表是否为空,只需要看头结点的 next 域是否为NULL;相似地,在循环链表中,要判断一个链表是否为空,只需要看头结点的 next 域是否等于自身。算法如下。

　　算法 2.12　判断循环链表是否为空。

```
int isempty(LinkList  * L)
{
```

```
if(L - > next == L)
    return   TRUE;
else
return   FALSE;
}
```

> 说明：本算法的时间复杂度为 $O(1)$。

3. 插入结点和删除结点

在循环链表中插入结点和删除结点,基本操作过程和单链表是一致的。

算法 2.13 插入结点。

```
int InsertCList(LinkList * L,int i,ElemType e)
{
        / * 本算法把数据 e 插入以 L 作为表头的循环链表中的
        第 i 个位置,若成功,返回 TRUE;若失败,则返回 FALSE * /
    int j;
    LinkList  * temp, * node;
    temp = L - > next;
    j = 1;
    while(j < i && temp! = L)
    {
        j++;
        temp = temp - > next;
    }
    if(j < i && temp - > next == L)            / * 没有合适的插入位置 * /
        return FALSE;
    node = ( LinkList  * )malloc(sizeof(LinkList));
    if(node == NULL)                      / * 申请结点不成功 * /
    return FALSE;
    node - > next = temp - > next;            / * 插入数据 * /
    temp - > next = node;
    return TRUE;
}
```

> 说明：本算法的时间复杂度为 $O(n)$,其中 n 是链表的长度。
>
> 注意：在链表中插入数据,关键是对于在空表中插入数据以及在末尾插入数据这两种情况的判断。但是,对于带表头的链表来说,这两个操作都可以归并到一般情况下来处理,因此不需要更多的判断。

算法 2.14 删除结点。

```
int DelCList(LinkList * L,int i)
{
    / * 从以 L 作为表头的循环链表中删除第 i 个数据元素,如果成功,返回 TRUE;若不成功,返回
        FALSE * /
    int j;
    LinkList  * t1, * t2;
    j = 1;
    t1 = L - > next;
    t2 = L;                                / * 用 t2 保存要删除结点的前一个结点 * /
    while(j < i && t1 != L)
```

```
    {
        j++;
        t1 = t1 -> next;
        t2 = t2 -> next;
    }
    if(j > i)                           /* 找不到要删除的结点 */
        return FALSE;
            /* 有合适的删除位置 */
    t2 -> next = t1 -> next;
    free(t1);                           /* 释放存储空间 */
    return TRUE;
}
```

> **说明**：在删除结点时，需要判断 i 是否大于表长，如果大于，则不能删除；如果能够删除，则要注意删除点为第 1 个或者最后一个结点的情况，但是，在带有头结点的链表中，操作是一致的。本算法的时间复杂度为 $O(n)$，其中，n 是表长。

　　从上面的几个例子可以看出，带有头结点的链表虽然占据了一个冗余的存储空间，但是简化了很多判断。

2.3.5　双向链表

　　2.3.4 节所述链表的结点都只有一个指向其后继结点的指针，只能进行顺序的向后查找。如果需要寻找某个结点的前趋，则需要从链表的头指针开始，对链表进行遍历。最坏的情况下，需要遍历整个链表，才能确定结点的前趋。为了克服单链表这种单向性的缺点，接下来引入**双向链表**（double linked list）的概念。

　　顾名思义，在双向链表的结点中有两个指针域，一个指向其直接前趋，另一个指向其直接后继。带头结点的双向链表（包括非空表和空表两种情况）如图 2.11 所示。

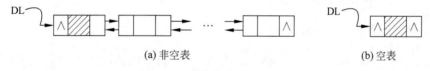

　　　　　　(a) 非空表　　　　　　　　　　　　　　　　(b) 空表

图 2.11　带头结点的双向链表

　　在 C 语言中，双向链表的存储结构可定义如下：

```
typedef  struct  DNode
{
    struct  DNode  * prior;           /* 指向前趋的指针域 */
    ElemType  data;                   /* 数据域 */
    Struct  DNode  * next;            /* 指向后继的指针域 */
}DLinkList;
DLinkList * DL, * p;                  /* 指针类型说明 */
```

　　若指针 p 指向双向链表中的某一结点，则有如下关系：

```
p -> next -> prior = p
p -> prior -> next = p
```

也就是说，结点 $*p$ 的后继的前趋指向该结点本身，同理，结点 $*p$ 的前趋的后继也指向该结点本身。有时,双向链表的这一性质可称为双向链表结构的对称性。

下面对双向链表的部分操作进行介绍。

1. 双向链表的建立

由于双向链表具有指向前趋和指向后继的两个指针,因此,在创建空双向链表时,需要将这两个指针赋值为 NULL。

算法 2.15 建立一个空双向链表。

```
int InitDList(DLinkList * DL)
{
    /* 创建一个空双向链表 DL,若成功,则返回 TRUE;否则,返回 FALSE */
    DL = (DNode * )malloc(sizeof(DNode));
    if(DL == NULL)                        /* 存储空间申请不成功 */
        return FALSE;
    DL -> prior = DL -> next = NULL;
    return   TRUE;
}
```

> **说明**:本算法和单向链表的创建几乎完全一样,只是需要为两个指针域赋值。本算法的时间复杂度为 $O(1)$。

2. 双向链表为空表的判断

从图 2.11 中可以看出,双向链表是否为空表,要看两个指针域是否同时为 NULL。

算法 2.16 判断空双向链表。

```
int DlEmpty(DLinkList * DL)
{
    if(DL -> prior == DL -> next && DL -> prior == NULL)
        return TRUE;
    else
        return FALSE;
}
```

3. 在双向链表内插入结点

> **分析**:如果要在双向链表中插入新的结点,则必须修改插入位置的前趋和后继。

算法 2.17 在双向链表中插入数据。

```
int DLInsert(DLinkList * DL,int i,ElemType e)
{
    /* 在双向链表 DL 的第 i 个位置处插入一个新的结点 e,若成功,则返回 TRUE;否则,返回 FALSE */
    int j;
    DLinkList   * temp, * node;
    j = 1;
    temp = DL;
    while(j < i && temp -> next != NULL)
    {
        j++;
        temp = temp -> next;
    }
    if(j > i)                              /* 第 i 个结点不存在 */
```

```
        return FALSE;
    node = (DLinkList * )malloc(sizeof(DLinkList));
        / * 建立新结点 * /
    if(node == NULL)
        return FALSE;
    node - > data = e;
    node - > prior = temp;                   / * 修改后指针 * /
    node - > next = temp - > next;           / * 修改前指针 * /
    if(temp - > next! = NULL )               / * 不在表尾插入 * /
      temp - > next - > prior = node;
    temp - > next = node;
    return TRUE;
    }
```

> 说明：本算法的时间复杂度为 $O(n)$，其中，n 是链表的长度。本算法和单链表还是很相似的，只是指针域的修改稍复杂一些。

4. 在双向链表内删除结点

> 分析：和插入结点相似，在双向链表中删除结点也要注意指针的修改。

算法 2.18 在双向链表中删除数据。

```
int DLDelete(DLinkList * DL,int i)
{
/ * 在双向链表 DL 中删除第 i 个结点,若成功,则返回 TRUE; 否则,返回 FALSE * /
    int j = 1;
    DLinkList * temp;
    temp = DL - > next;                       / * 工作指针 temp 指向被删结点 * /
    while(j < i && temp != NULL)
      { / * 在双向链表 DL 中找第 i 个结点,使指针 temp 指向第 i 个结点 * /
        j++;
        temp = temp - > next;
      }
    if(j < i || temp == NULL)                 / * 第 i 个结点不存在 * /
        return FALSE;
    temp - > prior - > next = temp - > next;   / * 删除第 i 个结点 * /
    if(temp - > next! = NULL)                 / * 表示被删结点不是表尾 * /
        temp - > next - > prior = temp - > prior;
    free(temp);
    return TRUE;
    }
```

> 说明：本算法的时间复杂度为 $O(n)$，其中，n 是链表的长度。

2.3.6 双向循环链表

将图 2.11 所示的双向链表中的头结点和尾结点连接起来,就构成了**双向循环链表**,如图 2.12 所示。

从图 2.12 中可以看出,在双向循环链表中,是将头结点的前趋指针指向尾结点,而将尾结点的后继指针指向头结点。对于空双向循环链表来说,头结点的前趋指针和后继指针都

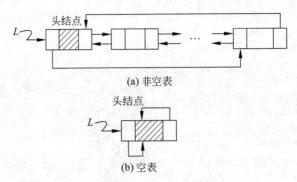

(a) 非空表

(b) 空表

图 2.12　双向循环链表

指向了头结点自身,这也是判断双向循环链表是否为空表的依据。

双向循环链表的操作实质上是把双向链表和循环链表结合起来进行。下面给出一个删除结点的例子,其他的操作请读者自行思考完成。

算法 2.19　在双向循环链表中删除结点。

```
int DLClist(DLinkList * DL, ElemType e)
{
/* 从双向循环链表 DL 中删除值为 e 的结点,若成功,则返回 TRUE；否则,返回 FALSE */
  DLinkList * temp;
  temp = DL -> next;
  if(temp -> next == temp)                    /* 空表 */
    return FALSE;
  while(temp -> data != e && temp != DL)
    temp = temp -> next;
  if(temp != DL)                              /* 找到需要删除的结点,而且该结点不是表头 */
    {temp -> prior -> next = temp -> next;    /* 删除结点 */
    temp -> next -> prior = temp -> prior;
    free(temp);                               /* 释放空间 */
    return TRUE;}
  else return FALSE;
}
```

说明：本算法和循环链表中的删除结点很相似,只是寻找删除点的方式不同。同样,本算法的时间复杂度也是 $O(n)$。

需要指出的是,循环链表和双向链表是单链表的变化情况,很多思路是从单链表中推广出来的,因此,读者应该联系单链表中的知识进行学习。

2.3.7　静态链表

以上介绍了用指针来实现的各种链表,由于链表中结点空间的分配和释放都是由系统提供的标准函数 malloc 和 free 动态执行的,因此称之为动态链表(dynamic linked list)。但是,因为有一些程序设计语言本身不支持"指针"数据类型,所以不能使用动态链表。在这种情况下,就需要引入静态链表的概念。

由于程序设计语言不支持动态分配地址的方式,因此必须预先分配好存储空间。也就是说,先定义一个规模较大的数组,作为备用结点空间。当申请结点时,从备用结点空间内取出一个结点；当释放结点时，就将结点归还给备用结点空间。用这种方式实现的单链表，每个结点(结构数组的一个分量)含有两个域：data 域和 next 域。data 域用来存放结点的数据；next 域用来存放模拟指针的"游标"(cursor)，它指示了其后继结点在数组中的位置。把这种用数组描述的链表称为**静态链表**(static linked list)。

线性表的静态链表存储结构定义如下：

```
♯define MAXSIZE 1000              /* 链表的最大长度 */
typedef int ElemType;
typedef struct SList              /* 结点类型 */
{  ElemType data;                 /* 数据域 */
    int   next;                   /* 游标域 */
}node;
node SlinkList[MAXSIZE];          /* 备用结点空间 */
int av;                           /* 游标变量 */
```

例 2.9　线性表(A,B,C,D,E)经过修改，在'B'后面插入'X'并删除'D'之后，成为线性表(A,B,X,C,E)，如图 2.13 所示。

	data	next			data	next
0		1		0		1
1	A	2		1	A	2
2	B	3		2	B	6
3	C	4		3	C	5
4	D	5		4	D	5
5	E	0		5	E	0
6				6	X	3

(a) 修改前的状态　　　　　　　(b) 修改后的状态

图 2.13　静态链表的示例

2.4　线性表顺序存储与链式存储的比较

从 2.2 节和 2.3 节可以看出，线性表的顺序存储方式和链式存储方式各有其优缺点。表 2.1 给出了线性表两种存储方式的比较。

表 2.1　线性表的顺序存储和链式存储的比较

运　　算	存储方式	元素平均移动次数	时间复杂度
初始化线性表	顺序存储	0	$O(1)$
	链式存储	0	$O(1)$
删除一个已经存在的线性表	顺序存储	0	$O(1)$
	链式存储	0	$O(n)$
清除线性表的内容	顺序存储	0	$O(n)$
	链式存储	0	$O(n)$
求表长	顺序存储	0	$O(1)$
	链式存储	0	$O(n)$
获取表中某个位置的结点值	顺序存储	0	$O(1)$
	链式存储	0	$O(n)$
定位(按值查找)	顺序存储	0	$O(n)$
	链式存储	0	$O(n)$

续表

运　　算	存储方式	元素平均移动次数	时间复杂度
插入数据	顺序存储	$n-i$	$O(n)$
	链式存储	0	$O(n)$
删除数据	顺序存储	$n-i$	$O(n)$
	链式存储	0	$O(n)$
获取前趋结点	顺序存储	0	$O(1)$
	链式存储	0	$O(n)$
获取后继结点	顺序存储	0	$O(1)$
	链式存储	0	$O(n)$

从时间的角度考虑,在表 2.1 中可以看出,按位置查找数据时,查找元素的前趋和后继等方面,顺序存储有着较大的优势(在数据元素有序的情况下,顺序存储中,根据元素的数据值来查找也有极大的优势,这将在第 8、9 两章中介绍),这是由于顺序表是由数组实现的,它是一种随机存取结构。但是,在插入数据、删除数据时,链式存储就有较大的优势,这是由于在链表中只要修改指针即可实现插入、删除;而在顺序表中进行插入和删除,平均要移动表中将近一半的结点。因此,当线性表的操作主要是进行查找,而很少进行插入和删除操作时,应该采用顺序表作为存储结构;而对于频繁进行插入和删除操作的线性表,则应采用链表作为存储结构。

从空间的角度考虑,顺序表的存储空间是静态分配的,在程序执行之前必须规定其存储规模。若估计过大则造成空间的浪费;若估计过小则容易引起空间的溢出。动态链表的存储空间是动态分配的,只要内存空间有空闲,就不会产生溢出。因此,当线性表的长度变化较大时,应该采用动态链表作为存储结构。

学习理论的目的是更好地指导实践,在算法和程序的设计中,可以根据具体情况做一些灵活的变化和处理,以便设计出可读性好、效率高的算法和程序。

2.5　线性表的应用

线性表是一种最简单、最常用的数据结构。为了帮助读者尽快掌握线性表的各种概念和运算,并把算法转化为程序,进行上机实践,本节所举的例子都给出了完整的程序。

2.5.1　约瑟夫问题

例 2.10　设有 n 个人坐在圆桌周围,从第 s 个人开始报数,数到 m 的人出列,然后再从下一个人开始报数,同样数到 m 的人出列,如此重复,直到所有人都出列为止。要求输出出列的顺序。

分析:本问题可以用一个链表来解决。设圆桌周围的 n 个人构成一个带头结点的循环链表。先找到第 s 个人对应的结点,由此结点开始,顺序扫描 m 个结点,将扫描到的第 m 个结点删除。重复上述过程,直到链表为空。

```
# include "stdio. h"
typedef char datatype;
typedef struct node
{
  datatype info;
  struct node * next;
} NODE;

void joseph(int n,int s,int m)
{
  int i,j;
  NODE * createlinklist(int);         /* 函数说明 */
  NODE * h, * p, * q, * r;
  if(n < s)                           /* 找不到第 s 个结点 */
    return;
  h = createlinklist(n);              /* 函数调用,建立一个含有 n 个结点的带头结点的单链表 */
  q = h;
  for(i = 1;i < s;i++)                 /* 找第 s 个结点 */
    q = q -> next;                     /* 循环结束后,q 指向第 s 个结点的前趋结点 */
  p = q -> next;                       /* p 指向第 s 个结点 */
  for(i = 1;i < n;i++)
  {
    for(j = 1;j < m;j++)               /* 从当前位置出发去找第 m 个结点(报数) */
    if((p -> next! = NULL) && (q -> next! = NULL))
        /* 如果当前指针 p、q 所指的下一个结点都不是表尾,则向下移指针 p 和 q */
      {
        q = q -> next;
        p = p -> next;
      }
    else                              /* 指针 p,q 的下一个结点至少有一个为空 */
      if(p -> next == NULL)           /* p 所指的下一个结点为空,则其下一个结点就是第 1 个 */
      {
        q = q -> next;
        p = h -> next;
      }
      else                            /* q 所指的下一个结点为空,则其下一个结点就是第 1 个 */
      {
        q = h -> next;
        p = p -> next;
      }
    printf(" % c\n",p -> info);        /* 一个元素出列 */
    r = p;                             /* 让指针 r 指向要删的结点 p,准备释放 */
    if(p -> next == NULL)              /* 释放指针 p 所指结点前的指针并修改 */
    {                                  /* 这表示 p 所指结点为链表尾 */
      p = h -> next;
      q -> next = NULL;
    }
    else                              /* p 所指结点不为链表尾 */
    {
      p = p -> next;
      if(q -> next! = NULL)           /* 这表示 q 所指结点不为链表尾 */
        q -> next = p;
      else                            /* 这表示 q 所指结点为链表尾 */
        h -> next = p;
```

```
        }
        free(r);
    }
    printf("%c\n",(h->next)->info);
}

NODE * createlinklist(int n)                /*建立含有 n 个结点并带头结点的单链表的函数*/
{
    int i;
    NODE * head,*p,*q;
    if(n==0)
        return NULL;
    head=(NODE *)malloc(sizeof(head));      /*申请一个结点为表头*/
    q=head;
    for(i=1;i<=n;i++)                        /*将 n 个结点连入单链表中*/
    {
        p=(NODE *)malloc(sizeof(head));
        printf("Enter a element\n");
        scanf("%c",&p->info);
        q->next=p;
        q=p;                                /*q 指向表尾,准备连入下一个结点*/
    }
    p->next=NULL;                           /*将最后一个结点的链域置为 NULL*/
    return head;
}

main()
{
    int n,s,m;
    printf("Please input n,s and m:\n");    /*输入单链表的结点数 n*/
    scanf("%d %d%d",&n,&s,&m);
    joseph(n,s,m);
}
```

需要指出的是,约瑟夫问题如果采用循环链表来解决,则更加简单。

2.5.2 多项式加法

例 2.11 (1990 年程序员试题)设有两个变元为 x、y 和 z 的整系数多项式 p 和 q,要求用循环链表表示多项式。链表中每个结点表示多项式中的一项。循环链表格式如图 2.14(a)所示,表示项 $coef \cdot x^i y^j z^k$,其中,$coef$ 为项的系数;项的指数 $index = 100i + 10j + k$ (i、j、k 都是整数,且 $0 \leqslant i,j,k \leqslant 9$);$next$ 为指向下一个结点的指针。链表中设置一个头结点,头结点的 $coef$ 字段为 0,$index$ 字段为 -1,如图 2.14(b)所示。链表中其余的结点按 $index$ 值降序排列。例如,多项式 $3x^6 - 5x^5 y^2 + 6y^6 z$ 的循环链表如图 2.14(c)所示。

下列程序定义了两个多项式 p 和 q,通过调用 blist 构成两个循环链表 $p*$ 和 $q*$。将多项式 p 加到 q 中,相加后,链表 $p*$ 不变,$q*$ 为两个多项式之和。

两个多项式相加由 polyadd 完成。算法是:比较 p 和 q 的指数,如果相等,则系数累加到 q 的对应项系数;如果 p 的项指数小于 q 的项指数,则比较 q 的下一项;如果 p 的项指数大于 q 的项指数,则将 p 的该项插入 q 中;如果系数相加后等于 0,则从 q 中删除该项。

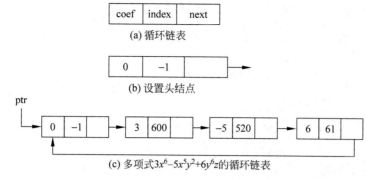

(a) 循环链表

(b) 设置头结点

(c) 多项式$3x^6-5x^5y^2+6y^6z$的循环链表

图 2.14 表示多项式的循环链表

```
# include "stdio. h"
# include "malloc. h"
typedef struct poly
{
  int coef;                          /* 系数 */
  int index;                         /* 指数 */
  struct poly * next;                /* 指针 */
}POLYNODE;

main()
{
  POLYNODE * p, * q, * blist();
  p = blist(p);
  q = blist(q);
  polyadd(p,q);
}

POLYNODE * blist(POLYNODE * ptr)          /* 建立循环链表函数 */
{
  int i,j,k,finished;
  POLYNODE * ptr1, * r;
  finished = 0;                           /* 用于控制建立循环链表的结束 */
  ptr = (POLYNODE * )malloc(1,sizeof(ptr));    /* 申请表头结点空间 */
  ptr -> coef = 0;
  ptr -> index = - 1;
  ptr -> next = ptr;                      /* 建立表头结点 */
  r = ptr;                                /* r 是工作指针,指向链尾 */
  while(finished == 0)                    /* 建立由多项式各项组成的链表 */
  {
    ptr1 = (POLYNODE * )malloc(1,sizeof(ptr1));
    scanf("% d % d % d % d",&ptr1 -> coef,&i,&j,&k);
    ptr1 -> index = I * 100 + j * 10 + k;
    r -> next = ptr1;
    r = ptr1;
    printf("finished = ? \n");
    scanf("% d",&finished);
  }
  r -> next = ptr;                        /* 使链表首尾相接 */
  return ptr;                             /* 返回循环链表的头指针 */
}
```

```
polyadd(POLYNODE * p,POLYNODE * q)          /* 两个多项式相加 */
{
  POLYNODE * q1,* q2;
  p = p -> next;
  q1 = q;
  q = q -> next;
  while(p -> index >= 0)
  {
    while(p -> index < q -> index)         /* 指数比较,成立时,移动 q 表指针寻找插入位置 */
    {
      q1 = q;
      q = q -> next;
    }
    if(p -> index == q -> index)           /* 指数相等 */
    {
      q -> coef += p -> coef;              /* 系数相加 */
      if(q -> coef == 0)                   /* 删除该结点 */
      {
        q2 = q;                            /* 将当前结点 q 保存起来,目的是释放 */
        q1 -> next = q -> next;
        q = q -> next;
        free(q2);
        p = p -> next;
      }
      else        /* 如果系数相加后不为 0,则直接移动工作指针,准备下一步合并相加 */
      {
        q1 = q;
        p = p -> next;
        q = q -> next;
      }
    }
    else
    {
      q2 = (POLYNODE * )malloc(1 * sizeof(q2));
      q2 -> coef = p -> coef;
      q2 -> index = p -> index;
      q2 -> next = q;
      q1 -> next = q2;
      q1 = q2;
      p = p -> next;
    }
  }
}
```

2.5.3　电文加密

例 2.12　(1991 年高级程序员试题)对某电文(字符串)进行加密,形成密码文。

假定原文为 $C_1C_2C_3\cdots C_n$,加密后产生密文为 $S_1S_2S_3\cdots S_n$,首先读入一个正整数 key (key>1)作为加密钥匙,并将密文字符位置按顺时针方向连成一个环,如图 2.15 所示。

加密时从 S_1 位置起,沿顺时针方向计数,当数到第 key 个字符位置时,将原文中的字符 C_1 放入该密文字符位置,同时从环中除去该字符位置。接着,从环中下一个字符位置起,继续计数,当再次数到第 key 个字符位置时,将原文中的字符 C_2 放入其中并从环中除去该字符位置；以此类推，直至 n 个原文字符全部放入密文环中。由此产生的 $S_1 S_2 S_3 \cdots$ S_n 即为原文的密文。

图 2.15　密文环示意图

由题意和图 2.15 可知，本题适合用循环链表解决，同时，本例和约瑟夫问题很相似。事实上，约瑟夫问题同样适合于用循环链表解决。

下列程序中，字符数组 old 用于存放原文字符，函数 decode 用于将原文 old 加密后返回密文字符数组的头指针，密文环用双向循环链表表示。函数 strlen 用于计算一个字符串中的字符个数。

```c
#include <stdio.h>
#include <alloc.h>
#define CR 13
typedef struct node
{
  char ch;
  struct node * forward;              /* 向前指针 */
  struct node * backward;             /* 向后指针 */
}CODE;

main()
{
  char * decode(),old[256];
  int strlen(),key,num = 0;
  printf("\n Please input the telegraph:\n");
  while(num < 255 && (old[num++] = getch())!= CR);
        /* 输入一个长度不超过 255 的字符串，按 Enter 键结束 */
  old[(num == 255)? num:num - 1] = '\0';
  do
  {
    printf("\n Please input key = ? (key > 1)");
    scanf(" % d",&key);
  }while(key <= 1);
  printf("\n The decode of telegraph:");
  printf("' % s' is: \n ' % s'\n",old,decode(old,key));
  /* 输出原文和密文 */
}

char * decode(char * old,int key)
{
  char * new;
  int length,count,i;
  CODE * loop, * p;
  length = strlen(old);                    /* 求原文串的长度 */
  loop = (CODE * )malloc(length * sizeof(CODE));   /* 申请数组空间用来容纳原文 */
  for(i = 1;i < length - 1;i++)
  {
    loop[i].forward = &loop[i + 1];
    loop[i].backward = &loop[i - 1];
  }
  loop[0].backward = &loop[length - 1];
```

```
loop[0].forward = &loop[1];
loop[length-1].backward = &loop[length-2];
loop[length-1].forward = loop;
for(p = loop,i = 0;i < length;i++)
{
    for(count = 1;count < key;count++)
    p = p->forward;
    p->ch = *old++;
    p->backward->forward = p->forward;
    p->forward->backward = p->backward;
    p = p->forward;
}
new = (char *)malloc((length+1)*sizeof(char));
for(i = 0;i < length;i++)                          /* 加密后的字符串送入数组 new 中 */
    new[i] = loop[i].ch;
new[length] = '\0';
return new;                                         /* 返回加密后的密文数组的地址 */
}
int strlen(char *s)                                /* 求串长度 */
{
    int len = 0;
    while( *s++!= '\0')
        len++;
    return len;
}
```

从以上例子可以看出,链表的用途很广,操作也很灵活,对初学者来说,需要多做练习,勤于思考,深刻理解本章内容,对于后面部分章节的学习有很大的帮助。

本 章 小 结

- 线性表是最简单、最常用的数据结构。本章介绍了线性表的定义、基本操作和各种存储结构的描述方法,主要介绍了线性表的两种存储结构——顺序表和链表,以及在这两种存储结构上实现的基本操作。

- 顺序表是采用数组来实现的,链表是采用指针或游标来实现的。用指针来实现的链表,由于其结点空间是动态分配的,因此称为动态链表;而用游标模拟指针来实现的链表,因其结点空间是预先静态分配的,故称为静态链表。这两种链表又可以按结点指针域个数的多少、链接形式的不同,区分为单链表、双向链表和循环链表等。

- 在具体的应用中,究竟对线性表采用哪一种存储结构,需要根据实际问题的要求而定,主要是考虑求解算法的时间复杂度和空间复杂度。

- 由于线性表是学习后面多种数据结构的基础,因此,线性表是本书的重要内容之一,读者应该熟练掌握顺序表和链表的各种基本操作,了解它们的时间特性与空间特性,为以后的学习打好基础。

习 题 2

一、简答题

1. 试描述头指针、头结点、开始结点的区别,并说明头指针和头结点的作用。

2. 何时选用顺序表、何时选用链表作为线性表的存储结构为宜?

3. 为什么在单循环链表中设置尾指针比设置头指针更好?

4. 在单链表、双链表和单循环链表中,若仅知道指针 p 指向某结点,而不知道头指针,能否将结点 $*p$ 从相应的链表中删去?

5. 简述下列算法的功能。

```
LinkList Demo(LinkList L)                    / * L是无头结点单链表 * /
{
    ListNode * Q, * P;
    if(L&&L -> next)
        {
        Q = L;L = L -> next;P = L;
        while (P -> next) P = P -> next;
        P -> next = Q; Q -> next = NULL;
        }
    return L;
}                                            / * Demo * /
```

二、算法设计题

1. 已知顺序表中各结点的值有正有负,请设计一个算法,使负值结点位于顺序表的前面部分,正值结点位于顺序表的后面部分。

2. 试分别用顺序表和单链表作为存储结构,实现将线性表 $(a_0, a_1, \cdots, a_{n-1})$ 就地逆置的操作。所谓“就地”,是指辅助空间复杂度应为 $O(1)$。

3. 设顺序表 L 是一个递增有序表,试写一算法,将 x 插入 L 中,并使 L 仍是一个有序表。

4. 设顺序表 L 是一个递减有序表,试写一算法,将 x 插入其中后仍保持 L 的有序性。

5. 设计算法:仅用一个辅助结点,完成下列要求。

(1) 将数组中的元素循环右移 k 位。

(2) 将数组 $[a_1, a_2, \cdots, a_n, b_1, b_2, \cdots, b_n]$ 调整为 $[b_1, b_2, \cdots, b_n, a_1, a_2, \cdots, a_n]$。

6. 已知 L_1 和 L_2 分别指向两个单链表的头结点,且已知其长度分别为 m 和 n。试写一算法将这两个链表连接在一起,并分析算法的时间复杂度。

7. 设 A 和 B 是两个单链表,其表中元素递增有序。试写一算法,将 A 和 B 归并成一个按元素值递减有序的单链表 C,并要求辅助空间复杂度为 $O(1)$,请分析算法的时间复杂度。

8. 写一算法,将单链表中值重复的结点删除,使所得的结果表中各结点值均不相同。已知由单链表表示的线性表中含有 3 类字符的数据元素(如字母字符、数字字符和其他字符),试编写算法构造 3 个以循环链表表示的线性表,使每个表中只含同一类的字符,且利用原表中的结点空间作为这 3 个表的结点空间,头结点可开辟空间。

9. 假设在长度大于 1 的单循环链表中,既无头结点也无头指针。s 为指向链表中某个结点的指针,试编写算法删除结点 $*s$ 的直接前趋结点。

第 3 章

栈和队列

本章要点

◇ 栈

◇ 栈的应用举例

◇ 队列

◇ 队列的应用举例

◇ 递归

本章学习目标

◇ 理解栈的定义及其基本运算

◇ 掌握顺序栈和链栈的各种操作实现

◇ 理解队列的定义及其基本运算

◇ 掌握循环队列和链队列的各种操作实现

◇ 学会利用栈和队列解决一些问题

3.1 栈

栈和队列是在程序设计中广泛使用的两种重要的数据结构。由于从数据结构角度看，栈和队列是操作受限的线性表，因此，也可以将它们称为限定性的线性表结构。

3.1.1 栈的定义与基本操作

在日常生活中，我们会发现有许多这样的趣事。例如，把许多书籍依次放进一个大小相当的箱子中，当我们在取书时，就得先把后放进里面的书取走，才能拿到先放入的被压在最底层的书；又如一叠洗净的盘子，洗的时候总是将盘子逐个叠放在已洗好的盘子上面，而用的时候则是从上往下逐个取用，即后洗好的盘子比先洗好的盘子先被使用。这种后进先出的结构称为栈。

1. 栈的定义

栈（stack）是一种仅允许在一端进行插入和删除运算的线性表。栈中允许进行插入和删除的那一端，称为**栈顶**（top）。栈顶的第 1 个元素称为**栈顶元素**。栈中不可以进行插入和删除的那一端（线性表的表头），称为**栈底**（bottom）。在一个栈中插入新元素，即把新元素放到当前栈顶元素的上面，使其成为新的栈顶元素，这一操作称为**进栈**、**入栈**或**压栈**（push）。从一个栈中删除一个元素，即把栈顶元素删除掉，使其下面的元素成为新的栈顶元素，称为**出栈**或**退栈**（pop）。例如，在栈 $S = (a_1, a_2, \cdots, a_n)$ 中，a_1 称为栈底元素，a_n 称为栈顶元素。进栈顺序为 $a_1, a_2, \cdots, a_n$，如图 3.1(a)所示，而出栈顺序为 $a_n, a_{n-1}, \cdots,$ a_2, a_1。

注意：由于栈的插入和删除操作只能在栈顶一端进行，后进栈的元素必定先出栈，所以栈又称为**后进先出**(Last In First Out)的线性表(简称为 LIFO 结构)。它的这个特点可用图 3.1(b)所示的铁路调度站形象地表示。

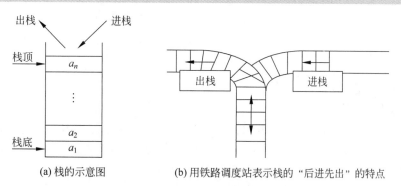

(a) 栈的示意图   (b) 用铁路调度站表示栈的"后进先出"的特点

图 3.1　栈的图示

思考：① 栈是什么？它与一般线性表有何不同？

② 一个栈的输入序列是 12345，若在入栈的过程中允许出栈，则栈的输出序列 43512 有可能实现吗？12345 的输出呢？

讨论：有无通用的判别原则？

有！若输入序列是 $\cdots, P_j, \cdots, P_k, \cdots, P_i, \cdots (P_j < P_k < P_i)$，则一定不存在输出序列 $\cdots, P_i, \cdots, P_j, \cdots, P_k, \cdots$

2. 栈的基本操作

定义在栈上的基本操作有：

(1) InitStack(S)：构造一个空栈 S。

(2) ClearStack(S)：清除栈 S 中的所有元素。

(3) StackEmpty(S)：判断栈 S 是否为空，若为空，则返回 TRUE；否则返回 FALSE。

(4) GetTop(S)：返回 S 的栈顶元素，但不移动栈顶指针。

(5) Push(S, x)：插入元素 x 作为新的栈顶元素(入栈操作)。

(6) Pop(S)：删除 S 的栈顶元素并返回其值(出栈操作)。

由于栈是运算受限的线性表，因此线性表的存储结构对栈也同样适用。与线性表相似，栈也有两种存储表示方法，即顺序存储和链式存储两种结构。顺序存储的栈称为**顺序栈**，链式存储的栈称为**链栈**。

3.1.2　顺序栈的存储结构和操作的实现

1. 顺序栈存储结构的定义

顺序栈利用一组地址连续的存储单元依次存放从栈底到栈顶的数据元素。在 C 语言中，可以用一维数组描述顺序栈中数据元素的存储区域，并预设一个数组的最大空间。栈底设置在 0 下标端,栈顶随着插入和删除元素而变化,即入栈的动作使地址向上增长(称为"向上增长"的栈),可用一个整型变量 top 来指示栈顶的位置。为此,顺序栈存储结构的描述如下:

```
#define Maxsize 100          /*设顺序栈的最大长度为 100,可依实现情况而修改*/
typedef int datatype;
typedef struct
{
    datatype stack[Maxsize];
    int top;                 /*栈顶指针*/
}SeqStack;                    /*顺序栈类型定义*/
SeqStack *S;                 /*S 为顺序栈类型变量的指针*/
```

由于 C 语言中数组下标是从 0 开始的,即 S-> stack[0] 是栈底元素,而栈顶指针 S-> top 是正向增长的,即进栈时栈顶指针 S-> top 加 1,然后把新元素放在 top 所指的空单元内,退栈时 S-> top 减 1,因此 S-> top 等于 -1(或 S-> top 小于 0)表示栈空,S-> top 等于 maxsize-1 表示栈满。由此可知,对顺序栈进行插入和删除运算相当于是在顺序表的表尾进行的,其时间复杂度为 $O(1)$。一个栈的几种状态以及在这些状态下栈顶指针 top 和栈中元素之间的关系如图 3.2 所示。

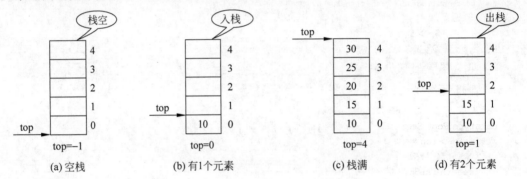

图 3.2　栈顶指针和栈中元素之间的关系

通过分析,我们可以得出以下结论:

(1) 若 top=-1,则表示栈空。

如果使栈顶指针 top 指向待入栈元素的位置,则入栈、出栈时,top 应该如何变化? 栈空、栈满的条件又是什么?

(2) 若 top=maxsize-1,则表示栈满。

如果使栈顶指针 top 指向待入栈元素的位置,则入栈、出栈时,top 应该如何变化? 栈空、栈满的条件又是什么?

2. 顺序栈的基本操作

由于顺序栈的插入和删除只在栈顶进行,因此顺序栈的基本操作比顺序表简单得多。值得一提的是:在做入栈操作前,首先要判定栈是否满;在做出栈操作前,又得先判定栈是否空。

1) 构造一个空栈

```
SeqStack *InitStack()
{ SeqStack *S;
  S = (SeqStack *)malloc(sizeof(SeqStack));
  if(!S)
    {printf("空间不足");
```

```
      return NULL;}
   else
     {S->top = -1;
      return S;}
}
```

2）取栈顶元素

```
datatype GetTop(SeqStack * S)
  {if (S->top == -1)
     {printf("\n 栈是空的!");
      return FALSE;}
    else
      return S->stack[S->top];
}
```

3）入栈

```
SeqStack * Push(SeqStack * S,datatype x)
{if(S->top == Maxsize-1)
    {printf("\n 栈是满的!");
     return NULL; }
    else
        { S->top++;
          S->stack[S->top] = x;
          return s;}
}
```

4）出栈

```
datatype Pop( SeqStack * S)
  {if(S->top == -1)
    {printf("\nThe sequence stack is empty!");
     return FALSE;}
    S->top-- ;
    return S->stack[S->top+1];
}
```

5）判别空栈

```
int  StackEmpty(SeqStack   * S)
 {if(S->top == -1)
     return TRUE;
  else
     return FALSE;
}
```

例 3.1 若增加 main 函数以及 display 函数,则可以调试上述各种栈的基本操作算法。

```
#define Maxsize 50
typedef int datatype;
typedef struct
    {datatype stack[Maxsize];
     int top;
    }SeqStack;
void display(SeqStack * S)
 {int t;
  t = S->top;
```

```
      if(S->top== -1)
        printf("the stack is empty!\n");
      else
        while(t!= -1)
          {t-- ;
           printf("%d->",S->stack[t]);}
          }
      main()
   {int a[6]={3,7,4,12,31,15},i;
   SeqStack * p;
   p=InitStack();
   for(i=0;i<6;i++) Push(p,a[i]);
   printf("output the stack values: ");
   display(p);
   printf("\n");
   printf("the stacktop value is:%d\n",GetTop(p));
   Push(p,100);
   printf("output the stack values:");
   display(p);
   printf("\n");
   printf("the stacktop value is:%d\n",GetTop(p));
   Pop(p);Pop(p);
   printf("the stacktop value is:%d\n",GetTop(p));
   printf("Pop the stack value :");
   while(!StackEmpty(p))
   printf("%4d",Pop(p));
   printf("\n");
   }
```

运行结果如下：

```
output the stack values:15->31->12->4->7->3->
the stacktop value is:15
output the stack values:100->15->31->12->4->7->3->
the stacktop value is:100
the stacktop value is:31
Pop the stack value : 31  12   4   7   3
```

思考：

① 顺序表和顺序栈的操作有何区别？

② 为什么要设计栈，它有何用途？

③ 这里定义的入栈操作是：栈顶指针加 1，然后入栈；当然也可以定义先入栈，然后栈顶指针加 1。同样出栈操作也可以栈顶指针减 1，然后出栈。

讨论： 什么是栈的溢出？

答： 对于顺序栈，入栈时必须先判断栈是否满，栈满的条件是 S->top==maxsize-1。栈满时不能入栈，否则会产生错误，这种现象称为上溢。

出栈时必须先判断栈是否空，栈空的条件是 S->top==-1。栈空时不能出栈，否则会产生错误，这种现象称为下溢。

3.1.3 链栈的存储结构和操作的实现

栈的链式存储结构与线性表的链式存储结构相同，是通过由结点构成的单链表实现的。

为了操作方便，这里采用没有头结点的单链表。此时栈顶为单链表的第 1 个结点，整个单链表称为**链栈**。链栈的表示如图 3.3(a)所示。

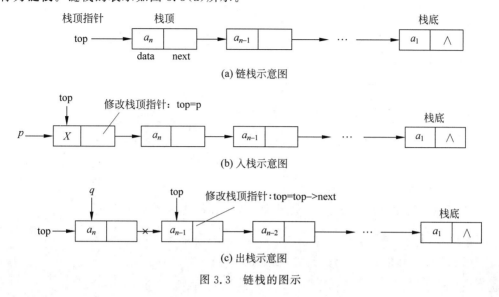

图 3.3　链栈的图示

链栈的类型定义如下：

```
Typedef struct node
{
    datatype data;                          /*数据域*/;
    struct node * next;                     /*指针域*/;
}LinkStack;                                 /*链栈结点类型*/
LinkStack   * top;                          /*top为栈顶指针变量*/
```

top 为栈顶指针，它唯一地确定一个栈。栈空时 top＝NULL。因为链栈是动态分配结点空间的，所以操作时无须考虑上溢问题。由于链栈的入栈、出栈操作限定在栈顶方向进行，其时间复杂度为 $O(1)$，因此没有必要附加一个头结点。

下面是链栈的部分基本操作的实现，其余的操作请读者自行完成。

1）判别空栈

```
int   StackEmpty(LinkStack * top)
{return (top? 0:1);
}
```

2）取栈顶元素

```
datatype GetTop(LinkStack * top)
{
    if(!top) {printf("\n链栈是空的!"); return FALSE;}
    return (top-> data);
}
```

3）入栈

```
LinkStack * Push((LinkStack * top,datatype x)
{
    LinkStack * p;
    p = ( Linkstack * )malloc(sizeof(LinkStack));   /* 分配空间 */
```

```
p -> data = x;                                    /* 设置新结点的值 */
p -> next = top;                                  /* 将新元素插入栈中 */
top = p;                                          /* 修改栈顶指针 */
return top;
}
```

4) 出栈

```
LinkStack * Pop( LinkStack * top)
{ LinkStack * q;
  if(!top) {printf("\n 链栈是空的!");return NULL;}     /* 判栈是否空 */
  q = top;                                           /* 指向被删除的结点 */
  top = top -> next;                                 /* 修改栈顶指针 */
  free(q);
  return top;
}
```

读者可以仿照顺序栈的方法,上机调试链栈的各种基本操作的算法。

> **说明:**
> ① 链栈不必设头结点,因为栈顶(表头)操作频繁。
> ② 链栈一般不会出现栈满情况,除非空间不足,导致 malloc 分配失败。
> ③ 链栈的入栈、出栈操作就是栈顶的插入与删除操作,修改指针即可完成。
> ④ 链栈的优点:可使多个栈共享空间;在栈中元素变化的数量较大,且存在多个栈的情况下,链栈是栈的首选存储方式。

3.2　栈 的 应 用

由于栈的操作具有后进先出的特点,因此栈成为了程序设计中的有用工具。反之,从本节所举例子中可发现,凡问题求解具有后进先出的天然特性,其求解过程中也必须利用栈。

3.2.1　数 制 转 换

例 3.2　将十进制整数转换成二至九的任一进制数输出。由计算机基础知识可知,把一个十进制整数 N 转换成任一种 r 进制数得到的一个 r 进制整数,转换的方法是采用逐次除以基数 r 取余法。

```
8 | 4327      余数
8 | 540  …… 7
8 | 67   …… 4
8 | 8    …… 3
8 | 1    …… 0
    0    …… 1
```

图 3.4　十进制数 4327 转换为
八进制数的过程

将一个十进制数 4327 转换成八进制数 $(10347)_8$,其过程如图 3.4 所示。

在十进制整数 N 转换为 r 进制数的过程中,由低到高依次得到 r 进制数中的每一位数字,而输出时又需要由高到低依次输出每一位,恰好与计算过程相反,输出的过程符合"后进先出"的栈的特性。因此,可在转换过程中每得到一位 r 进制数就进栈保存,转换完毕后依次出栈正好是转换结果。算法思路如下:

(1) 若 $N \neq 0$,则将 $N\%r$ 压入栈 s 中。

(2) 用 N/r 代替 N。

(3) 若 $N>0$，则重复步骤(1)、(2)；若 $N=0$，则将栈 a 的内容依次出栈。

下面给出完整的 C 语言程序。

```
# define Maxsize 100
# include < stdio.h >
typedef int datatype;
typedef struct
    {int stack[Maxsize];
     int top;
    }SeqStack;

SeqStack * InitStack()
{ SeqStack * S;
  S = (SeqStack * )malloc(sizeof(SeqStack));
  if(!S)
    {printf("空间不足"); return NULL;}
  else
    {S -> top = 0;
     return S;
    }
}

SeqStack * push(SeqStack * S,int x)
{  if (S -> top == Maxsize)
    {printf("the stack is overflow!\n");
     return NULL;
    }
  else
    {S -> stack[S -> top] = x;
     S -> top++;
     return s;
    }
}

int  StackEmpty(SeqStack  * S)
{ if(S -> top == 0)
    return 1;
  else
    return 0;
}

int pop(SeqStack * S)
  {int y;
   if(S -> top == 0)
     {printf("the stack is empty!\n"); return FALSE;}
   else
   {S -> top -- ;
    y = S -> stack[S -> top];
    return y;
   }
}

void conversion(int N, int r)
{ int x = N,y = r;
```

```
  SeqStack * S;                          /*定义一个顺序栈*/
  s = InitStack();                       /*初始化栈*/
  while(N!= 0)                           /*由低到高求出 r 进制数的每一位并入栈*/
     { push(s, N % r);
       N = N/r;
     }
  printf("\n 十进制数 % d 所对应的 % d 进制数是:"x,y);
  while(!StackEmpty(s))                  /*由高到低输出每一位 r 进制数*/
    printf(" % d",pop(s));
  printf("\n");
}


main()
{int n,r;
 printf("请输入任意一个十进制整数及其所需转换的二至九间的任一进制数:\n");
 scanf(" % d % d",&n,&r);
 conversion(n,r);
}
```

3.2.2 括号匹配问题

例 3.3 设一个表达式中可以包含 3 种括号:小括号、中括号和大括号,各种括号之间允许任意嵌套,如小括号内可以嵌套中括号、大括号,但是不能交叉。举例如下:

([]{})   正确的

([()])   正确的

{([])}   正确的

{[()})   不正确的

{()[]   不正确的

如何检验一个表达式的括号是否匹配呢? 大家知道,当自左向右扫描一个表达式时,凡是遇到一个左括号都期待有一个右括号与之匹配。

按照括号正确匹配的规则,在自左向右扫描一个表达式时,后遇到的左括号比先遇到的左括号更加期待有一个右括号与之匹配。因为可能会连续遇到多个左括号,且它们都期待寻求匹配的右括号,所以必须将遇到的左括号存放好。又因为后遇到的左括号的期待程度高于先前遇到的左括号的期待程度,所以应该将所遇到的左括号存放于一个栈中。这样,当遇到一个右括号时,就查看栈顶结点,如果它们匹配,则删除栈顶结点;如果不匹配,则说明表达式中括号是不匹配的。如果扫描完整个表达式后,这个栈是空的,则说明表达式中的括号是匹配的,否则说明表达式中的括号是不匹配的。算法如下:

```
int match(char c[])
 { int i = 0;
   SeqStack * S;
   S = InitStack();
   while(c[i]!= '#')
   {
     switch(c[i])
     {
       case '{':
       case '[':
```

```
        case '(': Push(S,c[i]);break;
        case '}': if(!StackEmpty(s)&& GetTop(S) == '{')
                    {Pop(S);break;}
              else return FALSE;
        case ']': if(!StackEmpty(s)&& GetTop(S) == '['   )
                    {Pop(S);break;}
              else return FALSE;
        case ')': if(!StackEmpty(s)&& GetTop(S) == '(')
                    {Pop(S);break;}
              else return FALSE;
      }
    i++;
  }
  return (StackEmpty(S));          /＊栈空则匹配,否则不匹配＊/
}
```

3.2.3　子程序的调用

　　例 3.4　在计算机程序中,程序调用与返回处理是利用栈来实现的。某个程序要去调用子程序(或子函数)之前,先将该调用指令的下一条指令的地址保存到栈中,然后才转而去执行子程序(或子函数),当子程序(或子函数)执行完后要从栈中取出返回地址,从断点处继续往下执行。如图 3.5 所示,主程序中的 r 处调用子程序 1,先将该断点地址 r 入栈;子程序 1 中的 s 处调用子程序 2,首先又将 s 压入栈;子程序 2 中的 t 处调用子程序 3,又得先将 t 入栈保存……当子程序 3 调用结束时,就从栈中弹出返回地址 t,回到子程序 2。以此类推,再从栈中弹出返回地址 s,从子程序 2 返回子程序 1,然后继续从栈中弹出返回地址 r,从子程序 1 返回主程序,直到整个程序结束。

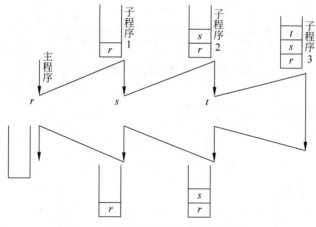

图 3.5　栈在子程序嵌套调用中的应用

　　栈在程序设计中的另一个重要应用就是递归的实现。一个递归函数的运行过程类似于多个函数的嵌套调用,只是主调函数和被调函数都是同一个函数。为了保证递归函数的正确运行,系统需要设立一个"递归工作栈",在整个递归函数运行期间都要使用它。每进入一层递归,就产生一个新的工作记录压入栈顶;每退出一层递归,就从栈顶弹出一个工作记录。

思考：要求用递归的方式来求解某个数 n（不妨设 $n=4$）的阶乘，请描述该递归工作栈的数据如何变化。

3.2.4　利用一个顺序栈逆置一个带头结点的单链表

例 3.5　已知 head 是带头结点的单链表 $(a_1, a_2, \cdots, a_n)$（其中 $n \geqslant 0$），有关说明如下：

```
typedef int datatype;
#include <stdio.h>
typedef struct node
       {datatype data;
        struct node * next;
       }linklist;
linklist * head;
```

请设计一个算法，利用一个顺序栈使上述单链表实现逆置，即利用一个顺序栈将单链表 $(a_1, a_2, \cdots, a_n)$（其中 $n \geqslant 0$）逆置为 $(a_n, a_{n-1}, \cdots, a_1)$，如图 3.6 所示。

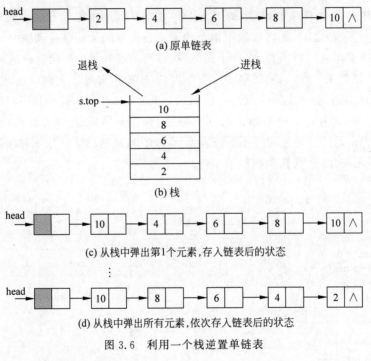

图 3.6　利用一个栈逆置单链表

解题思路（用顺序栈实现）：

（1）建立一个带头结点的单链表 head。

（2）输出该单链表。

（3）建立一个空栈 s（顺序栈）。

（4）依次将单链表的数据入栈。

（5）依次将单链表的数据出栈，并逐个将出栈的数据存入单链表的数据域（自前向后）。

（6）输出单链表。

程序如下（采用顺序栈实现）：

```
#include <stdio.h>                          /*利用顺序栈逆置单链表*/
#include <iostream.h>
#include <malloc.h>
#define maxsize 100                         /*栈的最大元素数为100*/
typedef int datatype;
typedef struct node                         /*定义单链表结点类型*/
   {datatype data;
    struct node *next;
   }linklist;
linklist *head;                             /*定义单链表的头指针*/
typedef struct                              /*定义顺序栈*/
   {datatype d[maxsize];
    int top;
   }seqstack;
seqstack s;                                 /*定义顺序栈s,s是结构体变量,且s是全局变量*/
linklist *creatlist()                       /*建立单链表*/
 {linklist *p,*q;
  int n=0;
  p=q=(struct node *)malloc(sizeof(linklist));
  head=p;
  p->next=0;                                /*头结点的数据域不存放任何数据*/
  p=(struct node *)malloc(sizeof(linklist));
  scanf("%d",&p->data);
  while(p->data!=-1)                        /*输入-1表示链表结束*/
      {n=n+1;
       q->next=p;
       q=p;
       p=(struct node *)malloc(sizeof(linklist));
       scanf("%d",&p->data);
      }
  q->next=0;
  return(head);
 }

void print(linklist *head)                  /*输出单链表*/
   {linklist *p;
   p=head->next;
   if (p==0) printf("This is an empty list.\n");
     else
         {do  {printf("%6d",p->data);
               p=p->next;
              }while(p!=0);
         printf("\n");
         }
   }

seqstack initstack()                        /*构造一个空栈s*/
{s.top=-1;
 return s;                                   /*返回结构体变量s的首址*/
}
int push(seqstack *s,datatype x)            /*入栈,此处s是指向顺序栈的指针*/
{if((*s).top==maxsize-1)                     /*(*s).top即为s->top*/
  {printf("栈已满,不能入栈!\n");
   return 0;
```

```
    }
  else
  {
    ( * s).top++;                        /*栈顶指针上移*/
    ( * s).d[( * s).top] = x;            /*将 x 存入栈中*/
  }
}


datatype pop(seqstack * s)               /*出栈,此处 s 是指向顺序栈的指针*/
{datatype y;
 if(( * s).top == - 1)
   {printf("栈为空,无法出栈! \n");
    return 0;
   }
 else {y = ( * s).d[( * s).top];          /*栈顶元素出栈,存入 y 中*/
      ( * s).top -- ;                     /*栈顶指针下移*/
      return y;
      }
}


int stackempty(seqstack s)               /*判栈空,此处 s 是结构体变量*/
{
 return s.top == - 1;
    }


int stackfull(seqstack s)                /*判栈满,此处 s 是结构体变量*/
{
 return s.top == maxsize - 1;
}


linklist * backlinklist(linklist * head) /*利用顺序栈 s 逆置单链表 head*/
  {linklist * p;
   p = head -> next;
   initstack();
   while(p)
    {push(&s, p -> data);                /*单链表的数据依次入栈 s*/
     p = p -> next;
     }
   p = head -> next;
   while(!stackempty(s))                 /*数据出栈依次存入单链表的数据域*/
    {p -> data = pop(&s);
     p = p -> next;
     }
   return (head);
   }


void main()
{
 linklist * head;
 head = createlist();
 print(head);
 head = backlinklist(head);
 print(head);
}
```

此算法的时间复杂度为 $O(n)$,算法的空间复杂度也是 $O(n)$。

思考：在上述问题中，能否将链表结点中的地址入栈，来实现一个单链表的逆置？如果要求使用链栈来实现单链表的逆置，那么程序应该怎么修改？

3.3 队　列

3.3.1 队列的定义与基本操作

1. 队列的定义

队列(queue)也是线性表的一种特例，它是一种限定在表的一端进行插入而在另一端进行删除的线性表。与栈相反，队列遵循先进先出(First In First Out，FIFO)的原则。允许删除的一端，称为队头(front)，允许插入的一端，称为队尾(rear)。向队列中插入新元素，称为入队(或进队)，新元素入队后，就成为新的队尾元素；从队列中删除元素，称为出队(或退队)，元素离队后，其后继元素就成为新的队头元素。

队列的例子在日常生活中随处可见，它反映了"先来先服务"的原则，例如，排队购物、食堂买饭等，新到的人排在队尾(入队)，站在队头的人被服务完后离开(出队)，当最后一个人离开后，队列为空。在队列 $Q=(a_1,a_2,\cdots,a_n)$ 中，a_1 称为队头元素，a_n 称为队尾元素。

队列中的元素是按照 $a_1,a_2,\cdots,a_n$ 的顺序进入的，退出队列也只能按照这个次序依次退出，也就是说，只有在 $a_1,a_2,\cdots,a_{n-1}$ 都离开队列之后 a_n 才能退出队列，如图 3.7 所示。这和日常生活中的排队是一致的，最早进入队列的元素最早离开。

图 3.7　队列示意图

注意：只能从队尾插入元素，从队头删除元素。

队列在程序设计中经常使用，一个最典型的例子就是操作系统中的作业排队。在允许多道程序运行的计算机系统中，同时有几个作业运行。如果运行的结果都需要经过通道输出，那么就要按请求输出的先后次序排队。每当通道传输完毕可以接受新的输出任务时，队头的作业先从队列中退出做输出操作；凡是申请输出的作业都从队尾进入队列。

讨论：为什么要设计队列？它有什么独特的用途？
① 离散事件的模拟(模拟事件发生的先后顺序，如 CPU 芯片中的指令译码队列)。
② 操作系统中的作业调度(一个 CPU 执行多个作业)。
③ 简化程序设计。

2. 队列的基本操作

队列的基本操作主要有如下几种：
(1) InitQueue(*Q*)：构造一个空队列 *Q*。
(2) QueueEmpty(*Q*)：判断队列是否为空。
(3) QueueLength(*Q*)：求队列的长度。

(4) GetHead(Q)：返回 Q 的队头元素，不改变队列状态。

(5) EnQueue(Q,x)：插入元素 x 作为 Q 的新的队尾元素。

(6) DeQueue(Q)：删除 Q 的队头元素。

(7) ClearQueue(Q)：清除队列 Q 中的所有元素。

与线性表类似，队列也有两种存储表示，即顺序队列和链队列。由于链队列相对比较简单，因此，我们先介绍链队列。

3.3.2 链队列的存储结构和操作的实现

1. 链队列的定义

链队列就是用链表表示的队列(如图 3.8 所示)，它是限制仅在表头进行删除和在表尾进行插入的单链表。一个链队列显然需要两个分别指示队头和队尾的指针(分别称为头指针和尾指针)才能唯一确定。与线性表的单链表相似，为了操作方便，给链队列添加一个头结点，并令头指针指向头结点，尾指针指向真正的队尾元素结点。因此，判定链队列为空的条件是队头指针与队尾指针均指向头结点。

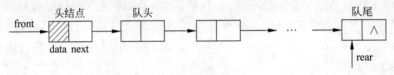

图 3.8　链队列示意图

结点类型定义：

```
typedef Struct Qnode
  {
    datatype  data;                    /*数据域*/
    Struct  Qnode * next;              /*指针域*/
  }Qnode;
```

链队列类型定义：

```
typedef  struct
  {
   Qnode  * front;                     /*队头指针*/
   Qnode  * rear;                      /*队尾指针*/
  }LinkQueue;
```

链队列的入队和出队操作即为单链表的插入和删除操作的特殊情况，只是尚需修改尾指针或头结点的指针。各种操作的指针修改情况如图 3.9 所示。

2. 链队列的基本操作

1) 构造一个空队列

```
LinkQueue * InitQueue()                  /*建立一个空的链队列*/
  { LinkQueue  * q;
    Qnode * p;
    q = (LinkQueue * )malloc(sizeof(LinkQueue));  /*为队列头指针分配空间*/
    p = (Qnode * )malloc(sizeof(Qnode)); /*为头结点分配空间*/
    p -> next = NULL;                    /*置头结点的指针域为空*/
    q -> front = q -> rear = p;              /*队首指针、队尾指针均指向头结点*/
  return q;
  }
```

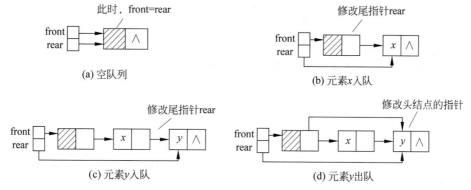

图 3.9　队列运算指针变化情况示意图

2）取队头元素

```
datatype GetHead(LinkQueue * Q)
{ if(Q->.front->next == Q->rear)          /*判断队列是否为空*/
      {printf("\n 链队列为空!");return FALSE;}
   return Q->front->next->data;           /*返回队头元素*/
}
```

3）入队

```
void EnQueue(LinkQueue * Q,datatype x)
  { Qnode * p;
    p = (Qnode * )malloc(sizeof(Qnode));   /*为新结点分配空间*/
    p->data = x; p->next = NULL;           /*设置新结点的值*/
    Q->rear->next = p;                     /*将值为 x 的元素入队*/
    Q->rear = p;                           /*修改队尾指针*/
  }
```

4）出队

```
datatype DeQueue(LinkQueue * Q)
  { Qnode * p;
    datatype x;
    if (Q->front == Q->rear)               /*判断队列是否为空*/
        {printf("队列为空,无法删除!"); return FALSE;}
    p = Q->front->next;                    /*置 p 指向队头元素*/
    x = p->data;                           /*将队头元素值赋给 x*/
    Q->front->next = p->next;              /*出队*/
    if(Q->rear == p) Q->rear = Q->front;   /*若队列为空,则修改队尾指针指向头结点*/
    free(p);                               /*释放空间*/
    return x;                              /*返回出队元素的值*/
  }
```

注意：删除队头元素算法中存在特殊情况。一般情况下,删除队头元素时仅需修改头结点中的指针,但当队列中最后一个元素被删除后,队列尾指针也丢失了,因此需对队尾指针重新赋值(指向头结点)。

思考：链队列会上溢吗?

3.3.3 顺序队列的存储结构和操作的实现

1. 顺序队列的定义

队列的顺序存储结构称为**顺序队列**。和顺序栈相类似,在队列 Q 的顺序存储结构中,用一组地址连续的存储单元依次存放从队列头到队列尾的元素。但它的顺序存储结构比栈的顺序存储结构稍微复杂一些,除了定义一个一维数组外,还需附设两个指针 front 和 rear 分别指示当前队头元素和队尾元素在数组中的位置。

为了描述方便,这里约定,初始化建空队列时,令 front=rear=0,入队操作的过程为:把新插入的元素放在 rear 所指的空单元内,成为新的队尾元素,尾指针 rear 增 1;出队操作的过程为:每当删除一个队头元素时,头指针 front 增 1。因此,在非空队列中,头指针始终指向队头元素,而尾指针始终指向队尾元素的下一个位置。头、尾指针和队列中元素之间的关系如图 3.10 所示。

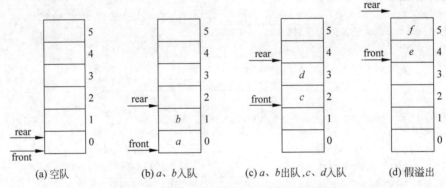

图 3.10 头、尾指针和队列中元素之间的关系

在进行入队操作时会出现如图 3.10(d)所示的情况,由于在进行入队和出队操作时总是使 front 和 rear 的值增加,因此,当进行了若干次入队和出队操作后,队尾指针到了最后,无法插入了,但队列并没有满,即元素的个数少于队列满时的个数 maxsize,这种现象称为**假溢出**。

避免假溢出有两种办法:

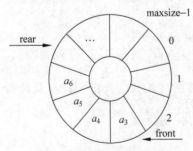

图 3.11 循环队列示意图

(1) 像日常生活中的排队一样,每次一个元素出队,将整个队列向前移动一个位置。

(2) 较为巧妙的办法是,将顺序队列的数据区 data[0~maxsize-1]看成一个首尾相接的圆环,当存到 maxsize-1 时,下一个"地址"就翻转成 0,使 data[0]接在 data[maxsize-1]之后,且头尾指针的关系不变,这种队列称为**循环队列**,如图 3.11 所示。在这里采用循环队列解决假溢出现象。

循环队列的类型定义如下:

```
# define maxsize 100          /*最大队列长度  */
typedef struct
     {
```

```
    datatype data[MAXSIZE];                    /*存储队列的数据空间*/
    int front;              /*队头指针,若队列不空,则指向队头元素*/
    int rear;               /*队尾指针,若队列不空,则指向队尾元素的下一个位置*/
}SqQueue;
```

2. 循环队列的特点

通过对图 3.12 所示的循环队列的几种状态进行分析,可以知道:

(1) 在对循环队列做入队操作时,尾指针 rear 加 1,但当尾指针指向数组空间的最后一个位置 maxsize 时,若队头元素的前面仍存在空闲的位置,则表明队列未满,下一个存储位置应是下标为 0 的空闲位置,此时应将尾指针置为 0,通过语句 rear＝(rear+1)％maxsize 就能实现此操作。这样存储队列的数组就变为首尾相接的一个环,即为循环队列。

(2) 在出队时,队头指针也必须采用取模运算,即 front＝(front+1)％maxsize,才能够实现存储空间的首尾相接。

(3) 由于入队时尾指针向前追赶头指针,出队时头指针向前追赶尾指针,故队空和队满时头尾指针均相等。因此,无法通过 front＝rear 来判断队列是"空"还是"满",如图 3.12 所示。对于这个问题有两种处理方法:一是另设一个标志位以区别队列的"空"和"满";二是少用一个元素的空间,约定以"队头指针在队尾指针的下一位置(指环状的下一位置)上"作为队列"满"的标志,即若数组的大小是 maxsize,则该数组所表示的循环队列最多允许存储 maxsize－1 个结点(注意:rear 所指的单元始终为空,当然也可以使 front 始终指向队头元素的前一个空元素,rear 始终指向队尾元素),如图 3.13 所示。这样,可以得出以下结论:

循环队列满的条件:(rear+1)％maxsize＝＝front。

循环队列空的条件:rear＝＝front。

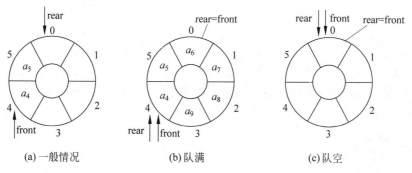

图 3.12　循环队列的几种状态表示

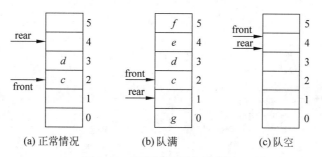

图 3.13　循环队列操作示意图

3. 循环队列的基本操作

1）构造空队列

```
SqQueue  * InitQueue()
  { SqQueue    * q;
    q = (SqQueue * )malloc(sizeof(SqQueue));        /* 开辟一个足够大的存储队列空间 */
    q -> front = q -> rear = 0;                     /* 将队列头尾指针置为零 */
    return q;                                       /* 返回队列的首地址 */
  }
```

2）判断队空

```
int QueueEmpty(SqQueue * q)
  {return(q -> front == q -> rear);                 /* 如果队列为空返回 1,否则返回 0 */
  }
```

3）入队

```
int EnQueue(SqQueue  * q, datatype x)
  { if((q -> rear + 1) % MAXSIZE == q -> front)     /* 判断队列是否满 */
      {printf("\n 循环队列满!");return FALSE;}      /* 若队列满,则终止 */
    q -> data[q -> rear] = x;                        /* 将元素 x 入队 */
    q -> rear = (q -> rear + 1) % MAXSIZE;           /* 修改队尾指针 */
    return TRUE;
  }
```

4）出队

```
datatype DeQueue(SqQueue  * q)
  { datatype x;
    if (q -> front == q -> rear)                     /* 判断队列是否空 */
    {printf("\n 循环队列空! 不能做删除操作!");
    return FALSE;}                                   /* 若队列空,则终止 */
    x = q -> data[ q -> front ];                     /* 将队头元素出队并赋给变量 x */
    q -> front = (q -> front + 1) % MAXSIZE;         /* 修改队列头指针 */
    return x;                                        /* 将被删除元素返回 */
  }
```

例 3.6 若增加 main 函数以及 display 函数,则可以调试上述各种队列的基本操作算法。

```
# define MAXSIZE 20
typedef int datatype;
typedef struct{
    datatype data[MAXSIZE];
    int front;
    int rear;
}SqQueue;

void display(SqQueue * q)                            /* 显示队列中元素的值 */
  { int s;
    s = q -> front;                                  /* 利用工作指针 s 来读取队头元素的值 */
    if (q -> front == q -> rear)
      printf("the sqQueue is empty!");               /* 队空 */
    else
      while(s != q -> rear)                          /* 队不空 */
        {printf(" -> % d", q -> data[s]);
```

```
            s = (s + 1) % MAXSIZE;           /* 移动工作指针 s,准备读取下一个元素 */
        }
    printf("\n");}
}

main()
    {int a[6] = {3,7,4,12,31,15},i;
    SqQueue * p;
    p = InitQueue();                         /* 初始化一个空队列 */
    for(i = 0;i < 6;i++) EnQueue(p,a[i]);     /* a[i]入队 */
    printf("output the queue values: ");
    display(p);                              /* 显示队列中的所有元素 */
    printf("\n");
    EnQueue(p,100);EnQueue(p,200);           /* 100 和 200 分别入队 */
    printf("output the queue values: ");
    display(p);                              /* 显示队列中的所有元素 */
    printf("\n");
    DeQueue(p);DeQueue(p);                    /* 将两个元素出队 */
    printf("output the queue values: ");
    while(!QueueEmpty(p))
      printf("4d",DeQueue(p));
    printf("\n");
}
```

得到的结果如下:

```
output the queue values: ->3->7->4->12->31->15
output the queue values: ->3->7->4->12->31->15->100->200
output the queue values:    4  12  31  15 100 200
```

3.4　队列的应用

队列在算法设计中的应用是非常广泛的。例如,在计算机科学领域中,解决主机与外部设备之间速度不匹配的问题,解决由多用户引起的资源竞争等诸多问题,都需要利用队列来处理。又如,后续内容将会用到的**优先队列**(每个元素都带有一个优先级别,每个元素在队列中的位置是按照其优先级高低来调整的,无论是做插入操作还是删除操作,都确保优先级最高的元素被调整到队首),在操作系统的各种调度算法中应用广泛。在应用程序中,队列通常用来模拟排队情景。

3.4.1　打印杨辉三角形

例 3.7　打印杨辉三角形是一个初等数学问题。系数表中的第 i 行有 $i+1$ 个数,除了第 1 个和最后一个数为 1 外,其余的数则为上一行中位于其左、右的两数之和,如图 3.14 所示。

解决此问题的方法很多,如采用一个二维数组。更为直接的方法是用两个一维数组,其中一个存放已经计算得到的第 i 行的值,在输出第 i 行的值的同时计算出第 $i+1$ 行的值,如此写出的算法虽然结构清晰,但需要两个辅助空间,并且这两个数组在计算过程中需相互交换。只用一个数组的空间也可以,但整个算法就不是很清晰了。在此引入"循环队列",就可以省去一个数组的辅助空间,而且可以利用队列的操作特点,使程序结构变得清晰。

该算法的基本思想是:如果要计算并输出二项系数表(杨辉三角形)的前 n 行的值,则所设循环队列的最大空间应为 $n+2$。假设队列中已存有第 i 行的值,为了计算方便,在两行之间均加一个 0 作为行间的分隔符,则在计算第 $i+1$ 行之前,头指针正指向第 i 行的 0,而尾元素为第 $i+1$ 行的 0。由此,从左至右输出第 i 行的值,并将计算所得的第 $i+1$ 行的值插入队列。第 i 行元素与第 $i+1$ 行元素的关系如图 3.15 所示。

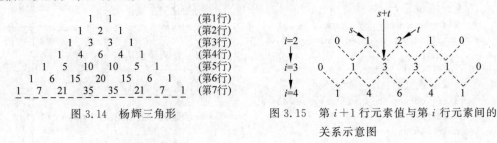

图 3.14　杨辉三角形　　　　图 3.15　第 $i+1$ 行元素值与第 i 行元素间的
关系示意图

假设 $n=4,i=3$,则输出第 3 行元素并求解第 4 行元素值的循环执行过程中队列的变化状态如图 3.16 所示。

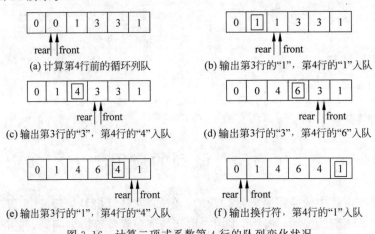

图 3.16　计算二项式系数第 4 行的队列变化状况

输出 $n\leqslant7$ 时的杨辉三角形的 C 语言程序如下:

```c
#define MAXSIZE 10                          /*定义队列的最大长度*/
#include <stdio.h>
typedef int datatype;
typedef struct
{   int data[MAXSIZE];
    int front;
    int rear;
}SqQueue;

SqQueue *InitQueue()                         /*队列的初始化*/
{ SqQueue  *q;
  q=(SqQueue*)malloc(sizeof(SqQueue));
  q->front=q->rear=0;
  return q;
}
```

```
void EnQueue (SqQueue * q, datatype x)      /* 入队 */
{ if((q -> rear + 1) % MAXSIZE == q -> front)
    {printf("\n 顺序循环队列是满的!");exit(1);}
  q -> data[q -> rear] = x;
  q -> rear = (q -> rear + 1) % MAXSIZE;
}

datatype DeQueue (SqQueue * q)              /* 出队 */
{ datatype x;
  if (q -> front == q -> rear)
    { printf("\n 顺序队列是空的! 不能做删除操作!"); exit(1);}
  x = q -> data[q -> front];
  q -> front = (q -> front + 1) % MAXSIZE;
  return x;
}

int QueueEmpty(SqQueue * q)                 /* 判断队空 */
{ return(q -> front == q -> rear);
}

int GetHead(SqQueue * q)                    /* 取队头元素 */
{ int e;
  if (q -> front == q -> rear)
      e = 0;
  else
    e = q -> data[q -> front];
  return e;
}

void YangHui( int n )                       /* 打印杨辉三角形的前 n 行 */
{ SqQueue    * q;
  int i, j,s,t;
  for(i = 1;i < = n;i++)
  printf("  ");
  printf("1\n");                            /* 在中心位置输出杨辉三角最顶端的 1 */
  q = InitQueue();                          /* 设置容量为 n + 2 的空队列 */
  EnQueue(q,0);                             /* 添加行分隔符 */
  EnQueue(q,1);EnQueue(q,1);                /* 第 1 行的值入队 */
  for(j = 1;j < n;j++)                       /* 利用循环队列输出前 n - 1 行的值 */
    {for(i = 1;i < = n - j;i++)              /* 在输出第 j 行的首元素之间输出 n - j 个空格 */
    printf("  ");
    EnQueue(q,0);                           /* 行分隔符 0 入队 */
    do                                      /* 输出第 j 行并计算第 j + 1 行 */
    {s = DeQueue(q);                        /* 删除队头元素并赋给 s */
      t = GetHead(q);                       /* 取队头元素给 t */
      if(t) printf(" % 5d",t);              /* 若不到行分隔符则输出 t,再输出一个空格 */
        else printf("\n");                  /* 否则输出一个换行符 */
      EnQueue(q,s + t);                     /* 将第 j + 1 行的对应元素 s + t 入队 */
      }while(t!= 0);
  }
DeQueue(q);                                 /* 删除第 n 行前的行分隔符 */
printf(" % 3d",DeQueue(q));                 /* 输出第 n 行的第 1 个元素 */
while(!QueueEmpty(q))                       /* 输出第 n 行的其余元素 */
    {t = DeQueue(q);
    printf(" % 5d",t);
    }
```

```
}

main()
{int n;
   printf("\n请输入杨辉三角形的行数:\n");
   scanf(" % d",&n);
   YangHui(n);
}
```

思考：欲输出超过 7 行的杨辉三角形时,应如何修改此程序?

3.4.2 迷宫问题: 寻找一条从迷宫入口到出口的最短路径

迷宫问题是实验心理学的一个经典问题,心理学家把一只老鼠从一个无顶盖的迷宫入口处赶进迷宫,在迷宫的出口处设置了一块奶酪,吸引老鼠在迷宫中寻找通路以到达出口。对同一只老鼠重复进行上述实验,一直到老鼠从入口到出口,而不走错一步。老鼠经多次实验终于寻找到走通迷宫的路线。

用计算机来处理迷宫问题的实质是：求出一条从入口到出口的通路,或者得出没有通路的结论。通常采用一种称为回溯法的方法,即不断试探且及时纠正错误的搜索方法,这需要借助"栈"来实现。回溯法在许多书中都有介绍,在此不再赘述。迷宫如图 3.17 所示。

```
                          1111111111
  /01110111               1011101111
入口 10101010              1101010101
  01001111                1010011111
  01110111                1011101111
  10011000 出口            1100110001
  01100110/                1011001101
                          1111111111
```

(a) 迷宫   (b) 加 "哨兵" 后的迷宫

图 3.17 迷宫示意图

如果在一般走迷宫的方法上,更进一步要求不论试探方位如何,找出一条最短路径,那么又该如何解决呢? 其算法的基本思想是：从迷宫的入口[1][1]出发,向四周搜索,记下所有一步能到达的坐标点;然后依次从每一点出发,向四周搜索,记下所有从入口点出发,经过两步可以到达的坐标点。依次进行下去,一直到达迷宫的出口处[m][n],然后从出口处沿搜索路径回溯直到入口点,这样就找到了从入口到出口的一条最短路径。

我们可以使用数据结构 maze[1..m,1..n]表示迷宫,为了算法方便,在四周加上"哨兵'1'"即变为数组 maze[1..$m+1$,1..$n+1$],如图 3.17(b)所示。用数组 move[8]中的两个域 dx、dy 分别表示 X、Y 方向的移动增量,其值如表 3.1 所示。

表 3.1 X、Y 方向的移动增量表

方向	下标	dx	dy	方向	下标	dx	dy
北	0	−1	0	南	4	1	0
东	1	−1	1	西南	5	1	−1
东	2	0	1	西	6	0	−1
东南	3	1	1	西北	7	−1	−1

由于先到达的点要先向下搜索,故引进一个"先进先出"数据结构——队列——来保存已到达的点的坐标。到达迷宫的出口点(m,n)后,为了能够从出口点沿搜索路径回溯直至入口,对于每一点,在记下点的坐标的同时,还要记下到达该点的前趋点,因此,需用一个结构数组 sq[num] 作为队列的存储空间。因为迷宫中每个点至多被访问一次,所以 num 至多等于 $m \times n$。sq 的每一个结点有 3 个域,即 x、y 和 pre,其中 x、y 分别为所到达的点的坐标,pre 为前趋点在 sq 中的下标。除 sq 外,还有队头、队尾指针 front 和 rear 用来指向队头和队尾元素。

初始状态是,队列中只有一个元素 sq[0],记录的是入口点的坐标(1,1),因为该点是出发点,没有前趋点,所以 pre 域为 -1,队头指针 front 和队尾指针 rear 均指向它(sq[0])。此后搜索时都是以 front 所指点为搜索的出发点,当搜索到一个可到达的点时,就将该点的坐标及 front 所指点的位置入队,不但记下到达点的坐标,还记下它的前趋点的下标。若 front 所指点的 8 个方向搜索完毕,则出队,继续对下一点进行搜索。搜索过程中若遇到出口点,则表示成功,搜索结束,打印出迷宫的最短路径,算法结束;如果当前队空,即表示没有搜索点了,说明迷宫没有通路,算法也结束。

程序如下:

```
#include<stdio.h>
#define m 10
#define n 15
#define NUM m*n
typedef struct
  { int x,y;                          /* x,y 为到达点的坐标 */
    int pre;                          /* pre 为( x,y)的前趋点在数组 sq 中的下标 */
  }sqtype;
int maze[m+1][n+1];
typedef struct
  {int dx;
   int dy;
  }moved;

void shortpath(int maze[m][n],moved move[8])
{ sqtype sq[NUM];
  int front,rear;
  int x,y,i,j,v;
  front = rear = 0;
  sq[0].x = 1; sq[0].y = 1; sq[0].pre = -1;   /* 选(1,1)点为入口点入队 */
  maze[1][1] = -1;              /* 表示该点搜索过了,所以置成 -1。该点是入口点,原值为 0 */
  while (front <= rear)                      /* 队列不空 */
    {x = sq[front].x; y = sq[front].y;
     for (v = 0;v < 8;v++)                   /* 循环扫描每个方向,共 8 个方向 */
     { i = x + move[v].dx;   j = x + move[v].dy;/* 选择一个前进方向(i,j) */
      if (maze[i][j] == 0)                   /* 如果该方向可走 */
         { rear++;                           /* 入队 */
           sq[rear].x = i;   sq[rear].y = j;   sq[rear].pre = front;
           maze[i][j] = -1;                  /* 将其赋值为 -1,以免重复搜索 */
         }
       if (i == m && j == n)                 /* 找到了出口 */
```

```
      { printpath(sq,rear);              /* 打印迷宫 */
        restore(maze);                    /* 恢复迷宫,使数组 maze 中的 -1 全变成 0 */
        return 1;}
    }
  front++;                               /* 当前点搜索完,取下一个点搜索 */
  }
 return 0;
}


void printpath(sqtype sq[],int rear)     /* 打印迷宫路径 */
{ int i;
  i = rear;
  do
  {printf(" (%d,%d)?",sq[i].x , sq[i].y);
   i = sq[i].pre; /* 回溯 */
  } while (i!= -1);
}
```

在此例中,不能采用循环队列,因为在本问题中,队列里保存了探索到的路径序列,如果采用循环队列,则会覆盖先前得到的路径序列。在有些问题中,如持续运行的实时监控系统中,监控系统源源不断地收到监控对象顺序发来的信息,如报警,为了保持报警信息的顺序性,就要按顺序一一保存。这些信息有无穷多个,不可能全部同时驻留内存,可根据实际问题,设计一个适当大的向量空间,用作循环队列,最初收到的报警信息一一入队,当队满之后,又有新的报警到来时,新的报警则覆盖掉了旧的报警,内存中始终保持当前最新的若干条报警,以便满足快速查询需求。

3.5　递　　归

递归是算法设计中最常用的手段,它通常将一个大型复杂的问题转化为一个与原问题相似的规模较小的问题来求解,往往通过少量的语句实现重复的计算,起到事半功倍的作用。

递归是栈的一个重要应用。在设计一些问题的算法时,经常需要将原问题分解为若干子问题求解,而原问题的求解方式与子问题的求解方式相同。因此,如果求解原问题的程序段是一个函数,则可以在函数体内调用函数自身来实现对子问题的求解,这就是一种组织形式——递归。

3.5.1　递归的定义与实现

如果一个函数直接调用自己或者通过一系列调用间接地调用自己,则称这一函数是递归定义的。

递归不仅是程序的一种组织形式,更是软件设计中一种重要的方法和技术。由于递归程序通过调用自身来完成与自身要求相同的子问题的求解,因而省略了程序设计中的许多细节操作,简化了程序的设计过程,并在求解许多复杂问题时,采用递归技术更简单、更高效。正因为如此,递归技术也较多地应用于程序的开发中。

1. 递归程序的定义

递归程序直接或间接调用自己。若函数体内直接调用自身,则称为直接递归;若一个函数通过调用其他函数并由其他函数反过来又调用该函数,则称为间接调用。函数直接调用和间接调用如图 3.18 所示。

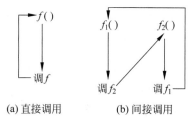

(a) 直接调用   (b) 间接调用

图 3.18　函数直接调用和间接调用示意图

下面是两个递归函数的实例:

1) 求解整数 $n!$

$$f(n) = \begin{cases} 1 & n = 1,0 \\ nf(n-1) & n > 1 \end{cases}$$

从函数的定义中看到,为求 $n!$,必须求 $(n-1)!$,而要求 $(n-1)!$,又必须求 $(n-2)!$,依次类推,如图 3.19 所示。

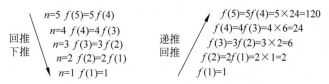

图 3.19　求 $n!$ 的递归求解过程

求解 $n!$ 的递归函数算法如下,这是一个自身调用自身的递归函数。

```
int fact(int n)
  { int f;
    if(n < 0) printf("n < 0,data error!");
    else
      if(n == 0 || n == 1)
        f = 1;
      else
        f = fact(n - 1) * n;
  return f;
}
```

2) 两个函数通过相互调用实现间接递归调用

```
void  p2(int n)
  {if(n > 0)
     if(n % 2 == 1)
        {p2(n - 1);
        printf("%d\n",n);}
     else
        {printf("%d\n",n);
        p3(n - 2);}
```

```
    }
void   p3(int n)
 {if(n > 0)
     if(n % 3 == 1)
         { printf(" % d\n",n);
         p2(n - 1);}
     else
         {p3(n - 2);
         printf(" % d\n",n);}
 }
```

在以下 3 种情况下,常常要用到递归的方法。

第 1 种情况,定义是递归的。现实中有许多实际问题是递归定义的,这时用递归方法可以使问题的描述大大简化(如上述求 $n!$)。递归函数都有一个终止的条件(如求 $n!$ 时的 $n=0$),它使递归不再执行下去。此外,数学上常用的幂函数、Fibonacci 数列等,它们的定义和计算也都是递归的。

第 2 种情况,数据结构是递归的。某些数据结构是递归的,则它们的操作可递归地描述。例如,链表就是一种递归的数据结构,其结点 node 的定义由数据域 data 和指针域 next 组成,而指针则由 node 定义。对于递归的数据结构采用递归的方法来编写十分方便。

例 3.8   使用递归查找非空不带头结点的单链表的最后一个结点,并输出其数据域的值。

```
void find(linklist L)
    {/ * 输出非空不带头结点的单链表 L 的最后一个结点数据域的值 * /
if(L -> next == NULL)
    printf(" % d\n", L -> data);
 else
    find(L -> next);
}
```

如果 L -> next==NULL,表明 L 已到达单链表的最后一个结点,此时可输出结点数据域的值,否则以 L -> next 为表头指针继续递归执行该项过程。

例 3.9   使用递归非空不带头结点的单链表中查找其数据域的值等于给定值 x 的结点,并输出其值,递归结束条件是 L!=NULL 且 L -> data==x。

```
void findd(linklist L, datatype x)
{/ * 在非空不带头结点的单链表 L 中查找其数据域的值等于 x 的结点并输出其值 * /
 if(L -> data == x)
   printf(" % d\n", L -> data);
 else
   findd(L -> next, x);
}
```

后面将介绍的树结构的定义也是递归的,所以,关于树的一些算法也可以用递归来实现。

第 3 种情况,某些问题自身没有明显的递归结构,但用递归方法求解更简单。一个典型的例子就是 Hanoi 问题(在此不做介绍,有兴趣的读者可以参阅其他参考书)。

2. 递归程序的实现

递归函数类似于函数的多层调用,只是调用者和被调用者是同一个函数。在每次调用时,系统将属于各个递归层次的信息组成一个活动记录(包含本层调用的参数、返回地址、局部变量等信息),并将这个活动记录保存在系统的"递归工作栈"中,每当递归调用一次,新产生的活动记录入栈,一旦本次调用结束,则将栈顶活动记录出栈,系统根据出栈的返回信息返回本次的调用处,继续向下执行。下面以 4! 为例说明执行递归调用 fact(4) 时工作栈的情况,如图 3.20 所示。

函数 fact 执行过程	返回地址
函数 fact(4) 被调用,先把返回主调函数的地址入栈,然后再调用 fact(4)	返回主调函数地址
为计算表达式 4fact(3),先将表达式的地址入栈,然后再调用 fact(3)	表达式 4fact(3) 的地址 返回主调函数地址
为计算表达式 3fact(2),先将表达式的地址入栈,然后再调用 fact(2)	表达式 3fact(2) 的地址 表达式 4fact(3) 的地址 返回主调函数地址
为计算表达式 2fact(1),先将表达式的地址入栈,然后再调用 fact(1)	表达式 2fact(1) 的地址 表达式 3fact(2) 的地址 表达式 4fact(3) 的地址 返回主调函数地址
执行 return f 语句,弹出栈顶元素(表达式 2fact(1) 的地址),把 fact(1) 的值返回到调用表达式 $f=2fact(1)$	表达式 3fact(2) 的地址 表达式 4fact(3) 的地址 返回主调函数地址
把 fact(2) 的值返回到调用表达式 $f=3fact(2)$	表达式 4fact(3) 的地址 返回主调函数地址
把 fact(3) 的值返回到调用表达式 $f=4fact(3)$	返回主调函数地址
把 fact(4) 的值返回到主调函数,主调函数继续向下执行	栈空

图 3.20　求 4! 递归工作栈示意图

3.5.2　递归消除

在求 $n!$ 的递归算法中,通过图 3.20 的讨论可以看出,递归程序在运行时要花费较多的时间和空间,效率较低。虽然并不是一定要禁止使用递归,但是,为了提高效率,有时需要消去在一个程序中最经常执行部分的递归调用。下面通过几个实例来讨论消除递归的技术。

1. 基于迭代的递归消除

例 3.10 计算幂函数 x^n 的递归 C 语言函数。

```
double power(double x, unsigned n)
{/ * 计算幂函数 x^n 的递归函数 */
 if(n == 0)
 return 1.0;
 return power(x, n-1) * x;
}
```

再将递归函数 power( )的递归部分用一个循环来代替,将递归的终止条件作为循环的结束条件。

```
double power(double x, unsigned n)
{/ * 计算幂函数 x^n 的递归函数 */
 if(n == 0)
   return 1.0;
 while( -- n)
   y * = x;
   return  y;
}
```

函数中 while 语句的循环体执行 $n-1$ 次,时间复杂度是 $O(n)$。

例 3.11 求具有 n 个元素的数组 a 的各元素之和的递归算法。

```
float psum(float a[ ],  int n)
{/ * 求数组 a 的各元素之和数 */
 if(n < = 0)
   return 0;
 else
   return psum( a , n-1) + a [n-1];
}
```

再将递归函数 psum( )的递归部分用一个循环来代替,将递归的终止条件作为循环的结束条件。

```
float psum(float a[ ],  int n)
{/ * 求数组 a 的各元素之和 */
 float sum = 0;
 for(int i = 0; i < n; i++)
   sum += a[i];
   return sum;
}
```

2. 基于栈的递归消除

很多情况下,一个递归算法无法转化成循环算法,这时,通常引入一个工作栈作为控制机制以消除递归。

例 3.12 求具有 n 个元素的数组 a 的各元素之和,要求用顺序栈消除递归的算法。

```
int psums(int a[ ],int n)
{/ * 求数组 a 的各元素之和数 */
 int sum = 0, i , j;
 initstack( );                          /*初始化栈 s */
 while(i < n-1)
   { push(s, x);                        /*入栈 */
```

```
      i++;
      }
   while (!stackempty(s))
   { j = pop(s);                              /* 出栈 */
     sum += j; }
   }
```

例 3.13 求具有 n 个元素的数组 a 的最大元素的算法。

递归算法：

```
int maxs(int i)
{/* 此函数返回数组 a 中最大元素的下标值,a[ ] 和 n 是全局量 */
 if(i < n - 1)
   { j = maxs(i + 1);
     if(a[i] > a[j])k = i;
     else   k = j;
   }
   else k = n - 1;
   return k;
   }
```

非递归算法(用栈实现)：

```
int maxs1(int i)
{/* 此函数返回数组 a 中最大元素的下标值 */
 int k , j;
 initstack( );                              /* 初始化栈 s */
 while(i < n)
   { push(s, x);                            /* 入栈 */
     i++;
   }
   else k = n - 1;
   while (!stackempty(s))
   { j = pop(s);                            /* 记下出栈元素的下标 */
       if(a[k] < a[j])k = j;
   }
   return k;
   }
```

经过一系列简化得到的非递归算法：

```
int maxs2(int a[ ],int n)
{/* 此函数返回数组 a 中最大元素的下标值 */
 int  i , k = n - 1;
   i = n - 1;
 while(i > 1)
   { i-- ;
     if(a[i] > a[k])k = i;
   }
   return k;
   }
```

基于上述各例,得出基于栈的递归消除的转换规则如下:

(1) 置一个栈 s,开始时为空。

(2) 在被调用函数的入口处设置一个标号,以便返回(隐含在程序中)。

(3) 函数的每一递归调用,用以下与其等价的操作来替换。

① 保留现场：开辟栈顶存储空间，用于保存返回地址、调用层的形式参数和局部变量等信息。

② 准备数据：为被调用函数准备数据，即计算实参的值，并赋给对应的形参。

③ 转入被调用函数执行。

④ 调用返回：若调用函数需要返回值，则从回传变量中取出所要保存的值送到相应的位置。

（4）对返回语句可用以下几个等价语句来替换。如果栈不空，可依次执行如下操作；否则结束本函数调用，返回。

① 回传数据：若调用函数需要返回值，将其值保存到回传变量中。

② 恢复现场：从栈顶取出返回地址及各变量、形参的值，并出栈。

③ 返回：按返回地址返回。

需要说明的是，按这样的转换方法得到的程序结构一般是比较差的，因而需要重新进行调整。

本 章 小 结

- 栈和队列是两种常见的数据结构，它们都是运算受限制的线性表。栈的插入和删除均在栈顶进行，它的特点是后进先出；队列的插入在队尾进行，删除在队头进行，它的特点是先进先出。在解决具有"后进先出"特点的实际问题时，可以使用"栈"；在解决具有"先进先出"特点的实际问题时，可以使用"队列"。
- 根据存储方式的不同，栈可以分为顺序栈和链栈；而队列也可以分为顺序队列和链队列，但一般情况下使用的顺序队列是循环队列。本章介绍了顺序栈、链栈、链队列和循环队列的各种基本运算，读者应该掌握。
- 读者应该重点领会栈和队列的"溢出"（上溢和下溢）概念及其判别条件，并掌握栈空、栈满、队列空和队列满的正确判别方法，以便及时控制返回。

习　题　3

一、填空题

1. 线性表、栈和队列都是_____结构，可以在线性表的_____位置插入和删除元素；对于栈只能在_____插入和删除元素；对于队列只能在_____插入和在_____删除元素。

2. 栈是一种特殊的线性表，允许插入和删除运算的一端称为_____；不允许插入和删除运算的一端称为_____。

3. _____是被限定为只能在表的一端进行插入运算，在表的另一端进行删除运算的线性表。

4. 在一个循环队列中，队首指针指向队首元素的_____位置。

5. 在具有 n 个单元的循环队列中，队满时共有_____个元素。

6. 向栈中压入元素的操作是先_____，后_____。

7. 从循环队列中删除一个元素时,其操作是先_____,后_____。

8. 在操作序列 push(1),push(2),pop(),push(5),push(7),pop(),push(6)之后,栈顶元素是_____,栈底元素是_____。

9. 在操作序列 enqueue(1),enqueue(2),dequeue(),enqueue(5),enqueue(7),dequeue(),enqueue(9)之后,队头元素是_____,队尾元素是_____。

10. 用单链表表示的链式队列的队头在链表的_____位置。

二、选择题

1. 栈中元素的进出原则是(　　)。

　　A. 先进先出　　　　B. 后进先出　　　　C. 栈空则进　　　　D. 栈满则出

2. 已知一个栈的入栈序列是 $1,2,3,\cdots,n$,其输出序列为 $p_1,p_2,p_3,\cdots,p_n$,若 $p_1=n$,则 p_i 为(　　)。

　　A. i　　　　　　　B. $n=i$　　　　　　C. $n-i+1$　　　　D. 不确定

3. 如果入栈是元素先入栈,然后 ST -> top++,则判定一个栈 ST(最多元素为 m_0)为空的条件是(　　)。

　　A. ST -> top!=0　　　　　　　　　　B. ST -> top==0

　　C. ST -> top!=m_0　　　　　　　　D. ST -> top==m_0

4. 当利用长度为 N 的数组顺序存储一个栈时,假定用 top==N 表示栈空,则向这个栈插入一个元素时,首先应执行(　　)语句修改 top 指针。

　　A. top++　　　　　　B. top--　　　　　　C. top　　　　　　　D. top=0

5. 假定一个链栈的栈顶指针用 top 表示,当 p 所指向的结点进栈时,执行的操作是(　　)。

　　A. p -> next=top;top=top -> next;　　　B. top=p -> p;p -> next=top;

　　C. p -> next=top -> next;top -> next=p;　D. p -> next=top;top=p;

6. 判定一个队列 QU(最多元素为 m_0)为满的条件是(　　)。

　　A. QU -> rear-QU -> front==m_0　　　B. QU -> rear-QU -> front -1==m_0

　　C. QU -> front==QU -> rear　　　　　　D. QU -> front==QU -> rear+1

7. 数组 $Q[n]$ 用来表示一个循环队列,f 为当前队列头元素的前一位置,r 为队尾元素的位置,假定队列中元素的个数小于 n,则计算队列中元素的公式为(　　)。

　　A. $r-f$　　　　　　　　　　　　　　B. $(n+f-r)\%n$

　　C. $n+r-f$　　　　　　　　　　　　D. $(n+r-f)\%n$

8. 假定一个链队的队首和队尾指针分别为 front 和 rear,则判断队空的条件为(　　)。

　　A. front==rear　　　　　　　　　　　B. front!=NULL

　　C. rear!=NULL　　　　　　　　　　　D. front==NULL

9. 假定利用数组 $a[N]$ 循环顺序存储一个队列,用 f 和 r 分别表示队首和队尾指针,并已知队未空,当进行出队并返回队首元素时所执行的操作为(　　)。

　　A. return(a[++r%N])　　　　　　　　B. return(a[--r%N])

　　C. return(a[++f%N])　　　　　　　　D. return(a[f--%N])

10. 从供选择的答案中选出最确切的一项,把相应编号填入对应的栏内。

设有 4 个数据元素 a_1、a_2、a_3 和 a_4,对它们分别进行栈操作或队操作。在进栈或进队操作时,按 a_1、a_2、a_3、a_4 次序每次进入一个元素。假设栈或队的初始状态都是空。

现要进行的栈操作是进栈两次,出栈一次,再进栈两次,出栈一次;这时,第 1 次出栈得到的元素是(   ),第 2 次出栈得到的元素是(   );类似地,考虑对这 4 个数据元素进行的队操作是进队两次,出队一次,再进队两次,出队一次;这时,第 1 次出队得到的元素是(   ),第 2 次出队得到的元素是(   )。经操作后,最后在栈中或队中的元素还有(   )个。

    A. a_1 B. a_2 C. a_3 D. a_4 E. 1   F. 2   G. 3   H. 0

三、算法分析题(请写出下列各算法的功能)

1.
```
int M(int x)
(int y;
if(x>100) return(x-10);
else
(y=M(x+11);
 return(M(y));
}
}
```

2.
```
void a1(Seqstack S)
{int I, n, a[100];
n=0;
while(!SeqstackEmpty(S)) {n++; Pop(S,a[n]);}
for(I=1; I<=n; I++) Push(S,a[I]);
}
```

3.
```
void a2()
{Queue Q;
 InitQueue(Q);
 Char x='e', y='c';
 EnQueue(Q,'h'); EnQueue(Q,'r'); EnQueue(Q,y);
 x=DeQueue(Q);   EnQueue(Q,x);
  x=DeQueue(Q);   EnQueue(Q,'a');
 while(!QueueEmpty(Q))
 { y=DeQueue(Q);
   printf("%c",y)
 }
printf("%c",x);
}
```

四、算法设计题

1. 设单链表中存放着 n 个字符,试设计算法判断字符串是否为中心对称的字符串。例如"abcdedcba"就是中心对称的字符串。

2. 编写一个表达式中开、闭括号是否合法配对的算法。

3. 编号为 1、2、3、4 的 4 列火车通过一个如图 3.1(b)所示的栈式的列车调度站,可能得到的调度结果有哪些? 如果有 n 列火车通过调度站,请设计一个算法,输出所有可能的调度结果。

4. 设有两个栈 S_1、S_2 都采用顺序栈方式,并且共享一个存储区[0..maxsize-1],为了尽量利用空间,减少溢出的可能性,可采用栈顶相向、迎面增长的存储方式,试设计入栈、出栈的算法。

5. 假设用一个单循环链表来表示队列(也称为循环队列),该队列只设一个队尾指针,不设队头指针,试编写相应的入队和出队的算法。

6. 假设将循环队列定义为:以域变量 rear 和 length 分别指示循环队列中队尾元素的位置和内含元素的个数。试给出循环队列的队满条件,并写出相应的入队和出队的算法。

7. 设计算法,判断一个算术表达式中的圆括号是否正确配对。

8. 设单链表中存放有 n 个字符,编写算法,判断该字符串是否有中心对称关系(又称回文),例如 xyzzyx 与 xyzyx 都是中心对称的字符串。

## 第 4 章

串

本章要点

◇ 串的定义和基本操作

◇ 串的各种存储结构

◇ 串的各种基本操作的实现

本章学习目标

◇ 了解串的有关概念

◇ 掌握串的各种存储结构

◇ 掌握串的各种存储结构在不同场合的使用方式

◇ 掌握串的各种基本操作的实现

◇ 了解串的模式匹配算法

4.1　串的定义和基本操作

字符串(简称串)是一种特殊的线性表,它的每个结点仅由一个字符组成。在早期的程序设计语言中,串仅在输入或输出中以常量的形式出现。随着非数值处理的广泛应用,串作为一种基本的非数值数据,在高级语言编译、文字编辑、信息处理等领域得到了越来越多的应用。本章将讨论串的有关概念、存储结构以及基本操作的实现。

4.1.1　串的定义

串(string)是字符串的简称,是由零个或多个字符组成的有限序列。一般记为

$$S = "a_1 a_2 \cdots a_n" \quad (n \geqslant 0)$$

其中:

(1) S 是串名。

(2) 用双引号("")引起的字符序列是串的值。通常用双引号把串中字符引起来,但双引号本身不属于串,它的作用是避免串与常数或与标识符混淆。

> **注意**:在 C 语言中,$s_1 = 'a'$ 与 $s_2 = "a"$ 是不同的,s_1 表示字符,而 s_2 表示字符串。

例如,"123"是数字字符串,它不同于整数 123。又如,"x1"是长度为 2 的字符串,而 xl 通常表示一个标识符。

(3) $a_i (1 \leqslant i \leqslant n)$ 可以是字母、数字或其他字符。

(4) 串字符的数目 n 称为该串的**长度**。长度为零 $(n=0)$ 的串称为**空串**(null string),它

不包含任何字符。

例如，$s_1 = $ ""；$s_2 = $ "□□"（这里用□表示一个空格）。s_1 中没有字符，是一个空串；而 s_2 中有两个空格字符，它的长度等于 2，它是由空格字符组成的串，一般称此为**空格串**（blank string），它的长度为串中空格字符的个数。

> **注意**：空串和空格串是有区别的。

串中任意个连续字符组成的子序列称为该串的**子串**。包含子串的串称为该子串的**主串**。子串在主串中首次出现时，通常将该子串首字符对应的主串序列中的序号定义为子串在主串中的位置。

例如，设 A 和 B 分别为

$$A = \text{"This is a string"}$$
$$B = \text{"is"}$$

则 A 和 B 的长度分别为 16、2，B 是 A 的子串，B 在 A 中出现了两次。其中首次出现对应的主串位置是 3，因此称 B 在 A 中的位置是 3。

> **注意**：任意串是其自身的子串，而空串是任意串的子串。

两个串之间可以进行比较。当且仅当两个串的长度相等，并且各个对应位置的字符也都相同时，称两个串是相等的。当两个串不相等时，可按"字典顺序"区分大小（在 C 语言中，以字符 ASCII 码的大小为准）。令

$$s = \text{"}s_1 s_2 s_3 \cdots s_m\text{"} \quad (m > 0)$$
$$t = \text{"}t_1 t_2 t_3 \cdots t_n\text{"} \quad (n > 0)$$

首先比较第 1 个字符的大小，若 $'s_1' > 't_1'$，则 $s > t$，若 $'s_1' < 't_1'$，则 $s < t$；否则确定两串的最大相等前缀子序列："$s_1 s_2 s_3 \cdots s_k$" = "$t_1 t_2 t_3 \cdots t_k$"$(k \geqslant 1, k \leqslant m, k \leqslant n)$，若 $k \neq m, k \neq n$，则由 s_{k+1} 和 t_{k+1} 中大者来确定是 s 大还是 t 大；否则，若 $k = m$，且 $k < n$，可知 $t > s$，反之，若 $k = n$，且 $k < m$，可知 $s > t$。例如，"ab" < "abc"。

例如，有下列 4 个串 s_1、s_2、s_3、s_4：

$$s_1 = \text{"pro"} \qquad s_2 = \text{"Program"}$$
$$s_3 = \text{"program"} \qquad s_4 = \text{"program□"}$$

试比较 s_1、s_2、s_3、s_4 4 个串之间的大小关系。

> **提示**：s_1、s_2、s_3、s_4 的长度分别为 3、7、7、8，串 s_1、s_4 与其他串长度不相等，串 s_2、s_3 长度相等，但对应位置字符不等。所以，s_1、s_2、s_3、s_4 4 个串彼此互不相等，且 $s_4 > s_3 > s_1 > s_2$。

通常在程序中使用的串可分为两种：**串变量**和**串常量**。串变量和其他类型的变量一样，其取值是可以改变的，它必须用名字来识别。串常量和整常数、实常数一样，具有固定的值，在程序中只能被引用但不能改变其值，即只能读不能写。

例如，在 C 语言中，可用下列语句定义串变量：

```
char x[] = "456";          /* x 是一个串变量名，它的值为字符序列 456，而不是整数 456 */
char string1[] = "string";  /* string1 是一个串变量名，字符序列 string 是赋给它的值 */
```

4.1.2 串的基本操作

串也是一种线性表,但它是一种特殊的线性表。串的逻辑结构与线性表相似,但串的数据对象为约定字符集。串的操作对象通常是一组连续的字符,而不是单个元素。因此,串的许多操作与一般线性表有很大差别,需要重新定义。串的基本操作定义如下:

(1) 求串长 Strlen(s):求串 s 的长度,Strlen(s)的值是一个非负整数。若 s 是一个空串,则 Strlen(s)=0。

(2) 串赋值 StringAssign(s, string_constant):给串 s 赋值。其中 string_constant 可为串变量、串常量或经过适当运算所得到的串值。

(3) 串复制 Strcpy(s, t):由串 s 复制得到串 t。

(4) 串连接 Strcat(s, t):将串 t 连接到串 s 的末尾形成新串 s。

(5) 串比较 Strcmp(s, t):比较 s 和 t 的大小,若 $s<t$,则返回值小于 0;若 $s>t$,则返回值大于 0;若 $s=t$,则返回值为 0。

(6) 求子串 Substr(s, pos, len, sub):从串 s 中的第 pos 个字符开始取长度为 len 的子串构成串 sub。

(7) 子串的定位 Index(s, t):在串 s 中寻找串 t 第一次出现时,串 t 首字符在串 s 中的位置。若找到,则返回该位置;否则返回 0。

(8) 串插入 StrInsert(s, pos, t):将串 t 插入串 s 的位置 pos 上。

(9) 串删除 StrDelete(s, pos, len):从串 s 中的位置 pos 开始,删除 len 个字符。

(10) 子串替换 Replace(s, t, v):将串 s 中的子串 t 全部替换成串 v。

对于串的基本操作集可以有多种不同的定义方法,在不同的高级语言中,串运算的种类及符号都不尽相同(如 C 语言中提供了非常丰富的串处理函数,且通过标准的库函数 <string.h>来实现),使用时应以所使用的语言的参考手册为准。在实际应用中,可以根据需要定义其他操作。上述操作中串赋值 StringAssign、求串长 Strlen、串连接 Strcat、串比较 Strcmp 以及求子串 Substr 这 5 种操作可以构成最小操作子集,其余的串操作均可由最小基本操作子集实现。

例 4.1 串删除的操作实现如下:

```
char * StrDelete(char * s, int pos, int len)
  {
  /* s 是字符数组,删除串 s 中的第 pos 个字符开始连续 len 个字符,并返回串 s */
  if(pos < 0 ‖ pos > Strlen(s))          /* 判断 pos 的合法性 */
    {printf("parameter error!");return NULL;}
  if(pos + len > = Strlen(s))
    s[pos] = '\0';
  SubStr(s,1,pos - 1,s1);                /* 从串 s 中取子串 s1 */
  SubStr(s,pos + len, Strlen(s) - pos - len + 1,s2);   /* 从串 s 中取子串 s2 */
  StrCat(s1,s2);                         /* 连接串 s1 和 s2,形成新串 s1 */
  StringAssign(s,s1);                    /* 给串 s 赋值 */
  return(s);
  }
```

思考：利用最小操作实现子串定位操作 Index(*s*,*t*)的算法该如何描述？请读者自行完成。

提示：利用串比较、求子串和求串长等操作实现。可在主串 *s* 中取从第 *i*(*i* 初值为串 *s* 中首字符的序列号)个字符起，长度与串 *t* 相等的子串与串 *t* 进行比较，若相等，则所求函数值为 *i*，否则 *i* 值增加 1，再重复取子串和比较的操作，直至串 *s* 中不存在和串 *t* 相等的子串为止。

4.2　串的表示和实现

由于把串看成一种特殊的线性表，因此串的存储结构与线性表的存储结构类似。一般来说，串有 3 种存储方法，即定长顺序存储、堆存储和链式存储。

4.2.1　串的定长顺序存储

1. 串的定长顺序存储结构表示

串的顺序存储结构，简称为**顺序串**。类似于顺序表，顺序串是用一组地址连续的存储单元来依次存放串中的字符序列，串中相邻的字符顺序存放在相邻的存储单元中。所谓定长，是指按照预先定义的大小为每一个串分配一个固定的存储区域。按照此特性，可用字符数组来实现串的顺序存储，具体描述如下：

```
#define MaxStrSize 256                    /* 定义串可能的最大长度 */
typedef char SeqString[MaxStrSize];       /* SeqString 是顺序串类型 */
SeqString S;                              /* S 是一个顺序串变量 */
```

思考：在上述表示中如何标示串的实际长度？

直接使用定长的字符数组存放串，一般使用一个不会在串中出现的特殊字符(如'\0')放在串值的末尾(不记入串长)来表示串的结束。因此这种存储方法不能直接得到串的长度，而是通过判断字符是否为'\0'来确定串是否结束，串长是隐含的。所以串空间最大值为 MaxStrSize 时，最多只能放 MaxStrSize－1 个字符。例如，顺序串 *s*＝"I am a student"的存储结构如图 4.1(a)所示。

0	1	2	3	4	5	6	7	8	9	10	11	12	13	14	15	…	MaxStrSize-1
I		a	m		a		s	t	u	d	e	n	t	\0		…	

(a) 顺序串的一般存储方式

0	1	2	3	4	5	6	7	8	9	10	11	12	13	14	15	…	MaxStrSize-1
14	I		a	m		a		s	t	u	d	e	n	t		…	

(b) 顺序串的使用串长的存储方式

图 4.1　顺序串的存储结构示意图

若不使用终结符，则可用一个整数 length 来指示串的实际长度，length－1 表示串中最后一个字符的存储位置。

顺序串的类型定义和顺序表类似，具体描述如下：

```
#define MaxStrSize 256                    /* 定义串可能的最大长度 */
```

```
typedef struct
{
  char ch[MaxStrSize];
  int length;                        /*指示串的当前长度*/
}SeqString;                          /* SeqString 是顺序串类型*/
```

在这种方式中,字符串的串值由 ch[0]开始存放。当然,也可以将串的实际长度存储在 0 号单元中,实际串值从 1 号单元处开始存放,如图 4.1(b)所示。实际应用中究竟采用哪种结构,需要根据情况进行权衡。在 C 语言中采用字符'\0'作为串的终结符的方式。

2. 顺序串的基本操作的实现

下面讨论串的部分基本操作的实现算法,其余的请读者自行完成。

串的数据类型说明如下:

```
# define MaxStrSize 256
typedef struct
{
  char ch[MaxStrSize];
  int length;
}SeqString;
```

(1) 求串长 Strlen(s): 返回串 s 的元素个数。

```
int   Strlen(SeqString s)
{
  return(s.length);
}
```

(2) 串复制 Strcpy(s,t): 将串 s 复制到串 t 中。

```
SeqString * Strcpy(SeqString s,SeqString * t)
{
  int i;
  for(i = 0;i < s.length;i++)
    t→ch[i] = s.ch[i];
  t→length = s.length;                /*置串 t 的长度*/
  return(t);
}
```

(3) 串连接 Strcat(s, t): 将串 t 连接到串 s 的末尾形成新串 s。若 t 完全连接到 s 的末尾,表示连接成功,返回 1; 否则不成功,返回 0。

```
int Strcat(SeqString s, SeqString t)
{
int i;
if(s.length + t.length <= MaxStrSize)
/*判断串 s 和串 t 的长度之和是否超过串的最大长度,因为不用\0 结束,所以用<= 来判断*/
    {for(i = 0;i < t.length;i++)
        s.ch[i + s.length] = t.ch[i];
     s.length = s.length + t.length;             /*置串 s 的实际长度*/
     return(1);
    }
else
    {for(i = 0;i < MaxStrSize - s.length;i++)
        s.ch[i + s.length] = t.ch[i];
     s.length = MaxStrSize                        /*置串 s 的实际长度*/
```

```
          return(0);
       }
   }
```

（4）求子串 Substr(*s*,pos,len,sub)：从串 *s* 中的第 pos 个字符开始取长度为 len 的子串 sub,并返回串 sub。

```
SeqString * Substr(SeqString s, int pos, int len, SeqString * sub)
{
  int i;
  if(pos < 1 ‖ pos > = s.length ‖ len < 0 ‖ len > s.length − pos + 1)
                                    /* 判断 pos 和 len 的合法性 */
    {printf("parameter error!");
     return NULL;
    }
  for(i = 0;i < = len;i++)
     sub→ch[i] = s.ch[pos + i − 1];       /* 向子串 sub 复制字符 */
  sub→length = len;                  /* 置串 sub 的长度 */
  return(sub);
}
```

（5）串删除 StrDelete(*s*,pos,len)：从串 *s* 中的位置 pos 开始,删除 len 个字符,并返回串 *s*。

```
SeqString * StrDelete(SeqString * s, int pos, int len)
{
int i;
if(pos < = 0‖len > = s − > length − pos + 1)
                                    /* 判断 pos 和 len 的合法性 */
    {printf("parameter error!");
     return NULL;
    }
for(i = pos + len − 1;i < s − > length;i++)
    s − > ch[i − len] = s − > ch[i];
s − > length = s − > length − len;            /* 重置串 s 的实际长度 */
return(s);
}
```

> **思考**：在串的顺序存储方式下,串的插入操作算法应如何实现?
>
> **提示**：与顺序表的插入算法类似,先要进行字符后移操作。另外,由于是采用定长顺序存储结构,因此必须考虑插入新串后,是否超出串长 MaxStrSize 的限制,并做出相应处理。

通过以上几个操作可见,在串的顺序存储表示下,串操作的实现主要是进行"字符序列的复制",操作的时间复杂度基于复制的字符序列的长度。在这种存储方式下,涉及串长的操作速度快,但是也存在不足之处:一是需事先预定义串的最大长度,这在程序运行前是很难估计的;二是由于定义了串的最大长度,串值空间的大小在编译时刻就已确定,是静态的,使得串的某些操作受限,如串的连接、插入等操作受到串值空间大小的制约。由此可见,这种串的定长顺序表示不够灵活,适应范围有一定的局限性。

4.2.2　串的堆存储结构

1. 串的堆存储结构表示

堆存储结构的特点是,仍以一组空间足够大的、地址连续的存储单元存放串值字符序列,但该存储空间的大小不是预定义的,而是在程序执行过程中动态分配的。每当产生一个新串时,系统就从剩余空间的起始处为串值分配一个长度和串值长度相等的存储空间。采用这种方式可以灵活地申请适当数目的存储空间,从而提高存储资源的利用率。

在 C 语言中,存在一个称为"堆"的自由空间,由动态分配函数 malloc( )分配一块实际串长所需的存储空间,若分配成功,则返回一个指向起始地址的指针,作为串的基址。由函数 free( )释放串不再需要的空间。

串的堆存储结构具体描述如下:

```
typedef struct{
   char * ch;                              /* ch指向串起始地址 */
   int length;                             /* 串的实际长度 */
} Hstring;
```

在这种存储方式中,指向字符串存储空间的是字符指针而非数组。若串为空串,则 ch 为 NULL。另外,在使用分配函数后需要检查函数的返回值(若分配失败,则返回 NULL),避免出现对空指针进行操作。

2. 串操作的实现

串的堆存储结构中,串中的字符也是顺序存放的,串操作的实现也是基于"字符序列的复制"方式。只是由于串长是可变的,因此在实施"插入""连接"等可能使串长发生变化的操作时,除了要修改串的实际长度外,还要为串按新的长度重新分配空间。下面给出在此存储方式下,串的几个基本操作的实现算法。

(1) 串连接 Strcat(s,t):将串 t 连接到串 s 的末尾形成新串,并返回新串。若无法生成新串,则返回空。

```
Hstring * Strcat(Hstring s, Hstring t)
{
   Hstring * new;
   int i;
   if(!new = (Hstring * )malloc(sizeof(Hstring)))  return(0);
   if(!new -> ch = (char * )malloc(s.length + t.length))
      return(0);                           /* 分配空间失败 */
   for(i = 0;i < s.length;i++)
      new -> ch[i] = s.ch[i];              /* 将串 s 复制到新串 new 中 */
   for(i = 0;i < t.length;i++)
      new -> ch[s.length + i] = t.ch[i];   /* 依次复制串 t 中字符到新串 new 中串 s 之后 */
   new -> length = s.length + t.length;    /* 新串 new 的实际长度 */
   return(new);
}
```

(2) 串插入 StrInsert(s,pos,t):将串 t 插入串 s 的位置 pos 上,并返回串 s。

```
Hstring * StrInsert(Hstring * s, int pos, Hstring * t)
{
   char * p;
   int i;
   if(pos <= 0 || pos > s -> length)       /* 插入位置不合法 */
      {printf("parameter error!");
       return NULL;
      }
   if(t -> length)                         /* 串 t 非空,重新分配空间,插入串 t */
```

```
{if(!p = (char *)realloc(s -> ch,(s -> length + t -> length) * sizeof(char)))
    return(0);                              /* 重新分配空间失败 */
  s -> ch = p;
  for(i = s -> length - 1;i >= pos - 1;i-- )
    s -> ch[i + t -> length] = s -> ch[i]; /* 向后移动字符,腾出位置 */
  for(i = 0;i < t -> length;i++)
    s -> ch[pos + i - 1] = t -> ch[i];     /* 插入串 t */
  s -> length = s -> length + t -> length; /* 更新串 s 的长度 */
  }
  return(s);
}
```

（3）串删除 StrDelete(s,pos,len)：从串 s 中的位置 pos 开始,删除 len 个字符。

```
int StrDelete(Hstring * s, int pos,int len)
{
  char * p;
  int i;
  if(pos <= 0 || s -> length - pos < len)   /* 参数不合法 */
    {printf("parameter error!");
    return(0);
    }
  p = s -> ch + pos - 1;                     /* 使 p 指向被删子串的第 1 个字符 */
  for(i = 0;i < len;i++)
   *(p + i) = *(p + len + i);                /* 删除字符 */
  s -> length = s -> length - n;             /* 更改串 s 的长度 */
  return(1);
}
```

4.2.3　串的块链存储结构

串可以用链式存储方法表示,串的链式存储结构简称**链串**,链串的类型定义和单链表类似,用 C 语言定义如下：

```
typedef struct
{
  char ch;
  struct cnode  * next;
}cnode, * LinkString;
LinkString head;                            /* head 是链串的头指针 */
```

用单链表存放串,每个结点仅存储一个字符。例如,串 s = "student"的链式存储结构如图 4.2(a)所示。

思考：在上述定义中,链串的空间存储效率如何？

链串结构便于进行插入和删除运算,但每个结点的指针域所占空间比字符域所占空间要大得多,存储空间利用率较低。为了有效利用存储空间,可以在链串的每个结点中存放多个字符,这样的结点称为**块**,每个结点中所容纳的字符个数为块的大小,同时称这样的串存储结构为**块链结构**。

块链结构中,当结点大于 1 时,串的长度不一定正好是结点大小的整数倍,因此要用特殊字符"♯"来填充最后一个结点,以表示串的终结。图 4.2(b)是结点大小为 3 的块链,表示字符串"student"。

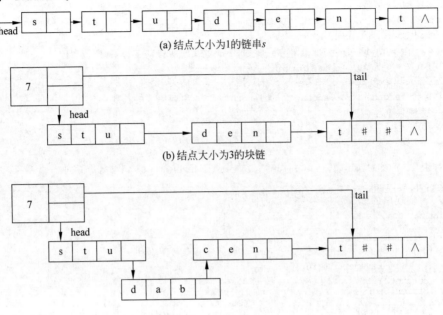

(a) 结点大小为1的链串 *s*

(b) 结点大小为3的块链

(c) 在(b)中第四个字符后插入"abc"后的块链

图 4.2　串的链式存储结构示意图

此外,为了便于串进行操作如串连接,在链表中还可设置尾指针指示最后一个结点,同时设置一个分量表示串的实际长度。其结构用 C 语言定义如下:

```
# define CHUNKSIZE = 4          /* 定义块大小 */
typedef struct Chunk{           /* 定义块链结点结构 */
  char str[CHUNKSIZE];
  struct Chunk * next;
  }Chunk;
  typedef struct{               /* 定义块链存储结构 */
    Chunk * head, * tail;       /* 链表头指针和尾指针 */
    int strlen;                 /* 串的实际长度 */
}Lstring;
```

结点大小为 1 时,串的操作处理较方便,但是存储空间较大,空间利用率较低;提高结点的大小使得存储空间利用率增大,但是进行插入、删除运算时,需要考虑结点的拆分与合并,可能会引起大量字符的移动,给运算带来不便。

例如,在图 4.2(b)中,在 *s* 的第 4 个字符后插入"abc"时,要移动原来 *s* 中后面 3 个字符的位置,结果如图 4.2(c)所示。

在串的链式结构中,结点大小的选择很重要,直接影响到串的处理效率和内存空间利用率。此外,由于串的链式存储结构中串操作的实现与链表存储结构中的操作类似,故在此不再详细讨论。

下面给出一个使用顺序串的程序,其作用是实现串的输入、输出、插入、删除等基本操作,请读者自行分析程序及其运行结果。

```
# include < stdio. h >
# include < string. h >
```

```
#define MaxStrSize 256
typedef struct{
        char ch[MaxStrSize];
        int length;
        }SeqString;
void in_string(SeqString * s)
{   /* 实现串的输入,限制输入字符串长度为 MaxStrSize,按 Enter 键结束 */
    int i = 0;
    char ch;
    while((ch = getchar())!= '\n'&& i < MaxStrSize)        /* 字符串输入未结束 */
        s -> ch[i++] = ch;
        s -> length = i;                                    /* 置字符串的长度 */
}
void out_string(SeqString * s)
{   /* 实现串的输出 */
    int i;
    for(i = 0; i < s -> length;i++)
        putchar(s -> ch[i]);
}


int  Strlen(SeqString * s)
{    /* 求串 s 的长度 */
    return(s -> length);
}


void Strcpy(SeqString * s,SeqString * t)
{    /* 将串 s 复制到串 t */
    int i;
    for(i = 0;i < s -> length;i++)
        t -> ch[i] = s -> ch[i];
    t -> length = s -> length;                              /* 置串 t 的长度 */
}


SeqString * Strcat(SeqString * s, SeqString * t)
{    /* 将串 t 连接到串 s 的尾部 */
    int i;
    if(s -> length + t -> length < = MaxStrSize)
    /* 判断串 s 和 t 的长度之和是否超过串的最大长度 */
        {for(i = 0;i < t -> length;i++)
            s -> ch[i + s -> length] = t -> ch[i];          /* 串 t 完全连接在串 s 的尾部 */
            s -> length = s -> length + t -> length;        /* 置串 s 的实际长度 */
        }
    else
        {for(i = 0;i < MaxStrSize - t -> length;i++)
            s -> ch[i + s -> length] = t -> ch[i];          /* 串 t 部分连接在串 s 的尾部 */
        s -> length = MaxStrSize;                           /* 置串 s 的实际长度 */
        }
    return(s);
}


SeqString * StrInsert(SeqString * s,int pos,SeqString * t)
{    /* 在串 s 中 pos 处插入串 t */
    int i,j;
    if(pos < = 0 || pos > s -> length)
```

```
          printf("\n parameter error!");                    /*插入位置不合法*/
     if(s->length+t->length<=MaxStrSize)              /*串 t 完全插入且串 s 不需要截断*/
        {for(i=s->length+t->length;i>=t->length;i--)
           s->ch[i-1]=s->ch[i-t->length-1];
                                             /*串 s 向后移动一个字符,空出插入位置*/
        for(i=0;i<t->length;i++)
           s->ch[i+pos-1]=t->ch[i];
         s->length+=t->length;
        }
    else
        if(pos+t->length<MaxStrSize)            /*串 t 完全插入但串 s 需要截去部分字符*/
          {for(i=MaxStrSize;i>=t->length+pos;i--)
             s->ch[i-1]=s->ch[i-t->length-1];
                                              /*串 s 向后移动一个字符,空出插入位置*/
         for(i=0;i<t->length;i++)
            s->ch[i+pos-1]=t->ch[i];
         s->length=MaxStrSize;
          }
        else
         {if(pos+t->length>MaxStrSize)
                                    /*串 t 部分插入且需要截去串 s 和串 t 的部分字符*/
              for(i=0;i<MaxStrSize-pos;i++)          /*插入串 t 的字符*/
                s->ch[i+pos-1]=t->ch[i];
              s->length=MaxStrSize;
          }
return(s);
 }

void StrDelete(SeqString * s, int pos, int len)
{     /*删除串 s 中 pos 位置起 len 个字符*/
  int i;
  if(pos<1 || pos>=s->length || len<1 || len>=s->length)
                                             /*判断 pos 和 len 的合法性*/
      printf("\n parameter error!");
  for(i=0;i<=s->length-pos-len;i++)
    s->ch[pos+i-1]=s->ch[pos+len+i-1];
  s->length=s->length-len;                    /*重置串 s 的实际长度*/
}

main()
{
  SeqString *s,*t,*r;
  SeqString str_s,str_t,str_r;
  int i,j;
  s=&str_s; t=&str_t; r=&str_r;
  printf("\n 请输入串 s: \n");
  in_string(s);
  printf("请输入串 t: \n");
  in_string(t);
  printf("\n 串 s 为: ");
  out_string(s);
  printf("\n 串 s 的长度为: %d",Strlen(S));
  printf("\n 串 t 为: ");
  out_string(t);
```

```
    printf("\n 串 t 的长度为：% d",Strlen(T));
    Strcpy(t,r);
    printf("\n 将 t 复制给 r,串 r 为：");
    out_string(r);
    printf("\n 串 r 的长度为：% d",Strlen(R));
    Strcat(t,r);
    printf("\n 将 r 连接到 t 尾部,串 T 为：");
    out_string(t);
    printf("\n 请输入插入子串的位置：");
    scanf("% d",&i);
    StrInsert(s, i, T);
    printf("\n 在 s 中插入 t 后,串 s 为：");
    out_string(S);
    printf("\n 请输入删除子串的位置和长度：");
    scanf("% d,% d",&i,&j);
    StrDelete(s, i, j);
    printf("\n 在 s 中删除 r 后,串 s 为：");
    out_string(s);
}
```

程序运行结果如下：

请输入串 s：I am a student
请输入串 t：good_
串 s 为：i am a student
串 s 的长度为：14
串 t 为：good_
串 t 的长度为：5
将 t 复制给 r,串 r 为：good_
串 r 的长度为：5
将 r 连接到 t 尾部,串 t 为：good_good_
请输入插入子串的位置：8
在 s 中插入 t 后,串 s 为：I am a good_good_student
请输入删除子串的位置和长度：8,5
在 s 中删除 r 后,串 s 为：I am a good_student

4.3　串的模式匹配算法

4.3.1　基本的模式匹配算法

　　子串定位操作又称为串的**模式匹配**(pattern matching)或**串匹配**,该操作是各种串处理系统中的重要操作之一。例如,在文本编辑程序中,经常要查找某一特定单词在文本中出现的位置。显然,高效的模式匹配算法能极大地提高文本编辑程序的响应性能。

　　设有两个串 S 和 T,其中：

$$S = "s_1 s_2 s_3 \cdots s_n"$$

$$T = "t_1 t_2 t_3 \cdots t_m" \quad (1 \leqslant m \leqslant n, \text{通常有 } m < n)$$

　　子串定位操作是要在主串中找出一个与子串相同的子串。一般将主串称为**目标串**,将子串称为**模式串**。设 S 为目标串,T 为模式串,把从目标串 S 中查找模式串 T 的过程称为模式匹配。匹配的结果有两种：如果 S 中有模式为 T 的子串,则返回该子串在 S 中的位置;若 S 中有多个模式为 T 的子串,则返回的是模式串 T 在 S 中第1次出现的位置,这种情况称为匹配成功,否则,称为匹配失败。

模式匹配算法的基本思想是将 T 中字符依次与 S 中字符进行比较:

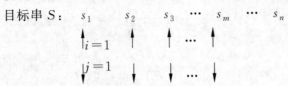

$$目标串 S: \quad s_1 \qquad s_2 \qquad s_3 \quad \cdots \quad s_m \quad \cdots \quad s_n$$

$$模式串 T: \quad t_1 \qquad t_2 \qquad t_3 \quad \cdots \quad t_m$$

在开始比较之前,引入两个指针 i 和 j,分别指示目标串 S 和模式串 T 中当前待比较的字符位置。从 S 中的第1个字符($i=1$)和 T 中第1个字符($j=1$)开始比较,如果 $s_1=t_1$,则 i 和 j 各加1,继续比较后续字符,若 $s_1=t_1, s_2=t_2, \cdots, s_m=t_m$,返回1;否则,一定存在某个整数 $j(1 \leqslant j \leqslant m)$ 使得 $s_i \neq t_j$,即第1趟匹配失败,一旦出现这种情况,立即中断后面的比较,将模式串 T 向右移动一个字符执行第2趟匹配步骤,即用 T 中第1个字符($j=1$)与 S 中的第2个字符($i=2$)开始依次进行比较:

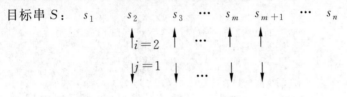

$$目标串 S: \quad s_1 \qquad s_2 \qquad s_3 \quad \cdots \quad s_m \quad s_{m+1} \quad \cdots \quad s_n$$

$$模式串 T: \qquad\qquad\quad t_1 \qquad t_2 \qquad t_{m-1} \quad t_m$$

反复执行匹配步骤,直到出现下面两种情况之一:①在某一趟匹配中出现 $t_1=s_{i-m+1}$, $t_2=s_{i-m+2}, \cdots, t_m=s_i$,那么匹配成功,返回序号 $i-m+1$;②如果执行 $(n-m+1)$ 次匹配步骤之后,即一直将 T 向右移到无法继续与 S 比较为止,在 S 中没有找到等于 T 的子串,则匹配失败。

图 4.3 展示了模式串 $T=$"acbab"和目标串 $S=$"acacbacbabca"的匹配过程。

下面给出实现上述匹配过程的算法,采用定长顺序存储结构第2种方式存放串 s 和串 t。

```c
int Index(SeqString s , SeqString t)
/*在目标串 s 中找模式串 t 首次出现的位置。若不存在则返回 0*/
{
    int  i,j;
    for(i = 1,j = 1;i <= s. length&&j <= t. length;)
    {if(s.ch[i - 1] == t.ch[j - 1])
        {i++;j++;}                      /*字符比较成功,继续比较后续字符*/
        else
        {i = i - j + 2;j = 1;}
        /*字符比较不成功,i 指针回溯,并从 t 的第1个字符起重新比较*/
    }
    if(j > t.length)
        return(i - t.length + 1);       /*匹配成功*/
    else
        return(0);                      /*匹配不成功*/
}
```

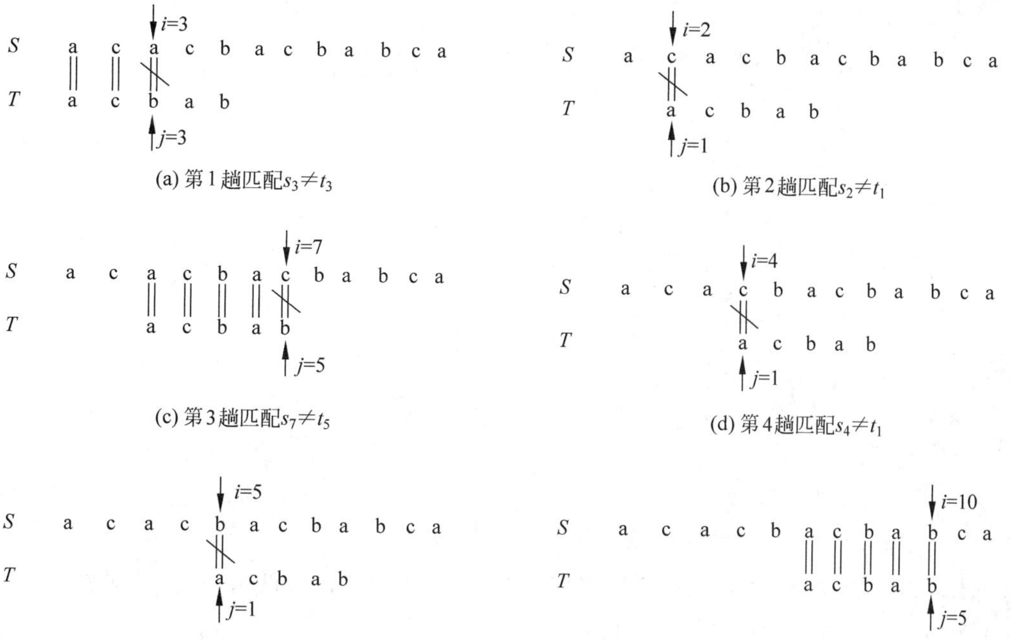

$i=3$

S　a c a c b a c b a b c a
T　a c b a b
$j=3$

(a) 第 1 趟匹配 $s_3 \neq t_3$

$i=2$

S　a c a c b a c b a b c a
T　a c b a b
$j=1$

(b) 第 2 趟匹配 $s_2 \neq t_1$

$i=7$

S　a c a c b a c b a b c a
T　a c b a b
$j=5$

(c) 第 3 趟匹配 $s_7 \neq t_5$

$i=4$

S　a c a c b a c b a b c a
T　a c b a b
$j=1$

(d) 第 4 趟匹配 $s_4 \neq t_1$

$i=5$

S　a c a c b a c b a b c a
T　a c b a b
$j=1$

(e) 第 5 趟匹配 $s_5 \neq t_1$

$i=10$

S　a c a c b a c b a b c a
T　a c b a b
$j=5$

(f) 第 6 趟匹配成功

图 4.3　简单模式匹配算法匹配过程示意图

该算法的基础是基于字符串的比较,匹配过程简单,易于理解,但算法效率不高。其原因在于:某趟匹配过程中,若出现字符比较不等,则指向主串的指针需要回溯,需要从模式串的第 1 个字符重新开始比较,没有利用已经比较成功的工作。设主串和模式串的长度分别为 n、m,在最坏情况下(第 i 趟匹配成功,前面 $i-1$ 趟不成功),每趟比较了 m 次,第 i 趟也比较了 m 次,那么上述算法所执行的字符比较的总次数为 $m(n-m+1)$。如果用比较次数来衡量算法的时间复杂度,则上述算法的时间复杂度为 $O(m(n-m))$,若 $n \gg m$,则时间复杂度为 $O(mn)$。

下面介绍一种改进的模式匹配算法——KMP 算法。

4.3.2　模式匹配的改进算法——KMP 算法

这种改进算法是 D. E. Knuth(克努特)、J. H. Morris(莫里斯)和 V. R. Pratt(普拉特)3 人同时发现的,因此称为 KMP 算法。该算法可以在 $O(m+n)$ 的数量级上完成串的模式匹配。算法的改进之处在于:每当 1 趟匹配过程中出现字符比较不等时,指向主串的指针 i 不回溯,而是利用已经得到的"部分匹配"的结果将模式串向右滑动尽可能远的一段距离后继续进行比较。模式串 $T=$ "acbab" 和主串 $S=$ "acacbacbabca" 匹配过程如图 4.4 所示。

图 4.4 所示的匹配过程中,第 1 次比较不成功时,$i=3$,$j=3$,此时 i 指针不变,仅需将模式串向右移动两个字符的位置,继续进行 $i=3$,$j=1$ 的下一趟比较;第 2 趟匹配中,前 4 个字符比较成功,但 $i=7$,$j=5$ 时比较失败,此时将模式串向右移动 3 个字符的位置,继续进行 $i=7$,$j=2$ 的下一趟比较,直至比较成功。在整个匹配过程中,i 指针不回溯。

为了实现该改进算法,需要解决的关键问题是:当匹配过程中某次比较不成功时,模式

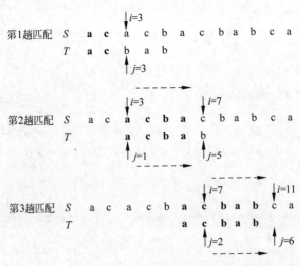

图 4.4　改进的模式匹配算法匹配过程示意图

串向右滑动的距离是多少,以及下次比较时模式串的工作指针 j 的值是多少,即主串中第 i 个字符应该与模式串中哪个字符再比较。

讨论一般情况。设主串为 $S=$ "$s_1 s_2 s_3 \cdots s_n$",模式串 $T=$ "$t_1 t_2 t_3 \cdots t_m$",则当 $s_i \neq t_j$ 时,假设下一次 s_i 应与 t_k 比较,讨论如何确定 k:

(1) 若要用 s_i 直接与 t_k 比较,那么主串 S 和模式串 T 必须满足 $t_1=s_{i-k+1}$,$t_2=s_{i-k+2}$,$\cdots$,$t_{k-1}=s_{i-1}$,即模式串中前 $k-1$ 个字符的子串"$t_1 t_2 t_3 \cdots t_{k-1}$"必定与主串中第 i 个字符之前长度为 $k-1$ 的子串"$s_{i-k+1} s_{i-k+2} s_{i-k+3} \cdots s_{i-1}$"相等。

(2) 由上次匹配结果可知,前 $j-1$ 个字符匹配成功,则有 $t_1=s_{i-k+1}$,$t_2=s_{i-k+2}$,$\cdots$,$t_{j-1}=s_{i-1}$,即模式串中前 $j-1$ 个字符的子串"$t_1 t_2 t_3 \cdots t_{j-1}$"必定与主串中第 $i-1$ 个字符之前长度为 $j-1$ 的子串"$s_{i-k+1} s_{i-k+2} s_{i-k+3} \cdots s_{i-1}$"相等。

根据(1)和(2)可推出:在模式串的前 $j-1$ 个字符中应存在两个长度为 $k-1$ 的相同的最大子串,两子串"$t_1 t_2 \cdots t_{k-1}$"与"$t_{j-k+1} t_{j-k+2} \cdots t_{j-1}$"相等,即 $t_1=t_{j-k+1}$,$t_2=t_{j-k+2}$,$\cdots$,$t_{k-1}=t_{j-1}$。next 函数的定义说明如图 4.5 所示。

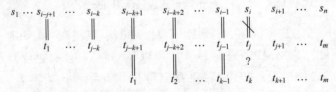

图 4.5　next 函数的定义说明

令 $next[j]=k$,则 $next[j]$ 表示当模式串中第 j 个字符与主串第 i 个字符不等时,模式串中需要重新与主串字符 s_i 进行比较的位置。为此引出模式串的 next 函数的定义:

$$next[j]=\begin{cases} 0, & j=1 \\ \text{Max}\{k \mid 1<k<j \text{ 且 "} t_1 t_2 \cdots t_{k-1} \text{"} = \text{"} t_{j-k+1} t_{j-k+2} \cdots t_{j-1} \text{"}\}, & \text{此集合不空} \\ 1, & \text{其他} \end{cases}$$

根据此定义可推出下列模式串的 next 函数值:

位置 j	1　2　3　4　5
模式串	a　c　b　a　b
next[j]	0　1　1　1　2

　　从上面的分析可知,在执行匹配比较过程中,一旦出现 $s_i \neq t_j$,必须找出模式串向右滑动的距离,即 next[j] 的值。由 next 函数定义可知,寻找模式串中各字符的 next 函数值与主串无关,只依赖于模式串本身。因此,为了提高查找速度,可以预先求出模式串的 next 函数。

　　下面给出 KMP 算法和计算 next 函数算法的描述,采用定长顺序存储结构第 2 种方式存放主串 S 和模式串 T。

1) 计算 next 函数的算法

```
Void get_next(SeqString t,int next[])
/* 计算模式串 t 的 next 函数值,存入数组 next 中 */
{
    int i = 1,j = 0;
    next[1] = 0;
    while(i < t.length)
        if(j == 0 || t.ch[i] == t.ch[j])      /* 比较成功,继续比较后续字符 */
            {++i;++j;next[i] = j;}
        else   j = next[j];
}
```

注意:next 函数初值 next[1]=0,即数组 next 的下标从 1 开始,0 号单元空闲。

2) 改进的匹配算法——KMP 算法

```
int Index_kmp(SeqString s, SeqString t)
/* 在目标串 s 中找模式串 t 首次出现的位置。若不存在则返回 0 */
{
    int i = 1,j = 1;
    while(i <= s.length&&j <= t.length)
        if(j == 0 || s.ch[i-1] == t.ch[j-1])      /* 继续比较后续字符 */
            {++i;++j;}
        else   j = next[j];                        /* 模式串后移,重新比较 */
    if(j > t.length) return(i - t.length);         /* 匹配成功 */
    else return(0);                                /* 匹配不成功 */
}
```

　　执行 next 函数算法的时间为 $O(m)$,KMP 算法中增加了计算 next 函数的时间,但通常情况下,模式串的长度 m 要比主串的长度 n 小得多,因此对整个匹配算法来说,所增加的时间是值得的。整个改进的模式匹配 KMP 算法的时间复杂度为 $O(n+m)$。该匹配算法与前面没改进的匹配算法极为相似,不同的是,在失配时指针 i 不变,指针 j 回退到 next[j] 所指的位置重新进行比较;且指针 j 退到 0 时指针 i 和 j 同时增 1,即从主串的第 $i+1$ 个字符与子串的第 1 个字符起重新进行匹配。KMP 算法最大的优点是"指向主串的指针不回溯",整个匹配过程中只需要对主串扫描一遍,这对于从外存读入文件很有效,可以边读边匹配,无须回头重读。

本章小结

- 串是一种特殊的线性表,它的结点一般由一个字符组成。串的应用很广泛,凡是涉及字符处理的领域都要使用串。许多高级语言都具有比较强的串处理功能,C 语言就是其中的一种。
- 本章在介绍了串的定义和有关概念以及串的基本操作的基础上,简要介绍了串的 3 种存储结构以及常用的串的模式匹配算法。

习　题　4

一、填空题

1. 空串与空格串的区别在于_____。

2. 两个字符串相等的充分必要条件是_____。

3. 按存储结构的不同,串可分为_____。

4. 模式串"abaabcac"的 next 函数值序列为_____。

二、选择题

1. 设有两个串 p 和 q,求 q 在 p 中首次出现的位置的运算称为(　　)。

　　A. 连接　　　　　B. 模式匹配　　　　C. 求子串　　　　D. 求串长

2. 串是一种特殊的线性表,其特殊性体现在(　　)。

　　A. 可以顺序存储　　　　　　　　B. 数据元素是一个字符

　　C. 可以链接存储　　　　　　　　D. 数据元素可以是多个字符

3. 若串 S = "software",其子串数目是(　　)。

　　A. 8　　　　　　B. 37　　　　　　C. 36　　　　　　D. 9

4. 在顺序串中,根据空间分配方式的不同,可分为(　　)。

　　A. 直接分配和间接分配　　　　　B. 静态分配和动态分配

　　C. 顺序分配和链式分配　　　　　D. 随机分配和固定分配

5. 设串 s_1 = "ABCDEFG", s_2 = "PQRST",函数 con(x, y)返回 x 和 y 串的连接串,subs(s, i, j)返回串 s 的从序号 i 的字符开始的 j 个字符组成的子串,len(s)返回串 s 的长度,则 con(subs(s_1, 2, len(s_2)), subs(s_1, len(s_2), 2)))的结果串是(　　)。

　　A. BCDEF　　　B. BCDEFG　　　C. BCPQRST　　D. BCDEFEF

三、辨析题(简述下列每对术语的区别)

1. 串变量和串常量

2. 主串和子串

3. 串名和串值

四、算法设计题

1. 利用下面的串的基本操作,构造子串定位运算 INDEX(s, t)。其中 s 是目标串,t 是模式串。

(1) strlen(char * s);

（2）strcmp(char * s1,char * s2);

（3）substr(char * s,int pos,int len);

2. 编写算法,从串 s 中删除所有和串 t 相同的子串,说明算法所用的存储结构,并分析算法的执行时间。

3. 编写算法,将串中所有字符倒过来重新排列。

4. 采用串的链式存储表示的方法,改写 KMP 匹配算法和求 next 数组的算法,并估计算法的执行时间。

5. 设目标串为 t ="abcaabbabcabaacbacba",模式串为 p ="abcabaa"。

（1）计算模式串 p 的 next 数组的值。

（2）不写算法,只画出 KMP 匹配算法进行模式匹配时每一趟的匹配结果。

## 第 5 章

多维数组和广义表

本章要点

◇ 数组的类型定义和存储结构

◇ 特殊矩阵和稀疏矩阵压缩存储方法及运算的实现

◇ 广义表的概念和基本运算

本章学习目标

◇ 了解数组的存储表示方法,并掌握数组在以行为主的存储结构中的地址计算方法

◇ 掌握对特殊矩阵进行压缩存储时的下标变换公式

◇ 了解稀疏矩阵的两种压缩存储方法的特点和适用范围,领会以三元组表示稀疏矩阵时进行矩阵运算采用的处理方法

◇ 掌握广义表的概念和基本运算,掌握对非空广义表进行分解的分析方法

前面各章中介绍的线性表、栈、队列和串等都是线性结构,它们共同的逻辑特征是每个数据元素至多有一个直接前趋和直接后继。本章将要介绍的多维数组和广义表都是非线性结构,它们的逻辑特征是每个数据元素可能有多个直接前趋和多个直接后继。

5.1 多维数组

5.1.1 多维数组的定义

数组(array)是数据结构中常用的数据类型,程序设计语言一般都直接支持数组类型。数组一旦建立,其元素个数和元素之间的关系就确立了。

在讨论多维数组之前,先看一下一维数组的定义:一维数组是向量,在逻辑结构上是有序元素的有限集合,它的每个元素用一个整数标号(亦称下标)来标志。数组(向量)是存储于计算机的连续存储空间中的多个具有统一类型的数据元素。同一数组的不同元素通过不同的下标标识,如$(a_0, a_2, \cdots, a_{n-1})$。一维数组可以看作一个线性表。

二维数组 A_{mn} 可看成由 m 个行向量组成的向量,或由 n 个列向量组成的向量。二维数组中的每个元素 a_{ij} 既属于第 i 行的行向量,又属于第 j 列的列向量。由此可见,对于二维数组,可以看成每个元素为一维数组的线性表,这个元素可以是行向量,也可以是列向量,如图 5.1 所示。

类似地,我们可以把三维数组看成每个元素都为二维数组的线性表。依此类推,可以把一个 n 维数组看成每个元素是 $n-1$ 维数组的线性表。

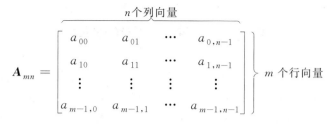

图 5.1　二维数组的向量表示

数组是由高级语言直接给出的。通常情况下,数组只有两种基本运算:读和写。

(1) 读:给定一组下标,读出相应的元素。

(2) 写:给定一组下标,修改相应的元素。

5.1.2　数组的存储结构

在高级语言中已经实现了数组这种数据结构,数组的类型定义是由高级语言中的数组类型直接给出的。一般取数组的开始地址作为基准(基址),然后考察其他元素相对此基址的偏移量(偏移地址)。因此,基址加上该数组元素的偏移量就是该元素的绝对地址。

数组是数据元素的线性组合,对于一维数组而言,其实质就是线性表。它的数据元素可以通过下标(index)直接访问。设一维数组为 $A = (a_0, a_2, \cdots, a_{n-1})$,第 1 个元素下标值为 0,设其存储地址为 Loc(0),且每个元素占用的存储单元数为 L,则元素 a_i 的地址为:

$$\text{Loc}(i) = \text{Loc}(0) + i \times L \tag{5.1}$$

由于内存是一段连续的一维存储空间,并不是一个多维的存储空间,因此多维数组中的数据要存储于内存中,需要按照一定的顺序存储在一维空间中,这也是 C 语言处理多维数组的方法。下面介绍如何将多维数组转化成一维数组来表示。

对二维数组通常有两种映像方法,即"以行(序)为主(序)"的映像方法和"以列(序)为主(序)"的映像方法。"以行为主"的存储结构是对二维数组进行"按行切分",即将数组中的数据元素按行依次排放在存储器中;"以列为主"的存储结构是对二维数组进行"按列切分",即将数组中的数据元素按列依次排放在存储器中。

假设二维数组 A_{mn} 中每个数据元素占 L 个存储单位,Loc(i,j) 表示下标为 (i,j) 的数据元素的存储地址,则该数组中下标为 (i,j) 对应的数据元素在"以行为主"的顺序映像中的存储地址为:

$$\text{Loc}(i,j) = \text{Loc}(0,0) + (i \times n + j) L \tag{5.2}$$

在"以列为主"的顺序映像中的存储地址为:

$$\text{Loc}(i,j) = \text{Loc}(0,0) + (j \times m + i) L \tag{5.3}$$

其中,Loc(0,0) 是二维数组的基址,即第 1 个数据元素下标为 (0,0) 的存储地址。

类似地,假设三维数组 R_{pmn} 中每个数据元素占 L 个存储地址,并以 Loc(i,j,k) 表示下标为 (i,j,k) 的数据元素的存储地址,则该数组中任何一对下标为 (i,j,k) 的数据元素在"以行为主"的顺序映像中的存储地址为:

$$\text{Loc}(i,j,k) = \text{Loc}(0,0,0) + (i \times m \times n + j \times n + k) \times L \tag{5.4}$$

由此,可以推广到 N 维数组,公式的推导留待读者思考。

5.2　矩阵的压缩存储

　　矩阵是数值程序设计中经常用到的数学模型,它是由 m 行和 n 列的数值构成的($m=n$ 时称为**方阵**)。在用高级语言编制的程序中,通常用二维数组表示矩阵,它使矩阵中的每个元素都可在二维数组中找到相对应的存储位置。然而在数值分析的计算中经常出现一些有下列特性的矩阵,即矩阵中有很多值相同的元素或零值元素,为了节省存储空间,需要对它们进行压缩存储,即不存储或少存储这些值相同的元素或零值元素,这称为**矩阵的压缩存储**。

5.2.1　特殊矩阵

　　如果矩阵中值相同的元素或零值元素在矩阵中的分布有一定的规律,则称为**特殊矩阵**。大致有以下三类特殊矩阵。

1. 对称矩阵

　　若 n 阶方阵 $\boldsymbol{A}_{nn}$ 中的元素满足特性:

$$a_{ij}=a_{ji} \qquad (0 \leqslant i,j \leqslant n-1)$$

则称为 n 阶**对称矩阵**。图 5.2 所示即为一个 5 阶对称矩阵。

　　对称矩阵中的元素关于主对角线对称,因此只要存储矩阵的上三角或下三角中的元素,让每两个对称的元素共享一个存储空间,就能节省近一半的存储空间。按行优先顺序存储主对角线(包括对角线)以下的元素,如图 5.3 所示。

$$\begin{bmatrix} 1 & 5 & 1 & 3 & 7 \\ 5 & 0 & 8 & 0 & 0 \\ 1 & 8 & 9 & 2 & 6 \\ 3 & 0 & 2 & 5 & 1 \\ 7 & 0 & 6 & 1 & 3 \end{bmatrix}$$

图 5.2　对称矩阵示例

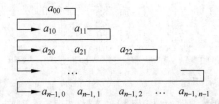

图 5.3　对称矩阵的行优先存放

　　按 $a_{00},a_{10},a_{11},\cdots,a_{n-1,0},a_{n-1,1},\cdots,a_{n-1,n-1}$ 次序存放在一个大小为 $n(n+1)/2$ 的向量 $\boldsymbol{S}_a$ 中(该下三角矩阵的元素总数为 $n(n+1)/2$)。其中:

$$\boldsymbol{S}_a[0]=a_{00}$$
$$\boldsymbol{S}_a[1]=a_{10}$$
$$\vdots$$
$$\boldsymbol{S}_a[n(n+1)/2-1]=a_{n-1,n-1}$$

　　再看下三角矩阵中元素 $a_{ij}(i \geqslant j)$ 在 $\boldsymbol{S}_a$ 中的存放位置,a_{ij} 元素前有 i 行(从第 0 行到第 $i-1$ 行),一共有 $1+2+\cdots+i=i(i+1)/2$ 个元素;在第 i 行上,a_{ij} 之前恰有 j 个元素($a_{i0},a_{i1},\cdots,a_{i,j-1}$),因此有 $\boldsymbol{S}_a[i(i+1)/2+j]=a_{ij}$。

　　由矩阵的对称性,可以得到在上三角矩阵中元素 $a_{ij}(i<j)$ 在 $\boldsymbol{S}_a$ 中的存放位置为 $\boldsymbol{S}_a[j(j+1)/2+i]=a_{ij}$。

　　现在考虑矩阵中一般元素 a_{ij} 和 $\boldsymbol{S}_a[k]$ 之间的对应关系:

若 $i \geqslant j$，则有　　　$k = i(i+1)/2 + j$　　　$0 \leqslant k < n(n+1)/2$　　　(5.5a)

若 $i < j$，则有　　　$k = j(j+1)/2 + i$　　　$0 \leqslant k < n(n+1)/2$　　　(5.5b)

令 $I = \max(i, j)$，$J = \min(i, j)$，则 k 和 i,j 的对应关系可统一为：

$$k = I(I+1)/2 + J \qquad 0 \leqslant k < n(n+1)/2 \tag{5.6}$$

通过下标变换公式，能立即找到矩阵元素 a_{ij} 在其压缩存储表示的向量 $\boldsymbol{S}_a$ 中的对应位置 k，因此这种压缩方法是随机存取结构。

例 5.1　a_{21} 和 a_{12} 均存储在 $\boldsymbol{S}_a[4]$ 中，这是因为由式(5.6)有：

$$k = I(I+1)/2 + J = 2 \times (2+1)/2 + 1 = 4$$

2. 三角矩阵

以主对角线划分，三角矩阵有上三角矩阵和下三角矩阵两种。上三角矩阵如图 5.4(a) 所示，它的下三角(不包括主角线)中的元素均为常数 c。下三角矩阵与上三角矩阵相反，它的主对角线上方均为常数 c，如图 5.4(b)所示。

> **注意**：在多数情况下，三角矩阵的常数 c 为零。

$$
\begin{bmatrix}
a_{00} & a_{01} & \cdots & a_{0,n-1} \\
c & a_{11} & \cdots & a_{1,n-1} \\
\vdots & \vdots & \vdots & \vdots \\
c & c & \cdots & a_{n-1,n-1}
\end{bmatrix}
\qquad
\begin{bmatrix}
a_{00} & c & \cdots & c \\
a_{10} & a_{11} & \cdots & c \\
\vdots & \vdots & \vdots & \vdots \\
a_{n-1,0} & a_{n-1,1} & \cdots & a_{n-1,n-1}
\end{bmatrix}
$$

　　　　(a) 上三角矩阵　　　　　　　　　(b) 下三角矩阵

图 5.4　三角矩阵

三角矩阵中的重复元素 c 可共享一个存储空间，其余的元素正好有 $n(n+1)/2$ 个，因此，三角矩阵可压缩存储到大小为 $n(n+1)/2+1$ 的向量 $\boldsymbol{S}_a$ 中，其中 c 存放在向量的最后一个分量中。

在上三角矩阵中，主对角线之上的第 p 行($0 \leqslant p < n$)恰有 $n-p$ 个元素，按行优先顺序存放上三角矩阵中的元素 a_{ij} 时，a_{ij} 元素前有 i 行(从第 0 行到第 $i-1$ 行)，元素个数为：

$$(n-0) + (n-1) + (n-2) + \cdots + (n-i+1) = i(2n-i+1)/2$$

在第 i 行上，a_{ij} 之前恰有 $j-i$ 个元素($a_{ii}, a_{i,i+1}, \cdots, a_{i,j-1}$)，因此有：

$$\boldsymbol{S}_a[i(2n-i+1)/2 + j - i] = a_{ij}$$

所以在上三角矩阵中 a_{ij} 和 $\boldsymbol{S}_a[k]$ 之间的对应关系为：

若 $i \leqslant j$，则有　　　$k = i(2n-i+1)/2 + j - i$　　　$0 \leqslant k < n(n+1)/2 + 1$　　　(5.7a)

若 $i > j$，则有　　　　　　$k = n(n+1)/2$　　　(5.7b)

在下三角矩阵中元素 a_{ij} $(i \geqslant j)$ 前面有 i 行(从第 0 行到第 $i-1$ 行)，元素个数为：

$$1 + 2 + \cdots + i = i(i+1)/2$$

在第 i 行上，a_{ij} 之前恰有 j 个元素($a_{i0}, a_{i1}, \cdots, a_{i,j-1}$)，因此有：

$$\boldsymbol{S}_a[i(i+1)/2 + j] = a_{ij}$$

所以下三角矩阵中 a_{ij} 和 $\boldsymbol{S}_a[k]$ 之间的对应关系为：

若 $i \geqslant j$，则有　　　$k = i(i+1)/2 + j$　　　$0 \leqslant k < n(n+1)/2$　　　(5.8a)

若 $i < j$，则有　　　　　　$k = n(n+1)/2$　　　(5.8b)

3. 对角矩阵

所有的非零元素集中在以主对角线为中心的带状区域中,即除了主对角线和主对角线相邻两侧的若干条对角线上的元素之外,其余元素皆为零的矩阵为对角矩阵。图 5.5 所示即为对角矩阵,这里给出的是一个三对角矩阵。

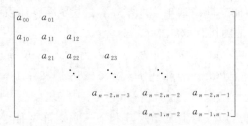

图 5.5　三对角矩阵

非零元素集中在主对角线(a_{ii},$0 \leqslant i \leqslant n-1$)、紧邻主对角线上面的那条对角线($a_{ij}$,$j = i+1$,$0 \leqslant i \leqslant n-2$)和紧邻主对角线下面的那条对角线($a_{ij}$,$j = i-1$,$1 \leqslant i \leqslant n-1$)上。当 $|i-j| > 1$ 时,元素 $a_{ij} = 0$。

由此可知,一个 **k 对角矩阵**(k 为奇数)**A** 是满足下述条件的矩阵:若 $|i-j| > (k-1)/2$,则元素 $a_{ij} = 0$。

对角矩阵可按行优先顺序或对角线的顺序,压缩存储到一个向量中,并且也能找到每个非零元素和向量下标的对应关系。

　　需要指出的是,上述的几种特殊矩阵,其非零元素的分布有规律可循,总能找到一种方法将它们压缩存储到一个向量中,并且能找到矩阵中的元素和该向量下标的对应关系,从而仍然能对矩阵元素进行随机存取。

5.2.2　稀疏矩阵

如果矩阵中只有少量的非零元素,并且这些非零元素在矩阵中的分布没有一定规律,则称为**随机稀疏矩阵**,简称为**稀疏矩阵**。至于矩阵中究竟含多少个零值元素才被称为稀疏矩阵,目前还没有一个确切的定义,它只是一个凭人的直觉来理解的概念。

如何存储稀疏矩阵中的非零元素呢?如果仍然采用二维数组表示稀疏矩阵,那么二维数组中存放了大量没有用的零值元素,并且在矩阵运算的时候进行了很多与零值元素相关的运算,这样既浪费了空间,又浪费了时间。

由此可知,稀疏矩阵压缩存储的目标是:

(1) 尽可能减少或不存储零值元素。

(2) 尽可能不做和零值元素相关的运算。

(3) 便于进行矩阵运算,即易于根据一对行列号 (i,j) 找到矩阵中相应的元素,易于找到同一行或同一列的非零元素。

最简单的方法是将非零元素的值和它所在的行号、列号作为一个结点存放在一起,这样矩阵中的每一个非零元素就由一个三元组(行号,列号,元素值)唯一确定。很明显,稀疏矩阵的压缩存储将失去随机存取的功能。所有非零元素对应的三元组构成的集合就是稀疏矩阵的逻辑表示,它有两种常用的存储方式:三元组表和十字链表。

将稀疏矩阵非零元素的三元组按行(或者列)的顺序排列,则得到一个结点均是三元组的线性表。该线性表的顺序存储结构称为稀疏矩阵的**三元组表**。因此,三元组表是稀疏矩阵的一种顺序存储结构。注意,在以下讨论中,均假定三元组表是按行优先顺序排列的。

为了运算的方便,将矩阵的总行数、总列数及非零元素的总数均作为三元组表的属性进行描述。其类型描述为:

```
♯define MaxSize 10 000            /* 非零元素个数的上限,三元组表的容量 */
typedef struct {
    int i,j;                      /* 非零元素的行号、列号 */
    DataType v;                   /* 非零元素的值 */
}TriTupleNode;                    /* 三元组结点的类型 */
typedef struct{
    TriTupleNode data[MaxSize];   /* 三元组表 */
    int m,n;                      /* 矩阵的行数、列数 */
    int t;                        /* 当前表长,即非零元素的个数 */
}TriTupleTable;                   /* 稀疏矩阵类型 */
```

图 5.6(a)所示的稀疏矩阵 A 的三元组表如图 5.6(b)所示。

(a) 稀疏矩阵 A (b) A 的三元组表 a -> data

图 5.6 稀疏矩阵 A 和它的三元组表 *a

如果考虑到 C 语言中数组下标是从 0 开始的,而矩阵行号、列号一般是从 1 开始的,也可以从数组的 1 号单元开始存放非零元素,而 0 号单元正好用来存放数组的行数、列数和非零元素个数。这时,上述稀疏矩阵的类型定义以及后面的有关运算也需要略作修改。

稀疏矩阵三元组表的基本运算也是读 GET(i,j) 和写 SET(i,j,x),其实现比较简单。只是在写时,三元组表中有可能没有对应元素(该元素原来的值为零),这时需要在三元组表中插入一个元素;若 $x=0$,则要在三元组表中删除对应的元素(如果存在的话),这是因为三元组表不存储零元素。有了读写运算,就可以像访问普通数组那样访问三元组表了。其他运算可以根据使用的需要进行设置,如矩阵的转置、加法、乘法等。下面主要讨论矩阵的转置运算在三元组表上的实现。

矩阵的转置是指它的行列互换。例如,有一个 $m \times n$ 的矩阵 A,则它的转置矩阵 B 是一个 $n \times m$ 的矩阵,且 $A[i][j] = B[j][i]$($0 \leqslant i < m, 0 \leqslant j < n$),即 A 的行是 B 的列,A 的列是 B 的行。图 5.7(a)所示的矩阵 B 和图 5.6(a)所示的矩阵 A 互为转置矩阵。

$$
\boldsymbol{B}_{5\times 4}=
\begin{bmatrix}
0 & 1 & 0 & 6 \\
5 & 0 & -2 & 0 \\
0 & 3 & 0 & 0 \\
0 & 0 & 0 & 0 \\
8 & 0 & 0 & 0
\end{bmatrix}
$$

	i	j	v
0	0	1	1
1	0	3	6
2	1	0	5
⋮	1	2	−2
	2	1	3
b→t−1	4	0	8
⋮			
MaxSize−1			

(a) 稀疏矩阵 **B**   (b) **B** 的三元组表 b→data

图 5.7 稀疏矩阵 **B** 和它的三元组表 *b

利用读运算 GET 和写运算 SET,可以实现稀疏矩阵的转置:

```
for(i = 1;i <= m;i++)
for(j = 1;j <= n;j++)
    B.SET(j,i,A.GET(i,j));
```

这个算法虽然简单,但是效率不高。为了提高效率,可以不通过 GET 和 SET 而直接实现转置运算。

用三元组表表示的稀疏矩阵转置的步骤如下:

第一步:根据 **A** 矩阵的行数、列数和非零元素总数确定 **B** 矩阵的列数、行数和非零元素总数。

第二步:当三元组表非空(**A** 矩阵的非零元素不为 0)时,根据 **A** 矩阵三元组表的结点空间 data(以下简称为三元组表),将 **A** 的三元组表的 a→data 置换为 **B** 的三元组表的 b→data。

如果在转置中简单地将每个三元组的行号和列号互换,则转置后的三元组将不是按行序也不是按列序排列的,这时需要对三元组重新排序。为了降低时间复杂度,显然应该设法避免进行单独的排序运算,这就需要在进行元素行号和列号交换的过程中,顺便按行序排列。具体地说,一般有以下两种方法。

1) 按列序转置,顺序存放

由于 **A** 的列是 **B** 的行,因此,按 a→data 的列序转置,所得到的转置矩阵 **B** 的三元组表 b→data 必定是按行优先存放的。按这种方法设计的算法,其基本思想是:对 **A** 中的每一列 col($0 \leqslant$ col $\leqslant$ a→n−1),通过从头至尾扫描三元组表 a→data,找出所有列号等于 col 的那些三元组,将它们的行号和列号互换后依次放入 b→data 中,即可得到 **B** 的按行优先的压缩存储表示。

例 5.2 一个用三元组表表示的稀疏矩阵的转置(按列序转置,顺序存放)的实例。

```
#include  "stdio.h"
#define MaxSize 10 000              /*非零元素个数的上限,三元组表的容量*/
typedef int DataType;              /*非零元素的类型定义*/
typedef struct{
    int i,j;                       /*非零元素的行号、列号*/
    DataType v;                    /*非零元素的值*/
}TriTupleNode;                     /*三元组结点的类型*/
```

```
typedef struct{
    TriTupleNode data[MaxSize];              /* 三元组表 */
    int m,n;                                 /* 矩阵的行数、列数 */
    int t;                                   /* 当前表长,即非零元素的个数 */
}TriTupleTable;                              /* 稀疏矩阵类型 */

void TransMatrix(TriTupleTable * b,TriTupleTable * a);  /* 函数说明 */
void main()
{
    TriTupleTable * a, * b;
    TriTupleNode  node[MaxSize];             /* 存放三元组表的数组 */
    int num;
    node[0].i = 0;node[0].j = 1;node[0].v = 5;
    node[1].i = 0;node[1].j = 4;node[1].v = 8;
    node[2].i = 1;node[2].j = 0;node[2].v = 1;       转置前矩阵所对应的三元组表,
    node[3].i = 1;node[3].j = 2;node[3].v = 3;       对前面的 B 矩阵按列优先存
    node[4].i = 2;node[4].j = 1;node[4].v = - 2;
    node[5].i = 3;   node[5].j = 0;   node[5].v = 6;

    for(num = 0;num < = 5;num++)
    {a -> data[num].i = node[num].i;                 将三元组表 node[] 复制
    a -> data[num].j = node[num].j;                  到三元组表 a -> data[] 中
    a -> data[num].v = node[num].v;
    }
    a -> m = 4;a -> n = 5;a -> t = 6;    /* 记下三元组表中表示矩阵 a 的行、列和非零元素个数 */
    TransMatrix(b,a);                    /* 函数调用进行转置 */
    for(num = 0;num < b -> t;num++)      /* 输出转置后的三元组表 */
        printf(" % d, % d, % d\n",b -> data[num].i,b -> data[num].j,b -> data[num].v );
}


void TransMatrix(TriTupleTable * b,TriTupleTable * a)
{/* * a, * b 是矩阵 A、B 的三元组表表示,求 A 转置为 B    */
    int pa,pb,col;
    b -> m = a -> n; b -> n = a -> m;            /* A 和 B 的行列总数互换 */
    b -> t = a -> t;                  /* 非零元素总数,转置后矩阵 A 和矩阵 B 的非零元素相等 */
    if(b -> t < = 0)                             /* 判断稀疏矩阵有无非零元素 */
        {printf("A = 0");   exit(0);}            /* A 中无非零元素,退出 */
    pb = 0;                                      /* pb 为 B 中三元组表当前空位置, */
    /* 当在 a -> data[] 中找到非零元素则就放到 pb 所指的 b -> data[pb] 中 */
    for(col = 0;col < a -> n;col++)              /* 对 A 的每一列 */
        for(pa = 0;pa < a -> t;pa++)             /* 扫描 A 的三元组表 */
            if(a -> data[pa].j == col)
            { /* 找列号为 col 的三元组结点,行列号互换 */
                b -> data[pb].i = a -> data[pa].j;
                b -> data[pb].j = a -> data[pa].i;
                b -> data[pb].v = a -> data[pa].v;
                pb++;
            }
}
```

运行结果如下：

```
0,1,1
0,3,6
1,0,5
1,2,-2
2,1,3
4,0,8
```

由于三元组表的元素按行序排列，上述算法在扫描 *A* 的三元组表时，同一列上的非零元素必然是按行号大小的顺序出现的，因此转置后的三元组表中行号相同的元素正好按列号排列，列号相同的元素正好按行号排序。

该算法的时间主要耗费在 col 和 pa 的二重循环上：若 *A* 的列数为 n，非零元素个数为 t，则执行时间为 $O(n \times t)$，即与 *A* 的列数和非零元素个数的乘积成正比。通常用二维数组表示矩阵时，其转置算法的执行时间是 $O(m \times n)$，它与矩阵行数和列数的乘积成正比。由于非零元素个数一般远远大于行数，因此上述稀疏矩阵转置算法的时间耗费大于通常的转置算法的时间耗费。

2）按行序转置，按列索引存放

对于矩阵 *A* 和 *B*，*B* 的行数、列数和非零元素的个数等于 *A* 的列数、行数和非零元素的个数，且 *B* 中的每个非零元素和 *A* 中的非零元素相比，它们的值相同，但行、列号互换。由于三元组表中元素的顺序约定为以行序为主序，即在三元组表 b -> data 中非零元素的排列次序是以它们在三元组表 a -> data 中的列号为主序的。因此转置的主要操作就是要确定 *A* 中的每个非零元素在 *B* 的三元组顺序表中的位序，即分析两个矩阵中值相同的非零元素分别在 a -> data 和 b -> data 中的位序之间的关系。

由此可知，该转置算法的操作步骤为：

（1）求 *A* 矩阵的每一列中非零元素的个数。

（2）确定 *B* 矩阵的每一行中第 1 个非零元素在 b -> data 中的序号。

（3）将 a -> data 中的每个元素依次复制到 b -> data 中相应的位置。

例 5.3　一个用三元组表表示的稀疏矩阵的转置（按行序转置，按列索引存放）的实例。

具体算法如下：

```
void FastTransMatrix(TriTupleTable * a,TriTupleTable * b)
{/** a、*b 是矩阵 A、B 的三元组表表示,将 A 转置为 B*/
    int pa,pb,col;
    int * cpos;    /*位置向量,记 A 数组中每列的第 1 个非零元素在三元组表 b 中的位置*/
    int * cnum;     /*记数向量,记录矩阵 A 中各列上非零元素的个数*/
    b->m=a->n; b->n=a->m;               /*A 和 B 的行列总数互换*/
    b->t=a->t;                          /*非零元素总数*/
    if(a->t<=0)                          /*A 中无非零元素,退出*/
    {
        printf("A 中无非零元素,退出");
        exit(0);
    }
    /*申请空间,以存放 a 每列的第 1 个非零元素在三元组 b 中的存放位置*/
```

```
cpos = malloc(sizeof(int) * ( a->n));
cnum = malloc(sizeof(int) * ( a->n));    /* 申请空间,存放 a 的每列非零元素的个数 */
/* 动态申请辅助空间(不考虑空间不足申请失败的情况) */
for(col = 0;col < a->n;col++)
cnum[col] = 0;                            /* 开始时数组 a 的每列的非零元素个数为 0 */
for(pa = 0;pa < a->t;pa++)                /* 累计每列的非零元素个数 */
{
        col = a->data[pa].j;             /* 将三元组表中元素的列号送入 col 中 */
        cnum[col]++;     /* 用指针变量的下标表示法,记下数组 a 的每列的非零元素个数 */
}
for(col = 0;col < a->n;col++)
        cpos[col] = 0;
for (col = 1; col < a->n; col++)          /* 求 A 中每列第 1 个非零元素在 b->data 中的位置 */
        cpos[col] = cpos[col - 1] + cnum[col - 1];
for(pa = 0;pa < a->t;pa++)                /* 将 a->data 中每个元素依次复制到 b->data 中相应位置 */
{
        col = a->data[pa].j;
        pb = cpos[col];                  /* A 中该列在三元组表 b 中的起始位置 */
        b->data[pb].i = a->data[pa].j;
        b->data[pb].j = a->data[pa].i;
        b->data[pb].v = a->data[pa].v;
        cpos[col]++;                     /* 矩阵 A 中该列下一个元素在 b 中的位置 */
}
free (cpos);    /* 释放辅助数组空间 */
free (cnum);
}
```

运行结果如下:

```
0,1,1
0,3,6
1,0,5
1,2,-2
2,1,3
4,0,8
```

上述算法的时间复杂度为 $O(n+t)$,比前一个效率高得多,故这种转置又称为快速转置。即使对非稀疏矩阵,该算法也有意义,因为当 t 接近 $m \times n$ 时,时间复杂度为 $O(m \times n)$,与不压缩直接转置的算法一样。

实际上,为了方便某些矩阵运算,在按行优先存储的三元组表中,加入一个行表来记录稀疏矩阵中每行的非零元素在三元组表中的起始位置。这就是带行(索引)表的三元组表。这样可以方便地找到某行的第 1 个非零元素以及该行非零元素的个数,其原理与前面建立列索引的方法类似。

三元组表和带行表的三元组表相应的算法描述较为简单,但这类顺序存储方式对于非零元素的位置或个数经常发生变化的矩阵运算就不太适合。例如,执行将矩阵 **B** 加到矩阵 **A** 上的运算时,某位置上的结果可能会由非零值变为零值,但也可能由零值变为非零值,这就会引起在三元组表中进行删除和插入操作,从而导致大量结点的移动。对此类运算采用链式存储结构为宜。稀疏矩阵的链式结构有十字链表等方法,适用于非零元素变化大的场合,比较复杂,限于版面,在此就不讨论了。

5.3 广 义 表

广义表(lists)也称为**列表**,它是线性表的推广。线性表是 $n(n\geqslant0)$ 个元素 $a_1,a_2,\cdots,$ $a_i,\cdots,a_n$ 的有限序列。线性表的元素仅限于原子项,所谓**原子**,指的是结构上不可再分割的一种成分,它可以是一个数,也可以是一个结构。如果放宽对线性表元素的这种限制,允许它们具有其自身独立的类型结构,那么就产生了广义表的概念。

广义表是 $n(n\geqslant0)$ 个元素 $a_1,a_2,\cdots,a_i,\cdots,a_n$ 的有限序列,其中 a_i 可以是原子,也可以是一个广义表。通常,广义表可记做 LS$=(a_1,a_2,\cdots,a_i,\cdots,a_n)$。LS 是广义表的名字,$n$ 为广义表 LS 的**长度**。若 a_i 本身也是广义表,则称它为 LS 的**子表**。不包含任何元素($n=0$)的广义表称为空表。

需要指出的是:

(1) 广义表通常用圆括号括起来,用逗号分隔其中的元素。

(2) 为区分原子和广义表,用大写字母表示广义表,用小写字母表示原子。

(3) 若广义表 LS 非空($n\geqslant1$),则 a_1 称为 LS 的**表头**,其余元素组成的表($a_2,\cdots,a_i,\cdots,$ a_n)称为 LS 的**表尾**。显然,表尾一定是子表,但表头可以是原子,也可以是子表。

(4) 广义表是递归定义的,因为在定义广义表时又用到了广义表的概念。

可见,若不考虑广义表元素内部的结构,广义表 LS 就是一个线性表;反之,线性表就是一个不含子表的广义表。

广义表的**深度**是指该表展开后所含括号的层数。

例 5.4 广义表示例。

(1) $E=()$:E 是一个空表,它既无表头,又无表尾,其长度为 0,深度为 1。

(2) $L=(a,b)$:表头为 a,表尾为 (b),长度为 2,深度为 1,它是一个线性表。

(3) $A=(x,L)=(x,(a,b))$:表头为 x,表尾为 $((a,b))$,长度为 2,深度为 2。

(4) $B=(A,y)=((x,(a,b)),y)$:表头为 A,表尾为 (y),长度为 2,深度为 3。

(5) $C=(A,B)=((x,(a,b)),((x,(a,b)),y))$:表头为 A,表尾为 (B),长度为 2,深度为 4。

(6) $D=(a,D)=(a,(a,(a,(\cdots))))$:表头为 a,表尾为 (D),长度为 2,深度为 ∞。这是一个递归表,展开后,它是一个无限的广义表。

(7) $F=(())$:表头为 $()$,表尾为 $()$,长度为 1,深度为 2。这里,F 的表头和表尾都为空表。

> 需要注意的是,广义表 () 和 (()) 不同。前者是长度为 0 的空表,对其不能做求表头和表尾的运算;而后者是长度为 1 的非空表(只不过该表中唯一的一个元素是空表),对其可以进行分解,得到的表头和表尾均是空表 ()。

　　如果规定任何表都是有名字的,为了既表明每个表的名字,又说明它的组成,则可以在每个表的前面冠以该表的名字,于是上例中的各表又可以写成:

(1) $E()$。

(2) $L(a,b)$。

(3) $A(x,L(a,b))$。

(4) $B(A(x,L(a,b)),y)$。

(5) $C(A(x,L(a,b)),B(A(x,L(a,b)),y))$。

(6) $D(a,D(a,D(\cdots)))$。

(7) $F(())$。

　　广义表还可以用图形来形象地表示,图 5.8 给出了上面几个广义表的图形表示,其中的分支结点对应广义表,非分支结点(叶子)对应原子或者空表。如果与后面将要介绍的树、图等内容联系起来,可以把与树对应的广义表称为**纯表**(pure list),这种表中没有共享和递归的成分,即没有任何成分出现多次,它限制了表中成分的共享和递归,例如图 5.8(a)、图 5.8(b)、图 5.8(c)都是纯表;把与有向无环图对应的表称为**再入表**,这种表存在元素共享,在图中表现为存在结点共享,例如,图 5.8(d)中,子表 A 是共享结点,它既是 C 的一个元素,又是子表 B 的元素;把与有回路的有向图对应的表称为**递归表**,这种表的某个成员内含有广义表自己,例如,图 5.8(e)中,表 D 是其自身的子表。各种表之间的关系满足:

递归表⊃再入表⊃纯表⊃线性表

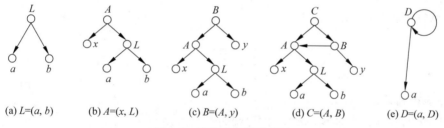

(a) $L=(a,b)$　　(b) $A=(x,L)$　　(c) $B=(A,y)$　　(d) $C=(A,B)$　　(e) $D=(a,D)$

图 5.8　广义表的图形表示

　　由此可见,广义表不仅是线性表的推广,也是树和图的推广。由于广义表的元素可以递归,所以广义表具有很强的表达能力,这是广义表最重要的特性。

　　广义表的基本运算,除包括线性表的基本运算外,还有求深度、取表头、取表尾、遍历等。这些运算中大部分与对应的线形表、树或者图的运算类似,只是取表头和取表尾是广义表特有的运算。

　　在此,只讨论广义表的两个特殊的基本运算:取表头 head(LS)和取表尾 tail(LS)。根据表头、表尾的定义可知:任何一个非空广义表的表头是表中第 1 个元素,它可以是原子,也可以是子表,而其表尾必定是子表。

　　例 5.5　求例 5.4 中广义表 L 和 B 的表头与表尾。

$$\text{head}(L)=a, \quad \text{tail}(L)=(b)$$
$$\text{head}(B)=A, \quad \text{tail}(B)=(y)$$

　　例 5.6　通过取表头 head(LS)和取表尾 tail(LS)运算,从广义表 $A=(x,(a,b),y)$ 中取出原子 b。

分析:在广义表中取某个元素,需要将该元素所在的子表逐步分离出来,直到所求的元素成为某个子表的表头,再用取表头运算取出。值得注意的是,最终取出某个元素时,不能再取表尾,因为它得到的是该元素组成的子表,而不是元素本身。本例题求解的过程为:

(1) 取表尾 tail(A):得到 $B=((a,b),y)$;

(2) 取表头 head(B):得到 $C=(a,b)$;

(3) 取表尾 tail(C):得到 $D=(b)$;

(4) 取表头 head(D):得到 b。

于是,可以得到:head(tail(head(tail(A))))=b。

本 章 小 结

- 多维数组是一种最简单的非线性结构,其存储结构也是比较简单的,大多数程序设计语言采用顺序存储方式表示数组,存放顺序有的采用以行(序)为主(序),有的则采用以列(序)为主(序)。在 C 语言中采用以行(序)为主(序)的存放顺序。

- 由于二维数组与矩阵相对应,因此平时二维数组的使用最为频繁。对于一些特殊的矩阵,采用二维数组表示会浪费存储空间。本章介绍了数组的定义和表示方式,以及特殊矩阵和稀疏矩阵的压缩存储方法及其运算的实现。

- 广义表是线性表的推广,它是一种复杂的非线性结构。本章简要地介绍了广义表的概念和基本运算。

习 题 5

一、基础知识题

1. 给出 C 语言的三维数组地址计算公式。

2. n 阶对称矩阵 A 的下三角元素存储在一维数组 B 中,则 B 包含多少个元素?

3. 设有三对角矩阵 n 阶方阵 $A[1..n][1..n]$,将其三条对角线上的元素逐行地存储到向量 $B[0..3n-3]$ 中,使得 $B[k]=a_{ij}$,求:

(1) 用 i、j 表示 k 的下标变换公式。

(2) 用 k 表示 i、j 的下标变换公式。

4. 设二维数组 $A[5][6]$ 的每个元素占 4 字节,已知 Loc(a_{00})=1000,则 A 共占多少字节?A 的终端结点的起始地址是什么?按行和按列优先存储时,$a[2][5]$ 的起始地址分别是什么?

5. 特殊矩阵和稀疏矩阵哪一种压缩存储后会失去随机存取的功能?为什么?

6. 数组、广义表与线性表之间有什么样的关系?

7. 画出下列广义表的图形表示:

(1) $A(a,B(b,d),C(e,B(b,d),L(f,g)))$

(2) $A(a,B(b,A))$

8. 设广义表 $L=((),())$,试问 head(L)、tail(L)、L 的长度、深度各为多少?

9. 利用广义表的 head 和 tail 运算,把原子 d 分别从下列广义表:
$$L_1 = (((((a),b),d),e)); \quad L_2 = (a,(b,((d)),e))$$
中分离出来。

10. 求下列广义表运算的结果:

(1) head(tail(((a,b),(c,d),(e,f))))

(2) tail(head(((a,b),(c,d),(e,f))))

(3) head(tail(head(((a,b),(e,f)))))

(4) tail(head(tail(((a,b),(e,f)))))

(5) tail(tail(head(((a,b),(e,f)))))

二、算法设计题

1. 编写一个过程,对一个 $n \times n$ 矩阵,通过行变换,使其每行元素的平均值按递增顺序排列。

2. 当稀疏矩阵 A 和 B 均以三元组表作为存储结构时,试写出矩阵相加的算法,其结果存放在三元组表 C 中。

## 第6章

树和二叉树

本章要点

◇ 树的概念与基本操作

◇ 二叉树与二叉树的性质

◇ 二叉树的遍历与线索化

◇ 树和森林

◇ 哈夫曼树及其应用

◇ 树的计数

本章学习目标

◇ 掌握树和二叉树的概念与定义

◇ 掌握二叉树的性质

◇ 掌握二叉树的存储结构以及在该存储结构下各种基本操作的实现

◇ 掌握线索二叉树的基本操作

◇ 掌握树、森林与二叉树之间的转换关系

◇ 掌握哈夫曼树的定义与应用

◇ 了解简单的树的计数问题

树结构是一类重要的非线性结构,是以分支关系定义的层次结构。它非常类似于自然界中的树。树结构在客观世界中大量存在,例如家谱、行政组织机构都可用树结构形象地表示。树在计算机领域中也有着广泛的应用,例如,在操作系统中,通常用树结构来管理文件;在编译程序中,用树来表示源程序的语法结构;在数据库系统中,用树来组织信息;在分析算法的行为时,用树来描述其执行过程。本章重点讨论树结构特别是二叉树的存储结构以及各种操作的实现,并研究树和森林与二叉树之间的转换关系,最后介绍树的应用实例:哈夫曼树、哈夫曼编码和树的计数问题等。

6.1　树的概念与基本操作

6.1.1　树的定义

树(tree)是 $n(n \geqslant 0)$ 个结点的有限集 T,当 $n=0$ 时,称为空树;当 $n>0$ 时,满足以下条件:

(1) 有且仅有一个称为树根(root)的结点;

（2）当 $n>1$ 时，除根结点以外的其余 $n-1$ 个结点可以划分成 $m(m>0)$ 个互不相交的有限集 $T_1,T_2,\cdots,T_m$，其中每个集合本身又是一棵树，称为根的子树（subtree）。

由树的定义可知，树有以下特点：

（1）树中有且仅有一个结点称为树根的结点；

（2）树中各子树是互不相交的集合。

图 6.1 给出了一棵树的示意图。

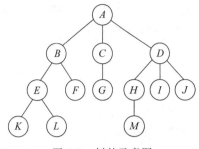

图 6.1 树的示意图

6.1.2 树的一些基本概念

本章将使用以下有关树的术语。

结点（node）——表示树中的元素，包括数据项及若干指向其子树的分支。

结点的度（degree）——结点拥有的子树的数目。在图 6.1 中结点 A 的度为 3，结点 B 的度为 2，结点 M 的度为 0。

叶子（leaf）**结点**——度为 0 的结点称为叶子结点，也称为终端结点。在图 6.1 中，叶子结点有 K、L、F、G、M、I、J。

分支结点——度不为 0 的结点称为分支结点，也称为非终端结点。在图 6.1 中，非终端结点有 A、B、C、D 等。

孩子结点（child）——结点的子树的根称为该结点的孩子结点。在图 6.1 中，结点 A 的孩子结点为 B、C、D，结点 B 的孩子结点为 E、F。

双亲结点（parents）——孩子结点的上层结点称为该结点的双亲结点。在图 6.1 中，结点 I 的双亲结点为 D，结点 L 的双亲结点为 E。

兄弟结点（sibling）——具有同一双亲结点的孩子结点之间互称为兄弟结点。在图 6.1 中，结点 B、C、D 互为兄弟结点，结点 K、L 互为兄弟结点。

树的度——树中最大的结点的度即为树的度。图 6.1 中的树的度为 3。

结点的层次（level）——从根结点算起，根为第 1 层，它的孩子为第 2 层……若某结点在第 i 层，则其孩子结点就在第 $i+1$ 层。在图 6.1 中，结点 A 的层次为 1，结点 M 的层次为 4。

树的高度（depth）——树中结点的最大层次数。图 6.1 中的树的高度为 4。

森林（forest）——$m(m\geqslant0)$ 棵互不相交的树的集合。若将图 6.1 中的根结点 A 删去，树就变成了由三棵树组成的森林。

有序树与无序树——若树中结点的各子树从左至右是有次序的（不能互换），则称该树为**有序树**，否则称该树为**无序树**。

6.1.3 树的基本操作

定义在树 T 上的基本操作有以下几种。

（1）InitTree(T)：初始化操作，置 T 为空树。

（2）Root(T)：求 T 的树根。若 T 是空树，则函数返回值为 NULL。

（3）CreateTree(T)：创建一棵树。

（4）Parent(T,x)：求结点 x 的双亲结点。若结点 x 是树 T 的根结点，则函数返回值为 NULL。

(5) Child(T,x,i)：求树 T 中结点 x 的第 i 个孩子结点。若结点 x 是树 T 的叶子结点或无第 i 个孩子，则函数返回值为 NULL。

(6) InsertChild(Y,i,X)：插入子树。使以结点 X 为根的树为结点 Y 的第 i 棵子树。若原树中无结点 Y 或结点 Y 的子树的个数 $<i-1$，则本操作为空操作。

(7) DeleteChild(x,i)：删除子树。删除结点 x 的第 i 棵子树。若无结点 x 或结点 x 的子树个数 $<i$，则本操作为空操作。

(8) TraverseTree(T)：树的遍历。按某种次序依次访问树中的每个结点，并使每个结点仅被访问一次。

(9) Clear(T)：清除树结构。将树 T 置为空树。

(10) EmptyTree(T)：判断树 T 是否为空。若为空则返回 TRUE，否则返回 FALSE。

6.2　二　叉　树

6.2.1　二叉树的定义和基本操作

二叉树：由 $n(n\geqslant0)$ 个结点的有限集 T 构成，此集合可能为空集，也可能由一个根结点及两棵互不相交的左、右子树组成，并且左、右子树都是二叉树。

> **注意**：二叉树的子树有左、右之分，因此，二叉树是有序树。

由二叉树的定义可知，二叉树有以下特点：

(1) 二叉树中有且仅有一个被称为树根(root)的结点；

(2) 当 $n>1$ 时，每个结点至多有两棵子树(即二叉树中不存在度大于 2 的结点)；

(3) 二叉树的子树有左、右之分，且其次序不能任意颠倒，它是有序树。

根据二叉树的定义可知，二叉树中的每个结点只能含有 0、1 或 2 个孩子，而孩子有左、右之分。通常把位于左边的孩子称为左孩子，位于右边的孩子称为右孩子。因此，二叉树有 5 种基本形态，如图 6.2 所示。

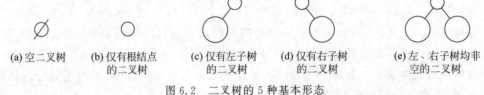

(a) 空二叉树　(b) 仅有根结点　(c) 仅有左子树　(d) 仅有右子树　(e) 左、右子树均非
　　　　　　　的二叉树　　　的二叉树　　　的二叉树　　　　空的二叉树

图 6.2　二叉树的 5 种基本形态

二叉树是一种特殊形式的树，因此前面引入的有关树的术语也都适用于二叉树。下面给出二叉树上的基本操作。

(1) InitBtree(BT)：初始化操作，置 BT 为空二叉树。

(2) Root(BT)：求 BT 的树根。若 BT 是空树，则函数返回值为 NULL。

(3) CreateBTree(BT)：创建一棵二叉树。

(4) Parent(BT,x)：求结点 x 的双亲结点。若结点 x 是二叉树 BT 的根结点，则函数返回值为 NULL。

(5) Lchild(BT, x)：求二叉树 BT 中结点 x 的左孩子结点。若结点 x 是二叉树 BT 的叶子结点,则函数返回值为 NULL。

(6) Rchild(BT, x)：求二叉树 BT 中结点 x 的右孩子结点。若结点 x 是二叉树 BT 的叶子结点,则函数返回值为 NULL。

(7) TraverseBtree(BT)：二叉树的遍历。按某种次序依次访问二叉树中的每个结点,并使每个结点仅被访问一次。

(8) Clear(BT)：清除二叉树结构。将树 BT 置为空树。

(9) EmptyTree(BT)：判断二叉树 BT 是否为空。若为空则返回 TRUE,否则返回 FALSE。

6.2.2　二叉树的性质

二叉树具有下列重要性质：

性质 1　在二叉树的第 i 层上至多有 2^{i-1} 个结点($i \geqslant 1$)。

证明：用归纳法证明。

(1) 当 $i=1$ 时,只有一个根结点,$2^{i-1}=2^0=1$,命题成立。

(2) 假设 $i=k-1$ 时命题成立,即第 $k-1$ 层上至多有 2^{k-2} 个结点。

现在要证明 $i=k$ 时命题也成立。由归纳假设可知,第 $k-1$ 层上至多有 2^{k-2} 个结点。由于二叉树每个结点的度最大为 2,故在第 k 层上最大结点数为第 $k-1$ 层上最大结点数的 2 倍,即为 $2 \times 2^{k-2}=2^{k-1}$,说明 $i=k$ 时命题也成立。

由(1)、(2)两步,命题得证。

性质 2　深度为 k 的二叉树至多有 2^k-1 个结点($k \geqslant 1$)。

证明：由性质 1 可知,深度为 k 的二叉树的最大结点数是：

$$\sum_{i=1}^{k} 第 i 层上的最大结点个数 = \sum_{i=1}^{k} 2^{i-1} = 2^k - 1$$

故结论成立。

性质 3　对任意一棵二叉树 BT,如果其叶子结点数为 n_0,度为 2 的结点数为 n_2,则 $n_0 = n_2 + 1$。

证明：设二叉树 BT 中度为 1 的结点数为 n_1,因为二叉树中所有结点的度均小于或等于 2,所以二叉树 BT 的结点总数为：

$$n = n_0 + n_1 + n_2 \tag{6.1}$$

另一方面,在二叉树中,度为 1 的结点有 1 个孩子,度为 2 的结点有 2 个孩子,故二叉树中孩子结点的总数为 $n_1 + 2n_2$。由于二叉树中只有根结点不是任何结点的孩子,因此,二叉树中的结点总数又可以表示为：

$$n = n_1 + 2n_2 + 1 \tag{6.2}$$

将式(6.1)与式(6.2)合并,整理后可得：

$$n_0 = n_2 + 1 \tag{6.3}$$

故结论成立。

为方便对性质 4 的讨论,首先介绍两类特殊形态的二叉树。

满二叉树：一棵深度为 k 且有 2^k-1 个结点的二叉树称为**满二叉树**。满二叉树的特点是：每一层上的结点数都具有最大结点数。图 6.3(a)所示的二叉树即为满二叉树。

完全二叉树：深度为 k，有 n 个结点的二叉树当且仅当其每个结点都与深度为 k 的满二叉树中编号为 $1\sim n$ 的结点一一对应时，称为**完全二叉树**。完全二叉树的特点是：叶子结点只可能在层次最大的两层上出现，对任一结点，若其右分支下子孙的最大层次为 p，则其左分支下子孙的最大层次必为 p 或 $p+1$。图 6.3(b)所示的二叉树即为完全二叉树。满二叉树必为完全二叉树，而完全二叉树不一定是满二叉树。完全二叉树在很多场合都会被使用，下面就介绍有关完全二叉树的两个重要特性。

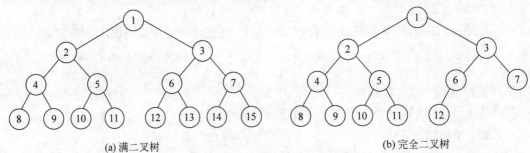

图 6.3　满二叉树与完全二叉树

性质 4　具有 n 个结点的完全二叉树的深度为 $\lfloor \log_2 n \rfloor +1$。（符号 $\lfloor x \rfloor$ 表示不大于 x 的最大整数。）

证明：假设具有 n 个结点的完全二叉树的深度为 k，根据性质 2 可知，$k-1$ 层满二叉树的结点总数为 $2^{k-1}-1$，而 k 层满二叉树的结点总数为 2^k-1，根据完全二叉树的定义可以得到：

$$2^{k-1}-1 < n \leqslant 2^k-1$$

于是有

$$2^{k-1} \leqslant n < 2^k$$

对上式取对数，得到 $k-1 \leqslant \log_2 n < k$。因为 k 是整数，所以有 $k-1 = \lfloor \log_2 n \rfloor$，即

$$k = \lfloor \log_2 n \rfloor +1$$

性质 5　对于具有 n 个结点的完全二叉树，如果对其结点按层次编号，则对任一结点 $i(1 \leqslant i \leqslant n)$，有：

(1) 如果 $i=1$，则结点 i 是二叉树的根，无双亲；如果 $i>1$，则其双亲是 $\lfloor i/2 \rfloor$。

(2) 如果 $2i>n$，则结点 i 无左孩子；如果 $2i \leqslant n$，则其左孩子是 $2i$。

(3) 如果 $2i+1>n$，则结点 i 无右孩子；如果 $2i+1 \leqslant n$，则其右孩子是 $2i+1$。

6.2.3　二叉树的存储结构

二叉树作为一种数据结构，与线性表、堆栈等数据结构一样，既可以采用顺序存储结构，也可以采用链式存储结构。

1. 顺序存储结构

顺序存储结构是用一组连续的存储单元来存储二叉树的数据元素。因此，必须把二叉树的所有结点安排成为一个恰当的序列，结点在这个序列中的相互位置能反映出结点之间的逻辑关系。对于完全二叉树，根据性质 5 可知其结点的编号恰好可以反映出它们之间的逻辑关系。

例如,对于普通二叉树(如图 6.4(a)所示),为了能够反映结点之间的逻辑关系,必须将它"修补"成完全二叉树;对于完全二叉树(如图 6.3(b)所示),可以开辟长度为 12 的数组,对 12 个数据元素进行存储。原二叉树中空缺的结点在数组中的相应单元必须置空。由于完全二叉树中编号为 i 的结点恰好存放在数组的第 i 号单元中,那么它的左孩子应该在 $2i$ 号单元,右孩子在 $2i+1$ 单元中,因此能够反映各结点之间的逻辑关系。而对于原二叉树来说,空缺的结点也必须占用相应存储空间,这就造成了存储空间的浪费。这是顺序存储结构的最大缺点。

2. 链式存储结构

由二叉树的定义可知,二叉树的结点应由一个数据元素和分别指向其左、右子树的各个分支构成,因此表示二叉树的链表中的结点应该包含 3 个域:数据域和指向左、右子树的指针域。二叉树的这种存储结构称为二叉链表。链表的头指针指向二叉树的根结点。二叉链表的结点结构如图 6.5(a)所示。使用链式存储结构来存储二叉树比使用顺序存储结构来存储二叉树更为方便,也更容易反映结点之间的逻辑关系。

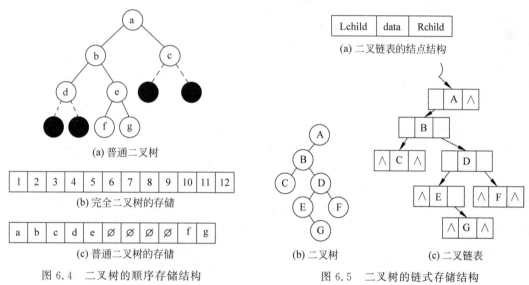

(a) 普通二叉树

(b) 完全二叉树的存储

(c) 普通二叉树的存储

图 6.4　二叉树的顺序存储结构

(a) 二叉链表的结点结构

(b) 二叉树

(c) 二叉链表

图 6.5　二叉树的链式存储结构

6.3　二叉树的遍历与线索化

6.3.1　二叉树的遍历

在二叉树的一些应用中,常常要求在树中查找具有某种特征的结点,或者对树中全部结点逐一进行某种处理。这就引入了遍历二叉树的问题。所谓**二叉树的遍历**,是指按某条搜索路径访问树中的每一个结点,使得每个结点均被访问一次,而且仅被访问一次。访问的含义很广,可以是对结点进行各种操作,如打印结点的值或对结点信息进行其他计算。遍历对线性结构是容易解决的,但由于二叉树是非线性结构,因此需要寻找一种规律,以便使二叉树上的结点能以一定的次序排列在一个线性队列上,从而便于操作。现在来分析一下二叉树中结点的基本组成部分。二叉树的基本结构是由根结点和左、右子树 3 个基本单元组成的,因此若能依次遍历这三部分,就可以遍历整个二叉树。如果用 L、D、R 分别表示遍历左子树、访问根结点、遍历右子树,则可有 DLR、LDR、LRD、DRL、RDL、RLD 6 种遍历二叉树的方式。为了方便起见,若限定按先左后右的顺序,那么只剩下 DLR、LDR、LRD 3 种情况,分别称为先根遍历(或先序遍历)、中根遍历(或中序遍历)和后根遍历(或后序遍历)。由于遍历左、右子树的子问题和遍历整棵二叉树的原问题具有相同的特征属性,因此,可得 3 种遍历的递归算法如下。

1) 先根遍历二叉树

若二叉树为空,则空操作;否则依次执行以下 3 个操作:

(1) 访问根结点;

(2) 先根遍历左子树;

(3) 先根遍历右子树。

2) 中根遍历二叉树

若二叉树为空,则空操作;否则依次执行以下 3 个操作:

(1) 中根遍历左子树;

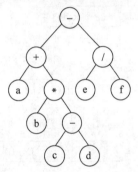

图 6.6　算术表达式的二叉树表示

(2) 访问根结点;

(3) 中根遍历右子树。

3) 后根遍历二叉树

若二叉树为空,则空操作;否则依次执行以下 3 个操作:

(1) 后根遍历左子树;

(2) 后根遍历右子树;

(3) 访问根结点。

根据以上 3 种遍历算法,可得图 6.6 所示的二叉树的 3 种遍历序列。

先根遍历:　　　　　 $-+a*b-cd/ef$

中根遍历:　　　　　 $a+b*c-d-e/f$

后根遍历:　　　　　 $abcd-*+ef/-$

中根遍历的次序恰好是一个算术表达式。其实最早提出遍历问题就是要对存储在计算机中的表达式求值。对表达式用二叉树来表示即得到图 6.6 所示的形式,当对这种二叉树进行先根、中根、后根遍历时,得到以上 3 个遍历序列,分别称为表达式的前缀表示(波兰式)、中缀表示和后缀表示(逆波兰式)。下面我们以二叉链表作为存储结构来讨论二叉树的遍历算法,首先给出二叉树在二叉链表存储结构下的数据类型定义:

```
typedef struct Node
{
    datatype   data;
    struct Node * Lchild;
    struct Node * Rchild;
} BTnode, * Btree;
```

根据以上定义给出以下几种递归的遍历算法。

1. 先根遍历算法

```
void preorder(Btree root)
{
  if(root!= NULL)
  {
     Visit(root - > data);
     preorder(root - > Lchild);
     preorder(root - > Rchild);
     }
  }
```

2. 中根遍历算法

```
void   InOrder(Btree root)
{
  if(root!= NULL)
    {
       InOrder(root - > Lchild);
       Visit(root - > data);
       InOrder(root - > Rchild);
     }
  }
```

3. 后根遍历算法

```
void   PostOrder(Btree root)
{
  if(root!= NULL)
    {
       PostOrder(root - > Lchild);
       PostOrder(root - > Rchild);
       Visit(root  - > data);
     }
  }
```

从上述算法可以看出,这 3 种遍历算法的不同之处仅在于访问根结点和遍历左、右子树的先后顺序不同。如果将算法中的 Visit 函数删除,则 3 个遍历算法完全相同。由于 Visit 函数与递归无关,因此从递归执行过程的角度来看,先根遍历、中根遍历、后根遍历是相同的,只要弄清一种遍历算法即可。下面以中根遍历为例说明二叉树遍历的递归执行过程。如图 6.7 所示,当进行中序遍历时,p 指针首先指向 A 结点。按照中序遍历的规则,先要遍历 A 的左子树。此时递归进层,p 指针指向 B 结点,进一步递归进层到 B 的左子树根。此时由于 p 指针等于 NULL,对 B 的左子树的遍历结束,递归退层到 B 结点。访问 B 结点后递归进层到 B 的右子树。此时 p 指针指向 D 结点。

进一步进层到 D 的左子树,由于 D 没有左子树,退层到 D 结点。访问 D 后进层到 D 的右子树,由于 D 没有右子树,又退层到 D 结点,此时完成了对 D 结点的遍历,退层到 B 结点。此时对 B 结点的遍历完成,递归退层到 A 结点,访问 A 结点后又进层到 A 的右子树。

此时 p 指针指向 C 结点。同样,按照中序遍历的

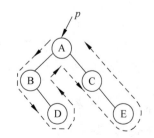

图 6.7 中序遍历二叉树时的搜索路线

规则,应该递归进层到 C 的左子树,此时 p 指针为 NULL,退层到 C 结点,访问 C 结点后又递归到 C 的右子树。此时 p 指针指向 E 结点,进一步进层到 E 的左子树。因为 p 等于 NULL,所以退层到 E,访问 E 结点后,进层到 E 的右子树。由于 p 等于 NULL,又退层到 E,完成对 E 结点的遍历,进一步退层到 C 结点,完成对 C 的遍历。最后退层到 A。至此完成了对整个二叉树的遍历。

> **提示**:利用二叉树的遍历算法可以实现二叉树的创建过程,在6.3.3节中给出了已知二叉树先根遍历次序的情况下创建一棵二叉树的算法。

4. 中序遍历二叉树的非递归算法

在遍历的过程中要用栈来保存遍历中经过的路径。

```
void inorder(Btree root)
{ Btree q;                                    /* 工作指针 */
   int top,bb;                                /* 栈顶指针 top */
   Btnode s[max];                             /* 数组的每个元素是链表结点,s 当作栈 */
   top = 0;                                   /* 栈初始化 */
   q = root;                                  /* 工作指针赋初值 */
   bb = 0;                                    /* 在操作过程中,当栈空或栈满时为 1 */
   While(bb!= 1)                              /* 用栈来保存遍历中经过的路径 */
{ if(q!= NULL)
     {top = top + 1;
      if(top > max)
        { bb = 1;   printf("栈满了"); }
      else                                    /* 入栈 */
        {s[top] = q;   q = q -> Lchild; }
     }
   else                                       /* 出栈,遍历结点 */
     if(top == 0)                             /* 当 top 为 0 时,说明这棵树遍历完了 */
       bb = 1;
     else
       {q = s[top];                           /* 出栈,栈顶元素赋给 q */
        top = top - 1;
        printf("访问 q -> data");              /* 访问出栈的根结点 */
        q = q -> Rchild;                      /* 搜索右子树 */
       }
   }
  }
}
```

6.3.2 线索二叉树

遍历二叉树是将非线性结构的二叉树以一定规律线性化的过程。当以二叉链表作为存储结构时,只能找到结点左、右孩子的信息,而不能得到结点在任一遍历序列下的前趋与后继信息,这种信息只有在遍历的动态过程中才能得到。为了能保存所需的信息,可在二叉链表的存储结构的基础上增加标志域。我们知道,在有 n 个结点的二叉链表中共有 $2n$ 个指针域,但只有 $n-1$ 个指针域用来存放左、右孩子的指针,而其余 $n+1$ 个指针域均为空。因此,可以利用剩余的 $n+1$ 个空指针域来存放遍历过程中结点的前趋和后继的指针,这种附加的指针称为"**线索**",加上了线索的二叉链表称为**线索链表**,相应的二叉树称为**线索二叉树**。

现做如下规定:若结点有左子树,则其 Lchild 域指向其左孩子,否则 Lchild 域指向其前趋结点；若结点有右子树，则其 Rchild 域指向其右孩子，否则 Rchild 域指向其后继结点。为了区分结点的指针域是指向其孩子的指针，还是指向其前趋或后继的线索，可在二叉链表的结点中再增设两个标志域，如图 6.8 所示。

Lchild	Ltag	Data	Rtag	Rchild

图 6.8　在二叉链表的结点中增设两个标志域

其中：

$$Ltag = \begin{cases} 0 & \text{Lchild 域指示结点的左孩子} \\ 1 & \text{Lchild 域指示结点的遍历前趋} \end{cases}$$

$$Rtag = \begin{cases} 0 & \text{Rchild 域指示结点的右孩子} \\ 1 & \text{Rchild 域指示结点的遍历后继} \end{cases}$$

线索二叉树的数据类型定义应为：

```
typedef struct Node
{
    datatype  data;
    struct Node * Lchild;
    struct Node * Rchild;
    int Ltag, Rtag;
} ThreadTnode, * ThreadTtree;
```

对二叉树以某种次序进行遍历并且加上线索的过程叫作**线索化**。线索化实质上是在二叉链表中的空链域中填上相应结点在一定遍历次序下的前趋或后继的地址，而前趋和后继的地址只能在动态的遍历过程中才能得到。因此线索化的过程就是在遍历过程中修改空链域的过程。对二叉树按照不同的遍历次序进行线索化，可以得到不同的线索二叉树。这里重点介绍中根遍历线索化的算法。

```
void Inthread (ThreadTtree root)
{
  if (root != NULL)
  { Inthread(root -> Lchild);
    if (root -> Lchild == NULL)
    {
      root -> Ltag = 1; root -> Lchild = pre;
    }
    if (pre != NULL && pre -> Rchild == NULL)
    {
      pre -> Rchild = root;
      pre -> Rtag = 1;
    }
  pre = root;
  Inthread(root -> Rchild);
  }
}
```

对于同一棵二叉树，遍历的方法不同，得到的线索二叉树也不同。图 6.9(b) 给出了图 6.9(a) 所示的二叉树中根遍历下线索二叉树的前趋和后继指针的指向。

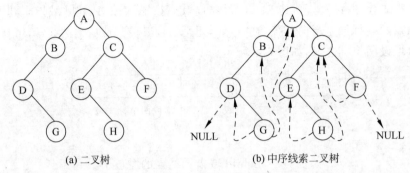

图 6.9 线索二叉树

6.3.3 基于遍历的应用与线索二叉树的应用

二叉树的遍历是对二叉树进行各种运算的一个重要基础,对结点进行访问(程序中的Visit 函数)可理解为各种对二叉树中结点进行的操作。因此,只要将二叉树的 3 种遍历算法中的 Visit 函数具体化,就产生了基于二叉树的不同应用。下面就进行具体说明。

1. 输出二叉树中的结点

前根遍历的算法实现如下:

```
void paintnode (Btree root)
{
  if (root!= NULL)
  {
    printf (root -> data);
    paintnode (root -> Lchild);
    paintnode (root -> Rchild);
  }
}
```

> 提示:遍历算法将走遍二叉树中的每个结点,输出二叉树中的结点时并无次序要求,因此可用 3 种遍历中的任何一种算法完成。请读者自行编写程序,完成在其他遍历次序下结点的输出。

2. 输出二叉树中的叶子结点

输出二叉树中的叶子结点的要求与输出二叉树中的结点相比,是一个有条件的输出问题,条件是在遍历过程中走到每个结点时需进行测试,看是否满足叶子结点的条件,故只需要将上述算法中的 printf (root -> data)语句加上相应的条件即可。算法如下:

```
void paintleaf (Btree root)
{
  if (root!= NULL)
  {
    if (root -> Lchild == NULL && root -> Rchild == NULL)
    printf (root -> data);
    paintleaf (root -> Lchild);
    paintleaf (root -> Rchild);
  }
}
```

> **思考**：输出二叉树中叶子结点的算法是否也可以用其他遍历次序来实现？

3. 统计叶子结点数目

由于叶子结点应该出现在二叉树的末端，因此给出后根遍历顺序下统计叶子结点数目的实现算法：

```
void leafcount(Btree root)
{
  if(root!= NULL)
  {
    leafcount(root -> Lchild);
    leafcount(root -> Rchild);
    if (root -> Lchild == NULL && root -> Rchild == NULL)
    count++;
  }
}
```

> **提示**：count 为全局变量，在主函数中定义。
> **思考**：统计叶子结点的算法是否也可以用其他遍历次序来实现？

4. 建立二叉树

给定一棵二叉树，就可以得到它的遍历序列；相反，给定一棵二叉树的遍历序列，也可以创建相应的二叉树的二叉链表。

下面考虑已知二叉树先根遍历序列的情况：要求用户给出二叉树在考虑了空子树后的遍历序列，即空子树必须用特定符号代替，而在通常的遍历序列中是忽略空子树的。例如，图 6.9(a)中二叉树的先根遍历序列为 ABDGCEHF，而考虑空子树后的先根遍历序列应为 ABD.G..CE.H..F..，其中"."代表空子树，即所有叶子均用空子树代替。

如果已知二叉树考虑了空子树后的遍历序列，那么建立这棵二叉树的算法如下（假定 datatype 类型为 char）：

```
void CreateBtree(Btree bt)
{
  char ch;
  ch = getchar();
  if(ch == '.')
  bt = NULL;
      else
      {
       bt = (Btree)malLoc(sizeof(BTnode));
       bt -> data = ch;
       CreateBTree(bt -> Lchild);
       CreateBTree(bt -> Rchild);
      }
}
```

5. 求二叉树的高度

采用递归的方法定义二叉树的高度：

(1) 若二叉树为空，则高度为 0；

(2) 若二叉树非空，则高度应为其左、右子树高度的最大值加 1。

二叉树的高度(深度)为二叉树中结点层次的最大值,即结点的层次自根结点起递推。设根结点为第 1 层的结点,所有 h 层的结点的左、右孩子结点在 $h+1$ 层,则可以通过后根遍历计算二叉树中的每个结点的层次,其中最大值即为二叉树的高度。下面给出后根遍历求二叉树的高度递归算法:

```
int TreeDepth(Btree bt)
{
  int hl,hr,max;
  if(bt!= NULL)
  {
     hl = TreeDepth(bt -> Lchild);
     hr = TreeDepth(bt -> Rchild);
     max = (hl,hr);                    /*求得左右子树高度的最大者*/
     return(max + 1);
  }
     else return(0);
}
```

6. 在中根遍历的线索树中查找前趋结点

前面已经介绍了中根遍历线索化的算法,从算法可知:对于二叉树中任意结点 p,若要找其前趋结点,当 $p \rightarrow$ Ltag=1 时,$p \rightarrow$ Lchild 即为 p 的前趋结点;当 $p \rightarrow$ Ltag=0 时,说明 p 有左子树,此时 p 的中根遍历下的前趋结点即为其左子树右链下的最后一个结点。因此,其查找算法如下:

```
void Previous(ThreadTnode * p, ThreadTnode * pre)
{ ThreadTnode * q;
if(p -> Ltag == 1) pre = p -> Lchild;
else
{
   for(q = p -> Lchild;q -> Rtag == 0;q = q -> Rchild);
   pre = q;
}
}
```

7. 在中根遍历的线索树中查找后继结点

对于二叉树中任意结点 p,若要找其后继结点,当 $p \rightarrow$ Rtag=1 时,$p \rightarrow$ Rchild 即为 p 的后继结点;当 $p \rightarrow$ Rtag=0 时,说明 p 有右子树,此时 p 的中根遍历下的后继结点即为其右子树左链下的最后一个结点。因此,其查找算法如下:

```
void Succedent(ThreadTnode * p, ThreadTnode * succ)
{ ThreadTnode * q;
  if (p -> Rtag == 1)
  succ = p -> RChild;
   else
{
    for(q = p -> RChild; q -> Ltag == 0;q = q -> LChild );
    succ = q;
}
}
```

思考:在其他遍历次序下的线索二叉树中如何找到结点的前趋和后继呢?

8. 建立一棵中序线索树的非递归算法

此算法实际上是在建好的二叉链表结构上穿线,即在中序遍历的算法中,访问根结点的同时,将空链域逐个用线索代替。在穿线过程中要用栈来保存遍历中经过的路径,才能访问到二叉树中的每一个结点。

```
ThreadTtree tbtree(ThreadTtree t)           /* t 是二叉链表的表头指针 */
  { ThreadTtree s[max],p,pr;                /* s 是指针数组,是栈 */
    int top;                                /* top 是栈顶指针 */
    pr = Null;                              /* 初始化指针 pr, pr 是 p 的前趋指针 */
    top = 0;                                /* 初始化栈顶指针 top */
    p = t;                                  /* p 为工作指针,开始时指向根 */
    while(p!= Null || top!= 0)
      {while(p!= Null)                      /* p 入栈并继续搜索 p 的左子树 */
        {top++;
          s[top] = p;
          p = p -> Lchild;}
    if(top!= 0)                             /* 栈不空,出栈并穿线索,包括左线索和右线索 */
     {p = s[top];                           /* 出栈,放入 p 中,访问 p 结点 */
      top -- ;
      printf(" % c",p -> data);
      if(p -> Lchild == Null)               /* p 无左孩子,p 是刚退栈的结点 */
       {p -> Ltag = 1;                      /* p 的左孩子指向 p 的前趋 */
          p -> Lchild = pr;}
      else
          p -> Ltag = 0;        /* p 有左孩子,修改左标志为 0。这时 p 的左链已指向其左孩子 */
      if(pr!= Null)                         /* 前趋 pr 不为空 */
        if(pr -> Rchild == Null)
          {pr -> Rchild = p;   pr -> Rtag = 1;}
        else
          pr -> Rtag = 0;                   /* pr 有右孩子时令 p 的前趋 pr 的右标志为 0 */
      pr = p;p = p -> Rchild;               /* 修改 pr,继续搜索 p 的右子树 */
     }
   }
    pr -> Rtag = 1;                         /* 最后一个结点无后继 */
}
```

9. 在中序线索树中插入结点作为双亲结点的右孩子(右子树)的算法

设插入结点为 r,插入后作为 p 结点的右子树的根,分以下两种情况。

(1) 原结点 p 没有右子树,这时 p 或无后继,或后继在 p 结点的上层,如图 6.10 所示。

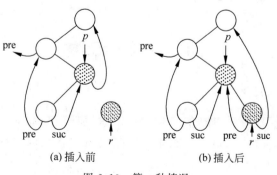

(a) 插入前   (b) 插入后

图 6.10 第一种情况

（2）原结点 p 有右子树，这时插入结点 r 后，要修改 p 结点的链域和 p 的原后继结点 q 的左线索，如图 6.11 所示。在插入前要求出 p 结点的原后继结点 q。算法如下：

```
ThreadTtree tbtree(ThreadTtree p)
/*p是二叉链表中的一个结点指针,插入一个结点r作为结点p右子树的根*/
{ThreadTtree  r,q;                        /*q是结点p的前趋结点的指针*/
  r = (ThreadTtree)malloc(sizeof(ThreadTnode));
  r -> data = '*';
  r -> Rchild = p -> Rchild;
  r -> Rtag = p -> Rtag;
  r -> Lchild = p;                        /*r的左孩子指向前趋*/
  r -> Ltag = 1;
  if(p -> Rtag == 0)                      /*说明p有右孩子*/
   {q = p -> Rchild;                      /*工作指针q指向p的右孩子*/
    while(q -> Ltag == 0)                 /*查找q的最左下的结点*/
      q = q -> Lchild;
    q -> Lchild = r;                      /*修改q的左线索为r*/
   }
  p -> Rchild = r;   /*插入r结点为p结点的右孩子,并修改p结点的右链域和右标志域*/
  p -> Rtag = 0;
}
```

注意：在中序线索树中进行插入操作，插入前与插入后的中序序列要保持相对不变。

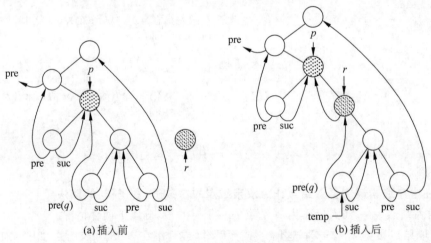

(a) 插入前   (b) 插入后

图 6.11 第二种情况

6.4 树和森林

6.4.1 树的存储结构

前面对二叉树做了比较详细的介绍。尽管二叉树和树、森林是不同的数据结构，但它们之间存在着某些联系。若能找到它们之间的联系，则可以将结构相对复杂的树和森林的问题归结为对二叉树问题的解决。

树作为一种数据结构，既可以采用顺序存储结构，也可以采用链式存储结构。下面介绍树的 3 种常用的表示法。

1. 双亲表示法

这种方法是用一组连续的存储空间（数组）来存储树中的结点，每个数组元素中不但包含结点本身的信息，还保存该结点的双亲结点在数组中的下标号。其结构如图 6.12 所示。

Data	Parent

图 6.12　双亲表示法的结点结构

对于图 6.13(a)所示的树，它的双亲表示法如图 6.13(b)所示。这种存储结构利用了树中每个结点只有一个双亲结点的性质，使得查找某个结点的双亲结点非常容易。但是，在这种存储结构中，求某个结点的孩子结点则很困难。

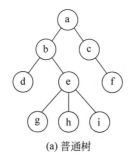

数组下标号	Data	Parent
0	a	−1
1	b	0
2	c	0
3	d	1
4	e	1
5	f	2
6	g	4
7	h	4
8	i	4

(a) 普通树　　　　　(b) 树在双亲表示法下的存储结构

图 6.13　树的双亲表示法

在双亲表示法下，树的数据类型定义如下：

```
#define Maxsize 50
typedef struct Node
{
   DataType data;
   int parent;
}Tnode;
Tnode   Ptree[Maxsize];
```

思考：在双亲表示法下如何求某个结点的孩子结点？

2. 孩子链表表示法

把每个结点的孩子结点排列起来，构成一个单链表，该单链表就是本结点的孩子链表。具有 n 个结点的树就形成了 n 个孩子链表（叶子结点的孩子链表为空表），结点本身的数据

Data	ChildHead

图 6.14　孩子链表表示法的结点结构

和孩子链表的表头指针共同构成一个数据元素，其结构如图 6.14 所示，将 n 个这样的数据元素放在一组连续的存储空间中，就构成了树的存储结构。

图 6.13(a)中的树采用这种存储结构时，其结构如图 6.15 所示。

在孩子链表表示法下，树的数据类型定义如下：

```
#define Maxsize 50
typedef struct ChildNode
{
   int Child;
   struct ChildNode * next;
}ChildNode;
typedef struct
{
```

```
    DataType data;
    ChildNode * ChildHead;
}DataNode;
DataNode Ctree[Maxsize];
```

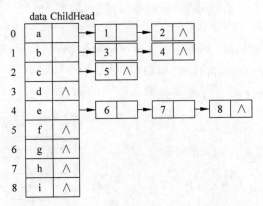

图 6.15 树的孩子链表表示法的存储结构

在这种存储结构下,很容易求得一个结点的孩子结点,但是若要求某结点的双亲结点就很困难。

思考:在孩子表示法下如何求某个结点的双亲结点?

3. 孩子兄弟链表表示法

这种表示法又称为二叉链表表示法,即以二叉链表作为树的存储结构。链表中每个结点设有两个链域,与二叉树的二叉链表表示法所

FirstChild	Data	Nextsibling

图 6.16 孩子兄弟链表表示法的结点结构

不同的是,这两个链域分别指向该结点的第 1 个孩子结点和下一个兄弟(右兄弟)结点,结点结构如图 6.16 所示。

在孩子兄弟链表表示法下,树的数据类型定义如下:

```
typedef struct CSNode
{
    DataType data;
    Struct CSNode * FirstChild, * Nextsibling;
} * CSTree;
```

利用孩子兄弟链表表示法存储图 6.13(a)的树时,其存储结构如图 6.17 所示。

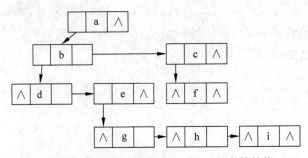

图 6.17 树的孩子兄弟链表表示法的存储结构

在这种存储结构下,便于实现树的各种操作,例如求某结点的第 i 个孩子时,只要先从 FirstChild 域中找到第 1 个孩子结点,然后沿着这个孩子结点的 Nextsibling 域使指针连续向后移动 $i-1$ 次,便可找到该结点的第 i 个孩子。如果在这种结构中为每个结点增设一个 Parent 域,则同样可以方便地实现查找双亲的操作。树的孩子兄弟链表表示法很容易就会使人们联想到二叉树的二叉链表,那么它们之间是否有关联呢?进而,树与二叉树之间是否有关联呢? 通过下面的学习我们将找到答案。

6.4.2　树、森林和二叉树之间的转换

前面我们讨论了树的存储结构和二叉树的存储结构,从中可以看到,树的孩子兄弟链表表示法与二叉树的二叉链表在物理结构上是完全相同的,只是指针域的逻辑含义不同,由此我们想到树和森林与二叉树之间必然有着密切的关系。

先看如图 6.18(a) 所示的树 T,如果采用孩子兄弟表示法对其进行存储,其结构如图 6.18(b) 所示;再看图 6.19(a) 所示的二叉树 BT,若采用二叉链表的方法进行存储,其结构如图 6.19(b) 所示。相比之下,树 T 的孩子兄弟链表和二叉树 BT 的二叉链表完全一样。因此,树 T 和二叉树 BT 之间很容易实现相互转换。

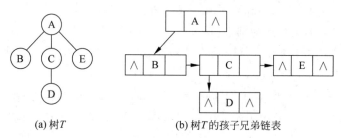

(a) 树T　　(b) 树T的孩子兄弟链表

图 6.18　树与树的存储

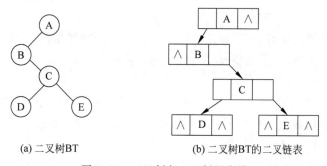

(a) 二叉树BT　　(b) 二叉树BT的二叉链表

图 6.19　二叉树与二叉树的存储

下面介绍树和森林与二叉树之间的相互转换方法。

1. 树转换为二叉树

由于树通常为无序树,树中结点的各孩子的次序是无关紧要的,而二叉树中结点的左、右孩子结点是有区别的。为了避免混淆,我们约定树中每一个结点的孩子结点按从左到右的次序顺序编号,也就是说,把树作为有序树看待。图 6.20 所示的一棵树中,根结点 A 有 3 个孩子 B、C、D,可以认为结点 B 为 A 的第 1 个孩子结点,结点 D 为 A 的第 3 个孩子结点。在这种约定下,将一棵树转化为二叉树的方法如下。

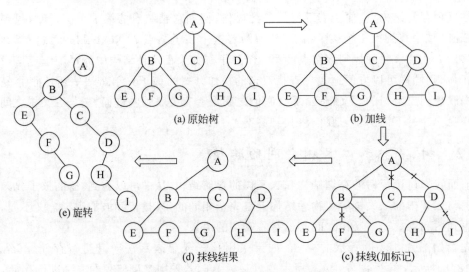

图 6.20　树转换为二叉树的示意图

（1）加线：在树中所有相邻的兄弟之间加一连线。

（2）抹线：对树中每个结点，除了其左孩子外抹去该结点与其余孩子之间的连线。

（3）整理：以树的根结点为轴心，将整树按顺时针旋转 45°。

可以证明，树做这样的转换所构成的二叉树是唯一的。图 6.20 给出了树转换为二叉树的完整过程。

通过转换过程可以看出，树中的任意一个结点都对应于二叉树中的一个结点。树中某结点的第 1 个孩子在二叉树中是相应结点的左孩子，树中某结点的右兄弟结点在二叉树中是相应结点的右孩子。也就是说，在二叉树中，左分支上的各结点在原来的树中是父子关系，而右分支上的各结点在原来的树中是兄弟关系。由于树的根结点没有兄弟，所以转换后的二叉树没有右子树。

由于树与二叉树存在着联系，因此二叉链表的有关处理算法可以很方便地转换为树的孩子兄弟链表的处理算法，只需要改变指针域的名称即可。

2. 森林转换为二叉树

森林是若干棵树的集合。树可以转换为二叉树，森林同样也可以转换为二叉树，因此，森林也可以方便地用孩子兄弟链表表示。森林转换为二叉树的方法如下：

（1）将森林中的每棵树转换成相应的二叉树。

（2）第 1 棵二叉树不动，从第 2 棵二叉树开始，依次把后一棵二叉树的根结点作为前一棵二叉树根结点的右子树，当所有二叉树连在一起后，所得到的二叉树就是由森林转换得到的二叉树。树和森林都可以转换为二叉树，所不同的是树转换成的二叉树，其根结点必然无右孩子，而森林转换后的二叉树，其根结点有右孩子。

图 6.21 给出了森林及其转换为二叉树的过程。

3. 二叉树转换成树

将一棵二叉树还原为树，也要经过加线、抹线和整理 3 个步骤，具体方法如下。

（1）加线：若某结点是其双亲的左孩子，则把该结点右链上所有的结点都与该结点的双亲结点用线连起来。

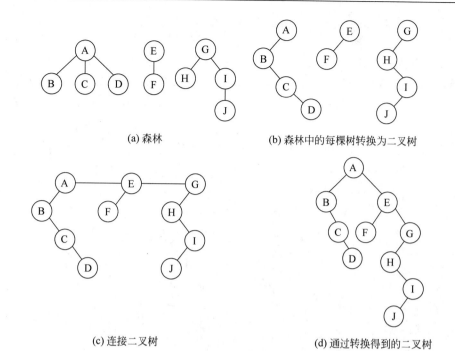

(a) 森林

(b) 森林中的每棵树转换为二叉树

(c) 连接二叉树

(d) 通过转换得到的二叉树

图 6.21 森林转换为二叉树的过程示意图

（2）抹线：删掉原二叉树中所有双亲结点与其左孩子右链上所有结点的连线。

（3）整理：整理由（1）、（2）两步所得到的树。

图 6.22 为一棵二叉树转换为树的过程示意图。

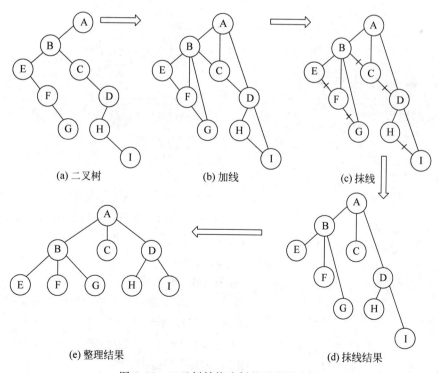

(a) 二叉树

(b) 加线

(c) 抹线

(e) 整理结果

(d) 抹线结果

图 6.22 二叉树转换为树的过程示意图

提示：能够转换成树的二叉树一定没有右子树。

4. 二叉树转换成森林

树转换成的二叉树,其根结点必然无右子树,因此无右孩子的二叉树只能被还原成树,而森林转换后的二叉树,其根结点有右子树,所以有右子树的二叉树将被还原成森林。其具体方法如下:

(1) 将二叉树中根结点与其右孩子连线,并沿右分支搜索到的所有右孩子间连线全部抹掉,使之变成孤立的二叉树。

(2) 将孤立的二叉树还原成树。

图 6.23 给出了将二叉树转换成森林的过程。

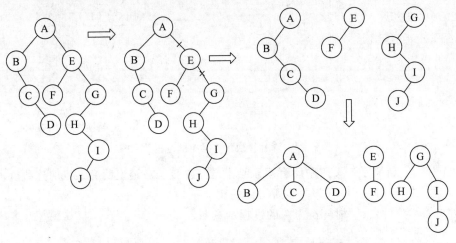

图 6.23　二叉树转换成森林的过程示意图

从这个转换过程可以看到,森林与二叉树的转换过程是可逆过程。

6.4.3　树和森林的遍历

1. 树的遍历

1) 先根遍历

若树非空,则遍历方法为:

(1) 访问根结点;

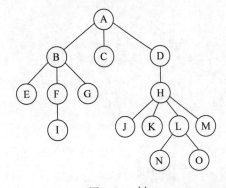

图 6.24　树

(2) 从左到右,依次先根遍历根结点的每一棵子树。

例如,对图 6.24 中的树进行先根遍历的遍历序列为 ABEFIGCDHJKLNOM。

2) 后根遍历

若树非空,则遍历方法为:

(1) 从左到右,依次后根遍历根结点的每一棵子树;

(2) 访问根结点。

例如,对图 6.24 中的树进行后根遍历的遍历序列为 EIFGBCJKNOLMHDA。

3）按层次遍历

若树非空，则遍历方法为：先访问第 1 层上的结点，然后依次遍历第 2 层至第 n 层的结点。例如，对图 6.24 中的树按层次遍历的遍历序列为 ABCDEFGHIJKLMNO。

2. 森林的遍历

1）先根遍历

若森林非空，则遍历方法为：

（1）访问森林中第 1 棵树的根结点；

（2）先根遍历第 1 棵树的根结点的子树森林；

（3）先根遍历除去第 1 棵树之后剩余的树构成的森林。

例如，对图 6.21(a) 中的森林进行先根遍历的遍历序列为 ABCDEFGHIJ。

2）中根遍历

若森林非空，则遍历方法为：

（1）中根遍历森林中第 1 棵树的根结点的子树森林；

（2）访问第 1 棵树的根结点；

（3）中根遍历除去第 1 棵树之后剩余的树构成的森林。

例如，对图 6.21(a) 中的森林进行中根遍历的遍历序列为 BCDAFEHJIG。

3）后根遍历

若森林非空，则遍历方法为：

（1）后根遍历森林中第 1 棵树的根结点的子树森林。

（2）后根遍历除去第 1 棵树之后剩余的树构成的森林。

（3）访问第 1 棵树的根结点。

例如，对图 6.21(a) 中的森林进行后根遍历的遍历序列为 DCBFJIHGEA。

> 提示：对照二叉树与森林之间的转换关系可以发现，森林的先根遍历、中根遍历和后根遍历与其转换得到的二叉树的先根遍历、中根遍历和后根遍历的遍历序列对应相同。而树可以看成只有一棵树的森林，所以树的先根遍历和后根遍历分别与森林的先根遍历和中根遍历的遍历序列对应相同。因此，当用二叉链表作为树和森林的存储结构时，对树和森林的遍历算法也可以采用对应的二叉树的遍历算法。

6.5　哈夫曼树及其应用

6.5.1　与哈夫曼树相关的基本概念

1. 路径和路径长度

路径：从一个结点到另一个结点之间的分支序列。

路径长度：从一个结点到另一个结点所经过的分支数目。

2. 结点的权和带权路径长度

结点的权：在实际应用中，人们常常为树的每个结点赋予一个具有某种实际意义的数值，我们称该数值为这个结点的权。

结点的带权路径长度：从树根到某一结点的路径长度与该结点的权的乘积，叫做该结点的带权路径长度。

3. 树的带权路径长度

树的带权路径长度是指树中所有叶子结点的带权路径长度之和，通常记为：

$$\text{WPL} = \sum_{i=1}^{n} w_i l_i$$

其中：n——叶子结点的个数。

　　w_i——第 i 个叶子结点的权值。

　　l_i——第 i 个叶子结点的路径长度。

给定叶子结点能够构造出不同形态的二叉树，如图 6.25 所示，给定权值分别为 2、4、5、7 的四个叶子结点，构造了三棵不同形态的二叉树（还可能有其他形态的二叉树），三棵二叉树的带权路径长度分别为：

$$\text{WPL}(a) = 4 \times 2 + 7 \times 3 + 5 \times 3 + 2 \times 1 = 46$$
$$\text{WPL}(b) = 7 \times 2 + 5 \times 2 + 2 \times 2 + 4 \times 2 = 36$$
$$\text{WPL}(c) = 7 \times 1 + 5 \times 2 + 2 \times 3 + 4 \times 3 = 35$$

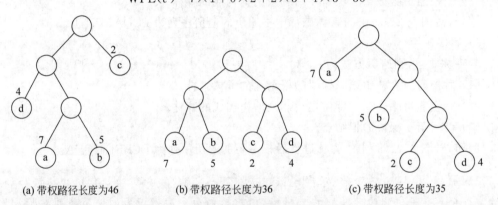

(a) 带权路径长度为46　　　(b) 带权路径长度为36　　　(c) 带权路径长度为35

图 6.25　具有不同带权路径长度的二叉树

由此可见，对于一组有确定权值的叶子结点，所构造出的不同形态二叉树的带权路径长度并不相同。实践证明，在这些二叉树中，带权路径长度最小的二叉树在实际应用中最为广泛，寻找到带权路径长度最小的二叉树就找到了对应问题的最优解决方案，下面就介绍已知一组权值，构造带权路径长度最小二叉树的方法。

4. 哈夫曼树

哈夫曼树：是由 n 个带权叶子结点构成的所有二叉树中带权路径长度 WPL 最小的二叉树。

哈夫曼树又叫最佳判定树。图 6.25(c)所示的二叉树就是一棵哈夫曼树。

5. 构造哈夫曼树的方法——哈夫曼算法

(1) 根据给定的 n 个权值 $\{w_1, w_2, \cdots, w_n\}$ 对应的 n 个结点，构造 n 棵只有根结点的二叉树，n 棵二叉树构成了二叉树的森林 $F = \{F_1, F_2, \cdots, F_n\}$。

(2) 在森林 F 中选取两棵根结点权值最小的二叉树作为左、右子树，构造一棵新的二叉树，置新二叉树根结点权值为其左、右子树根结点权值之和。

（3）从森林 F 中删除被选中的两棵树,同时将新得到的二叉树加入森林 F 中。

（4）重复（2）、（3）两步,直到森林中只含一棵二叉树为止,此时得到的这棵二叉树即为哈夫曼树。

例如,给定权值集合为 $w = \{5, 29, 7, 8, 14, 23, 3, 11\}$,现在使用哈夫曼算法来构造哈夫曼树,过程如图 6.26 所示。

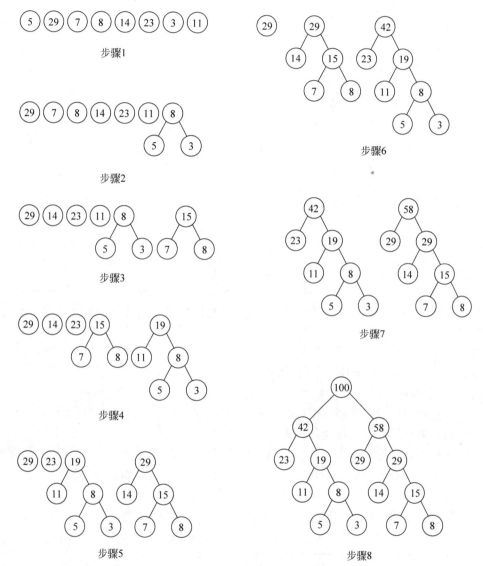

图 6.26 构造哈夫曼树的过程

6.5.2 哈夫曼树的应用

1. 最佳判定树

在解决某些判定问题时,利用哈夫曼树可以得到最佳判定树,从而简化问题的求解过程。例如要编制一个对学生成绩判定等级的程序,这个判定过程可以用图 6.27 所示的各判定树来表示,根据不同的判定树可以编制出不同的程序。如果数据量较大,则要考虑程序的效率。学生成绩的分布呈正态分布,即中等成绩的学生较多,而成绩较好或较差的学生均比较少。设其分布规律如表 6.1 所示。

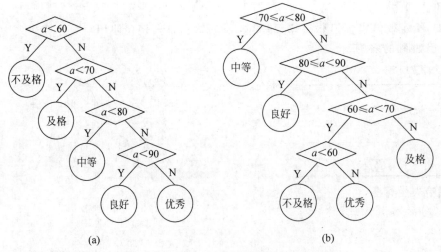

图 6.27　解决分等级问题的各判定树

表 6.1　成绩分布表

分数	0~59	60~69	70~79	80~89	90~100
比例数/%	5	15	40	30	10

若采用图 6.27(a)来进行判断,则 80% 以上的数据要进行 3 次或 3 次以上的比较才能得到结果。

如果以各分数段人数占总人数的比例 5、15、40、30、10 为权值构造哈夫曼树,则可得到图 6.27(b)所示的判定树来进行判断,从而使大部分数据经过较少次数的比较得到结果。

2. 哈夫曼编码

哈夫曼树还被广泛地应用在编码技术中。利用哈夫曼树,可以得到平均长度最短的编码。下面以计算机操作码的优化问题为例来分析说明。

研究操作码的优化问题主要是为了缩短指令字的长度,减少程序的总长度以及增加指令所能表示的操作信息和地址信息。要对操作码进行优化,就要知道每种操作指令在程序中的使用频率。这一般是通过对大量已有的典型程序进行统计得到的。

设有一台模型机,共有 7 种不同的指令,其使用频率如表 6.2 所示。

表 6.2　操作指令及其使用频率

指　　令	使用频率(p_i)/%	指　　令	使用频率(p_i)/%
I_1	40	I_5	4
I_2	30	I_6	3
I_3	15	I_7	3
I_4	5		

计算机内部只能识别二进制代码,所以若采用定长形式来表示操作码,则需要 3 位 ($2^3 = 8$)二进制数。一段程序中若有 n 条指令,那么程序的总位数为 $3n$。为了充分地利用编码信息和减少程序的总位数,考虑采用变长编码。如果对每一条指令指定一条编码,使得

这些编码互不相同且最短,但是如果采用表 6.3 所示的编码形式,机器在解码时将产生歧义,例如对编码串 0010110 可以有多种解码方法:第 1 个 0 可以识别为 I_1,也可以和第 2 个 0 组成的串 00 一起被识别为 I_3,还可以将前三位一起识别为 I_6。

因此,若要设计变长的编码,则这种编码必须满足这样一个条件:任意一个编码不能成为其他任意编码的前缀。我们把满足这个条件的编码叫作**前缀编码**。

表 6.3　编码和对应的指令

指　　令	编　　码	指　　令	编　　码
I_1	0	I_5	000
I_2	1	I_6	001
I_3	00	I_7	010
I_4	01		

利用哈夫曼算法,可以设计出最优的**前缀编码**。首先,以每条指令的使用频率为权值构造哈夫曼树,构造结果如图 6.28 所示。

在构造好的哈夫曼树中规定:向左的分支标记为 1,向右的分支标记为 0。这样,从根结点开始,沿线到达各频度指令对应的叶子结点,所经过的分支代码序列就构成了相应频度指令的哈夫曼编码,结果如表 6.4 所示。可以验证,该编码是前缀编码。若一段程序有 1000 条指令,其中 I_1 大约有 400 条,I_2 大约有 300 条,I_3 大约有 150 条,I_4 大约有 50 条,I_5 大约有 40 条,I_6 大约有 30 条,I_7 大约有 30 条。对于定长编码,该段程序的总位数大约为 $3 \times 1000 = 3000$。采用哈夫曼编码后,该段程序的总位数大约为 $1 \times 400 + 2 \times 300 + 3 \times 150 + 5 \times (50 + 40 + 30 + 30) = 2200$。可见,哈夫曼编码中虽然大部分编码的长度大于定长编码的长度 3,却使得程序的总位数变小了。

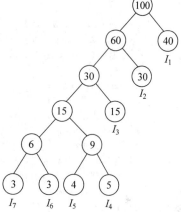

图 6.28　前缀编码

表 6.4　哈夫曼编码

指　　令	编　　码	指　　令	编　　码
I_1	0	I_5	11101
I_2	10	I_6	11110
I_3	110	I_7	11111
I_4	11100		

6.5.3　哈夫曼编码算法的实现

由于哈夫曼树中没有长度为 1 的结点,则一棵有 n 个叶子的哈夫曼树共有 $2n-1$ 个结点,可以用一个大小为 $2n-1$ 的一维数组存放哈夫曼树的各个结点。在哈夫曼树构造好后,为了求得哈夫曼编码需要走一条从根结点出发到叶子结点的路径,则对每个结点既要知道其双亲结点,还要知道其孩子结点的信息,所以一维数组的每个元素包括四个数据项:结点的权值、结点的双亲结点下标号,以及左、右孩子结点下标号。数据类型的定义如下:

```
typedef struct Node
{
    int weight;
    int parent, LChild,RChild;
} HTNode, * HTree;
typedef char * HuffmanCode;
```

创建哈夫曼树并求哈夫曼编码的算法如下：

```
void CreateHTree(HTree ht , HuffmanCode hc,int * w, int n)
{ / * w 存放 n 个权值,构造哈夫曼树 ht,并求出哈夫曼编码 hc * /
    int start;
    m = 2 * n - 1;
    ht = (HTree)malloc((m + 1) * sizeof(HTNode));
    for(i = 1;i < = n;i++)
    ht[i] = { w[i],0,0,0};
    for(i = n + 1;i < = m;i++)ht[i] = {0,0,0,0};        / * 初始化 * /
    for(i = n + 1;i < = m;i++)
    {
        select(ht,i - 1,&s1,&s2);
        / * 在 ht[1]~ht[i - 1]的范围内选择两个 parent 为 0 且 weight 最小的结点,其序号分别赋值
给 s1、s2 返回,select 函数要求在上机调试时补充定义 * /
        ht[s1].parent = i;
        ht[s2].parent = i;
        ht[i].LChild = s1;
        ht[i].RChild = s2;
        ht[i].weight = ht[s1].weight + ht[s2].weight;
    } / * 哈夫曼树建立完毕 * /
/ * 以下程序是从叶子结点到根,逆向求每个叶子结点对应的哈夫曼编码的过程 * /
    hc = (HuffmanCode)malloc((n + 1) * sizeof(char * ));
    cd = (char * )malloc(n * sizeof(char));
    cd[n - 1] = '\0';
    for(i = 1;i < = n;i++)
    {
        start = n - 1;
        for(c = i,p = ht[i].parent; p! = 0; c = p,p = ht[p].parent)
        if(ht[p].LChild == c) cd[ -- start] = '0';
            else cd[ -- start] = '1';
        hc [i] = (char * )malloc((n - start) * sizeof(char));
        strcpy(hc[i],&cd[start]);
    }
        free(cd);
}
```

以上算法中数组 ht 的前 n 个单元存放叶子结点的信息,最后一个单元存放的是根结点。

*6.6 树 的 计 数

在研究树和二叉树时经常会遇到这样的问题：具有 n 个结点的树(或二叉树)有多少种不同的形态？这个问题就称为树的计数问题。掌握了树的计数问题就可以在已知树中结点数的情况下预计树的各种不同的形态。这里只讨论二叉树,树的情况可以由二叉树推广得到。在讨论二叉树的计数问题之前先应明确两个概念：

二叉树 T 和 T' **相似**：这是一个递归定义，指 T 和 T' 都为空或者都不为空，且其左、右子树又分别相似。

二叉树 T 和 T' **等价**：二者不仅相似，而且所有对应结点上的数据元素均相同。

二叉树的计数问题就是讨论具有 n 个结点、互不相似的二叉树的数目 b_n。首先考虑 n 值较小的情况：

$n=0$ 时，$b_0=1$，是空二叉树。

$n=1$ 时，$b_1=1$，是只有一个根结点的二叉树。

$n=2$ 时，$b_2=2$，二叉树形态如图 6.29 所示。

$n=3$ 时，$b_3=5$，二叉树形态如图 6.30 所示。

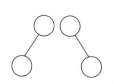

图 6.29　$n=2$ 时的二叉树形态

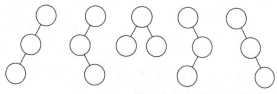

图 6.30　$n=3$ 时的二叉树形态

当 $n>3$ 时，可以推导出一个一般公式。

一般情况下，一棵具有 $n(n>1)$ 个结点的二叉树可以看成是由一个根结点、一棵具有 i 个结点的左子树和一棵具有 $n-i-1$ 个结点的右子树组成，如图 6.31 所示，其中 $0 \leqslant i \leqslant n-1$。由此可得出如下递推公式：

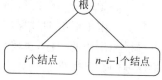

图 6.31　具有 n 个结点的树

$$\begin{cases} b_0=1 \\ b_n=\sum_{i=0}^{n-1} b_i b_{n-i-1} & n \geqslant 1 \end{cases}$$

由上式可知：当 $n=3$ 时，$b_3=b_0 b_2+b_1 b_1+b_2 b_0=5$ 恰好同上面采用观察的方法得到的结果相同。同理可得：当 $n=4$ 时，$b_4=b_0 b_3+b_1 b_2+b_2 b_1+b_3 b_0=14$。

利用生成函数来讨论上面的递推公式，还可以得出以下结论：含有 n 个结点的二叉树共有 $\dfrac{1}{n+1} C_{2n}^n$ 种不同形态。（公式的推导与证明从略。）

还可以从另一个角度来讨论这个问题。从二叉树的遍历已经知道，一棵二叉树的前序遍历和中序遍历下结点的序列是唯一的。反过来，给定结点的前根序列和中根序列，能否确定一棵二叉树呢？ 又是否唯一呢？

由定义，二叉树的前根遍历是先访问根结点 D，其次遍历左子树 L，最后遍历右子树 R。即在结点的前根序列中，第 1 个结点必是根 D；而由于中根遍历是先遍历左子树 L，然后访问根 D，最后遍历右子树 R，则根结点 D 将中根序列分割成两部分：在 D 之前是左子树结点的中根序列，在 D 之后是右子树结点的中根序列。反过来，根据左子树的中根序列中结点的个数，又可将前根序列除根以外的部分分成左子树的前根序列和右子树的前根序列两部分。以此类推，便可递归得到整棵二叉树。

例如：已知结点的前根序列和中根序列分别为：

前根序列：A B D G C E H F

中根序列：ＤＧＢＡＥＨＣＦ

则可按上述分解求得整棵二叉树,如图 6.32 所示。

首先由前根序列得知二叉树的根为 A,则其左子树的中根序列为(ＤＧＢ),右子树的中根序列为(ＥＨＣＦ)。反过来,得知其左子树的前根序列必为(ＢＤＧ),右子树的前根序列为(ＣＥＨＦ)。类似地,可由左子树的前根序列和中根序列构造得 A 的左子树,由右子树的前根序列和中根序列构造得 A 的右子树。

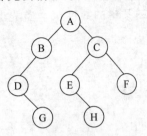

图 6.32　已知前根序列和中根序列
而得到的二叉树

因此可以说,给定一棵二叉树的前根序列和中根序列,可唯一确定一棵二叉树。同理,给定一棵二叉树的后根序列和中根序列也可唯一确定一棵二叉树。但是给定一棵二叉树的前根序列和后根序列或仅仅给定 3 种遍历序列却不能唯一确定一棵二叉树(请读者自己思考这是为什么)。

下面由此结论来推导具有 n 个结点的不同形态的二叉树的数目,假设对二叉树的 n 个结点 $1\sim n$ 加以编号,且令其前序序列为 $1,2,\cdots,n$,则由前面的讨论可知,可以得到不同形态的二叉树。图 6.33 所示的两棵有 8 个结点的二叉树,它们的前根序列都是 12345678,而图 6.33(a)的中根序列为 32465178,图 6.33(b)的中根序列为 23147685。因此,具有 n 个结点的不同形态的二叉树的数目恰好应是前根序列均为 $12\cdots n$ 的二叉树所能得到的中根序列的数目。中根遍历的过程实质上是一个结点进栈和出栈的过程。二叉树的形态确定了其结点进栈和出栈的顺序,也确定了其结点的中根序列。因此由前根序列 $12\cdots n$ 所能得到的中根序列的数目恰好是数列 $12\cdots n$ 按不同顺序进栈和出栈所有可能得到的排列数目之和。这个数目为:

$$C_{2n}^{n}-C_{2n}^{n-1}=\frac{1}{n+1}C_{2n}^{n}$$

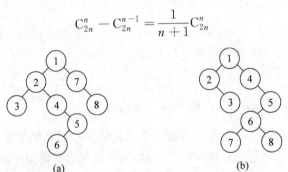

(a)　　　　　　　　　　(b)

图 6.33　前根遍历次序相同而中根遍历次序不同的二叉树

由二叉树的计数可推得树的计数。从"森林与二叉树的转换"中可知一棵树可转换成唯一的一棵没有右子树的二叉树,反之亦然。具有 n 个结点有不同形态的树的数目 t_n 和具有 $n-1$ 个结点互不相似的二叉树的数目相同,即 $t_n=b_{n-1}$。图 6.34 展示了具有 4 个结点的树和具有 3 个结点的二叉树的关系。从图 6.34 中可见,在此讨论树的计数是指有序树,因此图 6.34(c)和图 6.34(d)是两棵有不同形态的树(在无序树中,它们被认为是相同的树)。

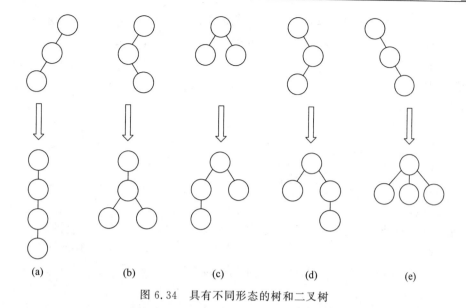

图 6.34 具有不同形态的树和二叉树

本 章 小 结

- 这一章是本书的重点之一,主要介绍了树和二叉树这一类具有层次或者嵌套关系的非线性结构,它们在计算机领域的应用非常广泛,其中又以二叉树最为重要,也最为常用。

- 本章重点介绍了二叉树的概念、主要性质及其存储表示方式,二叉树的遍历方法,线索二叉树的有关概念和运算。同时介绍了树、森林和二叉树之间的转换,树的存储方式,树和森林的遍历方法。最后讨论了哈夫曼树的概念及其应用。

- 读者应该熟悉树和二叉树的定义和相关术语,了解二叉树的性质,熟练掌握二叉树的顺序存储和链式存储的结构。由于遍历二叉树是二叉树中各种运算的基础,因此,读者应能灵活应用各种遍历算法,以便实现二叉树的其他运算。二叉树的线索化,其目的是加速遍历过程和充分利用存储空间,希望读者能熟练掌握在中序线索树中,查找指定结点的中序前趋与后继的方法。

- 读者应该掌握树和二叉树之间的转换方法,以及树的 3 种常用的存储表示方法,并理解树和森林的遍历、哈夫曼树的特性,学习运用哈夫曼算法解决一些实际问题。

习 题 6

一、填空题

1. 深度为 k 的完全二叉树至少有_____个结点,至多有_____个结点。

2. 在一棵二叉树中,度为 0 的结点的个数为 n_0,度为 2 的结点的个数为 n_2,则有 $n_0 =$ _____。

3. 一棵二叉树的第 $i(i \geqslant 1)$ 层最多有_____个结点;一棵有 $n(n > 0)$ 个结点的满二叉树共有_____个叶子结点和_____个非终结结点。

4. 根据树的计数问题的原理,具有 3 个结点的二叉树有_____种不同的形态。

5. 有一棵树如图 6.35 所示,回答下面的问题:

(1) 这棵树的根结点是_____。

(2) 这棵树的叶子结点是_____。

(3) 结点 k_3 的度是_____。

(4) 这棵树的度是_____。

(5) 这棵树的树高是_____。

(6) 结点 k_3 的孩子是_____。

(7) 结点 k_3 的父亲是_____。

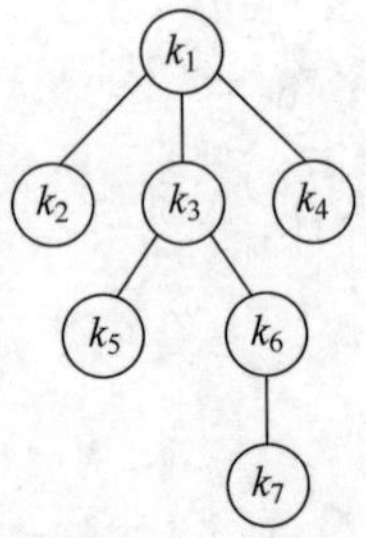

图 6.35　一棵树

二、选择题

1. 设一棵二叉树中,度为 1 的结点数为 9,则该二叉树的叶子结点的数目为(　　)。

　　A. 10　　　　　　B. 11　　　　　　C. 12　　　　　　D. 不确定

2. 设一棵二叉树中,度为 2 的结点数为 9,则该二叉树的叶子结点的数目为(　　)。

　　A. 10　　　　　　B. 11　　　　　　C. 12　　　　　　D. 不确定

3. 某二叉树结点的前序序列为 E、A、C、B、D、G、F,对中根遍历的序列为 A、B、C、D、E、F、G。该二叉树结点的后根遍历的序列为(　　)。

　　A. B、D、C、A、F、G、E　　　　　　B. B、D、C、F、A、G、E

　　C. E、G、F、A、C、D、B　　　　　　D. E、G、A、C、D、F、B

4. 第 3 题中的二叉树所对应的森林中包括(　　)棵树。

　　A. 1　　　　　　B. 2　　　　　　C. 3　　　　　　D. 4

5. 在线索二叉树中,t 所指结点没有左子树的充要条件是(　　)。

　　A. t -> Lchild＝＝NULL

　　B. t -> Ltag＝＝1

　　C. t -> Ltag＝＝1 && t -> Lchild＝＝NULL

　　D. 以上都不对

6. 设高度为 h 的二叉树上只有度为 0 和度为 2 的结点,则此类二叉树中所包含的结点数至少为(　　)。

　　A. $2h$　　　　　　B. $2h+1$　　　　　　C. $2h-1$　　　　　　D. $h+1$

7. 深度为 5 的二叉树至多有(　　)个结点。

　　A. 16　　　　　　B. 32　　　　　　C. 31　　　　　　D. 10

8. 任何一棵二叉树的叶子结点在先根、中根和后根遍历序列中的相对次序(　　)。

　　A. 不发生改变　　B. 发生改变　　C. 不能确定　　D. 以上都不对

9. 对于满二叉树,共有 n 个结点,其中 m 个为叶子结点,深度为 h,则(　　)。

　　A. $n=h+m$　　　B. $2n=h+m$　　　C. $m=h-1$　　　D. $n=2^h-1$

10. 设 n、m 为一棵二叉树上的两个结点,在中根遍历时,n 在 m 之前的条件是(　　)。

　　A. n 在 m 右方　　B. n 是 m 的祖先　　C. n 在 m 左方　　D. n 是 m 的子孙

三、应用题

1. 试找出分别满足下面条件的所有二叉树:

(1) 前根遍历序列和中根遍历序列相同。

（2）中根遍历序列和后根遍历序列相同。

（3）前根遍历序列和后根遍历序列相同。

（4）前根、中根、后根遍历序列均相同。

2. 若二叉树中各结点的值均不相同,则由二叉树的前根遍历序列和中根遍历序列,或由其中根遍历序列和后根遍历序列均能唯一地确定一棵二叉树,但前序序列和后序序列却不一定能唯一地确定一棵二叉树。

（1）已知一棵二叉树的前序序列和中序序列分别为 ABDGHCEFI 和 GDHBAECIF,请画出此二叉树。

（2）已知一棵二叉树的中序序列和后序序列分别为 BDCEAFHG 和 DECBHGFA,请画出此二叉树。

（3）已知一棵二叉树的前序序列和后序序列分别为 AB 和 BA,请画出这两棵不同的二叉树。

3. 以二叉链表为存储结构,写一算法交换各结点的左右子树。

4. 以二叉链表为存储结构,写出求二叉树高度的算法。

5. 以线索二叉链表作为存储结构,分别写出在前根线索树中查找给定结点 $*p$ 的前趋和后继,以及在后根线索树中查找 $*p$ 的前趋和后继的算法。

6. 一棵具有 n 个结点的完全二叉树以顺序方式存储在一维数组 A 中,设计一个算法,构造该二叉树的二叉链表存储结构。

7. 二叉树用二叉链表存储结构且所有结点的值均不相同,其中包含值为 a、b、c 的节点,设计一个算法,判断 a 是否为 b 和 c 的祖先。

8. 给定权值集合：7,19,2,6,32,21,3,10,试画出以权值为叶子结点的哈夫曼树。

9. 画出图 6.36 中的树转换后得到的二叉树。

10. 将图 6.37 中的森林转换为二叉树。

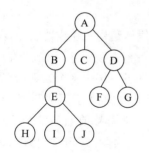

图 6.36　应用题 9 的树

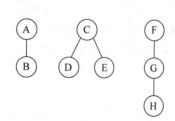

图 6.37　应用题 10 的森林

第7章

图

本章要点

◇ 图结构及图的相关概念

◇ 图的存储方式——邻接矩阵和邻接表

◇ 图的搜索

◇ 生成树与最小生成树

◇ 最短路径

◇ 拓扑排序

本章学习目标

◇ 掌握图的基本概念,包括图、有向图、无向图、完全图、子图、连通图、度、回路等

◇ 掌握图的邻接矩阵和邻接表的生成算法

◇ 掌握图的广度、深度优先搜索算法的实现

◇ 掌握最小生成树算法的实现

◇ 掌握最短路径算法的实现

◇ 掌握拓扑排序的概念及算法实现

◇ 初步学会利用图的知识解决一些实际问题

图(graph)是比线性表和树结构更为复杂的一种非线性结构。在线性表中,数据元素之间仅存在线性关系,每个数据元素只有一个直接前趋和一个直接后继;在树结构中,数据元素之间有着明显的层次关系,且每层上的数据元素可能和下一层中多个元素(孩子)相关联,但只能和上一层中一个元素相关联;而在图形结构中,结点之间的关系可以是任意的,图中任意两个数据元素之间都可能相关,每个结点都可以有多个直接前趋和多个直接后继。图形结构被用于描述各种复杂的数据对象,在计算机科学、语言学、逻辑学、物理、化学、电信、日常生活等许多领域有着极为广泛的应用。

7.1 基 本 概 念

7.1.1 图的定义

一个**图** G 是由两个集合 V 和 E 组成的,V 是有限的非空顶点集,E 是 V 上的顶点对所构成的边集,分别用 $V(G)$ 和 $E(G)$ 来表示图中的顶点集和边集,用二元组 $G=(V,E)$ 来表示图 G。

7.1.2 图的相关术语

1. 有向图

在图 G 中,如果每条边都用箭头指明了方向,则称图 G 为**有向图**。在有向图中,边是有序的,并用尖括号表示边的有向对。图的示例如图 7.1 所示。

图 7.1(b)的 G_2 中的 $<v_1,v_2>$ 表示从 v_1 开始到 v_2 的一条边。若 $<v_i,v_j>$ 是有向图中的一条边,则称 v_i 是**尾**或**初始顶点**,v_j 是**头**或**终端顶点**,且用从尾到头的箭头表示,故有向边 $<v_i,v_j>$ 和 $<v_j,v_i>$ 是不同的边。有向边也称为**弧**。

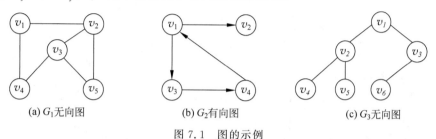

(a) G_1无向图　　　　(b) G_2有向图　　　　(c) G_3无向图

图 7.1　图的示例

在图 7.1(b)的示例中:

$$V(G_2) = \{v_1,v_2,v_3,v_4\}$$
$$E(G_2) = \{<v_1,v_2>,<v_1,v_3>,<v_3,v_4>,<v_4,v_1>\}$$

图 7.1(c)中的 G_3 是一棵树,而 G_1、G_2 都不是树,所以树是图的一种特殊情况。

2. 无向图

在图 G 中,如果每条边都没有方向,则称图 G 为**无向图**。在无向图中,边是无序的,并用圆括号表示边的顶点对,故无向图中的边 (v_i,v_j) 和 (v_j,v_i) 表示同一条边。

在图 7.1(a)的示例中:

$$V(G_1) = \{v_1,v_2,v_3,v_4,v_5\}$$
$$E(G_1) = \{(v_1,v_2),(v_1,v_4),(v_2,v_3),(v_2,v_5),(v_3,v_5),(v_3,v_4)\}$$

> **注意**:如果 (v_i,v_j) 或 $<v_i,v_j>$ 是 $E(G)$ 中的一条边,则要求 $v_i \neq v_j$。

3. 无向完全图

具有 n 个顶点的无向图,如果任意两个顶点间都有一条直接边相连,则称其为**无向完全图**。

可以证明,含有 n 个顶点的无向完全图,有 $n(n-1)/2$ 条边。

4. 有向完全图

具有 n 个顶点的有向图,如果任意两个顶点间都有方向互为相反的两条边相连,则称该图为**有向完全图**。

在具有 n 个顶点的有向完全图中,边的最大数目是 $n(n-1)$(因为每个顶点均和其他 $n-1$ 个顶点有边相连)。

5. 子图

设有两个图 $G=(V,E)$ 和 $G_1=(V_1,E_1)$,且满足条件:V_1 是 V 的子集,E_1 是 E 的子

集,则称 G_1 为 G 的**子图**。图 7.2 所示为一个无向图及其两个子图的示例。

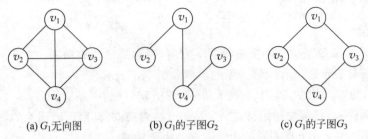

(a) G_1无向图 　　　　　　(b) G_1的子图G_2 　　　　　　(c) G_1的子图G_3

图 7.2　无向图 G_1 和它的两个子图 G_2、G_3

6. 路径、路径长度、简单路径和简单回路

在图 G 中从顶点 v_p 到顶点 v_q 的一条**路径**是顶点序列$(v_p,v_{i1},v_{i2},\cdots,v_{in},v_q)$,且 $(v_p,v_{i1}),\cdots,(v_{in},v_q)$ 属于 $E(G)$。

若 G 是有向图,则路径也是有向的,由 $E(G)$ 中的边 $<v_p,v_{i1}>$、$<v_{i1},v_{i2}>$、$\cdots$、$<v_{in},v_q>$ 组成。

路径长度是指在这条路径上边的数目。路径(v_1,v_2)、(v_2,v_3)、(v_3,v_5)记为(v_1,v_2,v_3,v_5),其路径的长度为 3。

除了第 1 个顶点和最后一个顶点之外,其余顶点都不同的路径,称为**简单路径**。第 1 个顶点和最后一个顶点相同的简单路径为**简单回路**。

7. 连通图、连通分量和强连通图

在无向图 G 中,若从一个顶点 v_i 到另一个顶点 $v_j(i \neq j)$ 有路径,则称顶点 v_i 和 v_j 是连通的。若 $V(G)$ 中的每一对不同顶点 v_i 和 v_j 都连通,则称 G 是**连通图**。在无向图 G 中,极大的连通子图,称为它的**连通分量**。

在有向图中,若对 $V(G)$ 中的每一对不同顶点 v_i 和 v_j,都存在从 v_i 到 v_j 及从 v_j 到 v_i 的路径,则称 G 是**强连通图**。易知,n 个顶点的强连通图至少有 n 条边(对应某种有向回路)。有向图的极大连通子图称为**强连通分量**。显然,强连通图只有一个强连通分量,即是其自身。非强连通的有向图可有多个强连通分量。

在有向图中,若任意两个不同顶点间至少有单向通路,但有些顶点无双向通路,则称该图为**弱连通图**。类似地,也有弱连通分量的概念。

8. 度、入度和出度

在无向图中,顶点所具有的边的数目称为该顶点的**度**。

在有向图中,以某顶点为终点的边的数目,称为该顶点的**入度**。以某顶点为尾(始点)的边的数目,称为该顶点的**出度**。一个顶点的出度与入度之和等于该顶点的度。一条边连接的两个顶点称为邻接的顶点。

图 G 无论是有向图还是无向图,若 G 中有 n 个顶点、e 条边、且每个顶点 v_i 的度为 d_i,则有:

$$e = \frac{1}{2}\sum_{i=1}^{n}d_i$$

9. 生成树、生成林

连通图 G 的一个子图如果是一棵包含 G 的所有顶点的树,则该子图称为 G 的**生成树**,

生成树也称支撑树。在生成树中添加任意一条属于原图中的边必定会产生回路,因为新添加的边使其所依附的两个顶点之间有了第二条路径。若在生成树中减少任意一条边,则必然成为非连通的。显然,n 个顶点的生成树具有 $n-1$ 条边。

因为树是图的子图,所以树结构是图结构的特例。不过前面所讲的树结构都属于"有根树"(每棵树都有一个根结点),而图的生成树通常不指定根结点(称为无根树)。另外,习惯上在树结构中称图的顶点为结点。

若 G 是一个不连通的无向图,G 的每个连通分量都有一棵生成树,则这些生成树构成 G 的生成森林,简称**生成林**。例如,图 7.2 中的 G_2 是 G_1 的一棵生成树。

有向图的生成树和生成森林有类似的定义。不过,对于有向图来说,通常只研究指定根结点的有向生成树(或有向生成林)。

有两种特殊的有向树结构。其中一种是,有且只有一个点其入度为 0,这个入度等于 0 的点被指定为根(好比自来水供水管道系统的入口点)。另一种是,有且只有一个点其出度等于 0,这个出度为 0 的点被指定为根(就像排水管道系统的出口点)。

10. 权图(网)

对于图 $G=(V,E)$,若图中的每条边都具有一个相关的数,则这种与图的边相关的数称为该边的**权**,这种带权的图就称为**权图**(网)。

> 为了有利于以后章节的学习,请读者掌握好本节的每一个概念。

7.2 图的存储结构

图的结构复杂,应用广泛,故表示法(存储方法)也多,图的存储结构的选择取决于具体的应用和所定义的运算。常用的有邻接矩阵、邻接表、邻接多重表、十字链表等。

7.2.1 邻接矩阵表示法

设图 $G=(V,E)$ 具有 n 个顶点,用顺序方式或链接方式来存储图的顶点表 $v_0,v_1,v_2,\cdots,v_{n-1}$,在顶点表中,每个顶点的信息要根据实际运算而定,它可以是顶点顺序号或其他类型的数据信息。图的边用一个二维数组($n \times n$ 阶矩阵,表示结点之间的相邻关系)来表示。则 G 的**邻接矩阵**被定义为具有如下性质的 n 阶方阵 A:

(1) 若图为权图(网),则 a_{ij} 为对应边 $<v_i,v_j>$ 或 (v_i,v_j) 的权值,若 $<v_i,v_j>$ 或 (v_i,v_j) 不是 $E(G)$ 中的边,则 a_{ij} 等于 0 或 ∞,∞ 表示一个计算机允许、大于所有边上权值的数。对不存在的边,a_{ij} 取 0 还是 ∞ 可以根据实际运算的需要或方便而定。

(2) 若图为非权图,则

$$a_{ij} = \begin{cases} 0, & \text{顶点 } v_i \text{、} v_j \text{ 之间无边} \\ 1, & \text{顶点 } v_i \text{、} v_j \text{ 之间有边,} <v_i,v_j> \text{ 或 } (v_i,v_j) \text{ 是 } G \text{ 的边} \end{cases}$$

这时,称矩阵 $A=(a_{ij})$ 为图的邻接矩阵。矩阵 A 中的行、列号对应于图中顶点的序号。无权图与其邻接矩阵如图 7.3 所示。

对于图 7.4 中的带权图,其邻接矩阵还可写成下列形式:

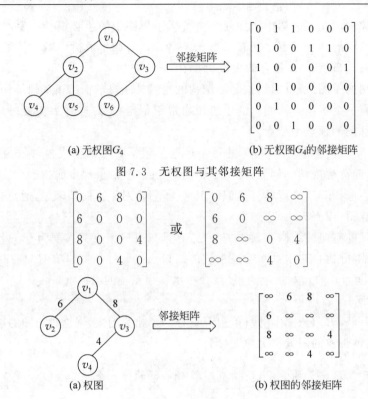

(a) 无权图G_4 (b) 无权图G_4的邻接矩阵

图 7.3　无权图与其邻接矩阵

(a) 权图   (b) 权图的邻接矩阵

图 7.4　权图与其邻接矩阵

不难看出：无向图的邻接矩阵是对称的,而有向图的邻接矩阵不一定对称。因此,用邻接矩阵来表示一个具有 n 个顶点的有向图时,要用 n^2 个单元存储邻接矩阵；对有 n 个顶点的无向图,则只需要存入下三角矩阵,故只需要使用 $n(n+1)/2$ 个存储单元。用邻接矩阵的方法表示图 G,首先对给定的图 G 顶点任意编号$(1\sim n)$,用一个 $\boldsymbol{A}_{n\times n}$ 矩阵来表示结点之间的邻接关系,有时还需要存储各顶点的有关信息,这时需另外用向量来存储这些信息。

用邻接矩阵来表示图,易判定图中任意两个顶点之间是否有边相连,也易求得各顶点的度数。

> 对于无向图,邻接矩阵第 i 行元素之和就是图中第 i 个顶点的度数；对于有向图,第 i 行元素之和是顶点 i 的出度,第 i 列元素之和是顶点 i 的入度。
>
> 若用邻接矩阵来检测图 G 中共有多少条边,则必须按行、按列对每个元素进行检测,这样所用的时间较多。

建立带权无向图邻接矩阵的算法如下：

假设权值为 int 型,每个顶点存放 int 型的顶点编号(当然也可以是其他实际运算所需要类型的信息),首先输入图的顶点数和边数；然后输入顶点编号来建立顶点信息表,并将邻接矩阵中的各元素初始化为 0；最后按顶点顺序输入每条边的顶点编号和权值,从而建立起图的邻接矩阵。

1) 构造类型定义

```
#define MAXSIZE 100              /*图的顶点个数*/
typedef int datatype;
```

```
typedef struct
{
    datatype vexs[MAXSIZE];              /* 顶点信息表 */
    int edges[MAXSIZE][ MAXSIZE];        /* 邻接矩阵 */
    int n,e ;                            /* 顶点数和边数 */
}graph;
```

2) 建邻接矩阵(针对无向图)

```
void Create_Graph(graph   * ga)
{
  int i,j,k,w;
  printf ("请输入图的顶点数和边数：\n");
  scanf ("%d   %d",&(ga->n),& (ga->e));
  printf ("请输入顶点信息(顶点编号),建立顶点信息表：\n");
  for(i = 0; i < ga->n; i++)
    scanf("%c",&(ga->vexs[i]));            /* 输入顶点信息 */
  for (i = 0; i < ga->n; i++)              /* 邻接矩阵初始化 */
   for (j = 0; j < ga->n; j++)
      ga->edges[i][j] = 0;
  for (k = 0; k < ga->e; k++)              /* 读入边的顶点编号和权值,建立邻接矩阵 */
  {  printf ("请输入第%d条边的顶点序号i,j和权值w：",k + 1);
     scanf ("%d,%d,%d",&i,&j,&w);
     ga->edges[i][j] = w;
     ga->edges[j][i] = w;
  }
}
```

注意：邻接矩阵并非图的顺序存储结构(图没有顺序存储结构),只是借助了数组这一数据类型来表示图中元素间的相邻关系。

该算法的执行时间是 $O(n+n^2+e)$,由于 $e<n^2$,所以算法的时间复杂度为 $O(n^2)$。

7.2.2 邻接表表示法

这是图的一种链式分配的存储结构,它包括两部分：一部分是链表,另一部分是向量。

在邻接链表中,对图中每个顶点 v_i 都建立一个单链表,第 i 个单链表中的结点表示所有依附于顶点 i 的边,这个单链表就称为顶点 v_i 的**邻接表**；在邻接表中每个结点(表结点)由两个域组成：邻接的顶点域(vertex)和链域(next)；顶点域存放与 v_i 相邻接的顶点的序号,链域指示了依附于 v_i 的另一条边的表结点,它将邻接表的所有表结点连在一起。对于有向图来说第 i 个链表就表示了从 v_i 发出的所有的弧。

每个链表的上边附设一个表头结点,在表头结点中,除了设有链域(first)用于指向链表中第 1 个结点之外,还设有用于存储顶点 v_i 名或其他有关信息的数据域(data)。

这里的表结点和表头结点不同于一般的链表,所有的表头结点都可以用单链表的形式连在一起,但为了方便管理和随机访问任一顶点的邻接表,可以将这些表头结点顺序存放在一个向量中,称为**顶点表**。向量的下标指示了顶点的序号,这样就可以随机地访问任一顶点的邻接链表。

显然,对于无向图而言,v_i 的邻接表中每个表结点都对应于与 v_i 相关联的一条边;对于有向图来说,v_i 的邻接表中每个表结点都对应了以 v_i 为始点的一条边。因此,将无向图的邻接表称为**边表**,将有向图的邻接表称为**出边表**。

表头结点和表结点的组成形式如图 7.5 所示。

表头结点		
data	first	

表结点	
vertex	next

图 7.5 表头结点与表结点

对于图 7.6 中的无向图 G_5,其中顶点 v_1 的邻接表中两个表结点的顶点序号分别为 2 和 3,表示关联于 v_1 的边有两条:(v_1,v_2) 和 (v_1,v_3);而在有向图 G_6 的邻接表中,顶点 v_2 的邻接表中有两个表结点,其顶点序号分别为 1 和 3,表示从顶点 v_2 射出的两条边 $<v_2,v_1>$ 和 $<v_2,v_3>$。

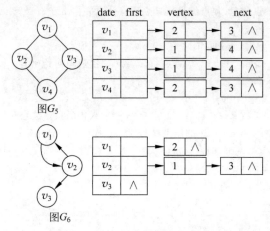

图 7.6 图的邻接表

这样,若无向图 G 有 n 个顶点、e 条边,则邻接链表需 n 个表头结点和 $2e$ 个表结点,每个结点有两个域。显然,对于边很少的图,用邻接链表比用邻接矩阵更节省存储单元。

在无向图的邻接链表中,第 i 个链表中的表结点数就是顶点 v_i 的度数。在有向图的邻接链表中,第 i 个链表中的表结点数是顶点 v_i 的出度。若要求 v_i 的入度,必须对邻接链表进行扫描,以统计顶点的值为 i 的表结点的数目,这很费时。为了便于确定有向图中顶点的入度,可另外再建立一个**逆邻接表**,使第 i 个链表表示以 v_i 为头的所有的边,即为图中每个顶点 v_i 建立一个入边表,入边表中的每个表结点均对应一条以 v_i 为终点(射入 v_i)的边。

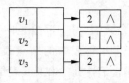

图 7.7 图 7.6 中的有向图 G_6 的逆邻接表表示

图 7.6 中有向图 G_6 的逆邻接表如图 7.7 所示。其中 v_1 的入边表上有一个表结点 v_2,表示射入 v_1 的边有一条,即 $<v_2,v_1>$。

有向图的邻接表和逆邻接表还可以简单地统一起来,即把所有邻接于和邻接到某点的顶点都记录在该点的邻接点链表中,但有所区分,例如,在存储顶点号时,对出边按正数存储,对入边按负数存储,即以后通过顶点号的正负来区分出边或入边。还可以对出边顶点号按实际编号存储,对入边则将顶点号 $+n$ 后存储,即以后通过顶点号是否大于 n 来区分出边或入边。

在邻接表(或逆邻接表)表示中,每个边表对应了邻接矩阵的一行(或一列),边表中顶点的个数等于该行(或列)中非零元素的个数。

邻接表的类型定义如下:

```
#define nmax 100                              /*假设顶点的最大数为 100*/
typedef struct node * pointer;
struct node {                                /*表结点类型*/
      int vertex ;
      struct node * next ;
      } nnode;
typedef struct {                             /*表头结点类型,即顶点表结点类型*/
      datatype data ;
      pointer first ;                        /*边表头指针*/
      }headtype ;
typedef struct {                             /*表头结点向量,即顶点表*/
      headtype adlist[nmax];
      int n,e ;
      }lkgraph ;
```

如果图中有 n 个顶点、e 条边,则邻接表需 n 个表头结点,e 个(对有向图)或 $2e$ 个(对无向图)表结点。因此邻接表表示的空间复杂度为 $O(n+e)$。显然,当边数较少时,该存储方式的空间利用率较好,这与邻接矩阵的情况正好相反。当边数较多时,考虑到邻接表中要附加链域,用邻接矩阵表示法较好。与存储方式相对应,如果运算中要对所有的邻接点进行处理,则邻接矩阵表示和邻接表表示的时间复杂度一般分别为 $O(n^2)$ 和 $O(n+e)$。

例 7.1 下面给出建立无向图邻接表的一个方法,其中假设每个顶点存放的是一个字符。首先输入表头数组的顶点信息 data,并将每个表头的 first 域置为 NULL;然后读入顶点对 (i,j),生成两个边表结点,其 vertex 域分别置为 j 和 i,再将它们分别插入第 i 个和第 j 个边表中。这里采用头插法。在顶点对输入过程中,自动累计边数,若输入的顶点号 $i<0$,则结束。

```
void creategraph(lkgraph * ga)
  {                                            /*建立无向图的邻接表*/
    int i,j,e,k;
    pointer p;
    printf("请输入顶点数:\n");
    scanf ("%d",&(ga->n));
    for (i = 1; i <= ga->n; i++)
      { /*读入顶点信息,建立顶点表*/
        scanf ("\n%c", &( ga->adlist[i]. data) );
        ga->adlist[i]. first = NULL;
      }
e = 0;
scanf ("\n%d,%d\n", &i,&j);                     /*读入一个顶点对号 i 和 j*/
while (i > 0)
  {                                            /*读入顶点对号,建立边表*/
    e++;                                       /*累计边数*/
    p = (pointer)malloc(size(struct node));    /*生成新的邻接点序号为 j 的表结点*/
    p->vertex = j;
    p->next = ga->adlist[i]. first;
    ga->adlist[i].first = p;                   /*将新表结点插入顶点 v_i 的边表的头部*/
    p = (pointer)malloc(size(struct node));    /*生成邻接点序号为 i 的表结点*/
```

```
        p - > vertex = i;
        p - > next = ga - > adlist[j].first;
        ga - > adlist[j].first = p;            /* 将新表结点插入顶点 vⱼ 的边表头部 */
        scanf ("\n % d, % d\n", &i,&j);        /* 读入一个顶点对号 i 和 j*/
    }
    ga - > e = e ;
}
```

例 7.2 对上述建立无向图邻接表的方法略加修改,可得有向图邻接表的建立方法。

```
void cr_graph(Ikgraph  * ga){              /* 建立有向图的邻接表 */
int   i,j,e,k;
pointer  p;
printf("请输入顶点数: \n");
scanf ( % d", &(ga - > n));
for (i = 1; i < = ga - > n; i++) {          /* 读入顶点信息,建立顶点表 */
        scanf ("\n % c", &( ga - > adlist[i]. data) );
        ga - > adlist[i]. first = NULL;
    }
e = 0;
scanf ("\n % d, % d\n", &i,&j);            /* 读入一个顶点对号 i 和 j*/
while (i > 0)
    {                                      /* 读入顶点对号,建立边表 */
    e++;                                   /* 累计边数 */
    p = new nnode;                         /* 生成新的邻接点序号为 j 的表结点 */
    p - > vertex   =   j;
    p - > next = ga - > adlist[i]. first;
    ga - > adlist[i].first = p;            /* 将新表结点插入顶点 vᵢ 的边表的头部 */
    scanf ("\n % d, % d\n", &i,&j);        /* 读入一个顶点对号 i 和 j*/
    }
ga - > e = e ;
}
```

建立无向图算法的时间复杂度是 $O(n+e)$。若建立带权图的邻接表,只需要在边表的每个结点中增加一个数据域,用于存储边上的权。

值得注意的是,一个图的邻接矩阵表示是唯一的,但其邻接表表示不唯一。这是因为邻接表表示中,各边表中顶点的链接次序取决于建立邻接表的算法以及边的输入次序。

7.3　图 的 遍 历

和树的遍历类似,在此,我们希望从图中某一顶点出发访遍图中其余的顶点,且使每一个顶点仅被访问一次,这一过程就叫**图的遍历**。然而,图的遍历要比树的遍历复杂得多。因为图的任一顶点都可能和其余的顶点相邻接,所以在访问了某个顶点之后,有可能沿着某条路径又回到该顶点。为避免同一顶点被多次访问,在遍历图的过程中,必须记下每个已访问过的顶点。为此,可以设一个辅助数组 visid[i],它的初值为"假"或者零。一旦访问了顶点 v_i,便置 visid[i]为"真"或被访问时的次序号。

根据搜索路径方向的不同,通常有两种遍历图的方法:深度优先搜索法和广度优先搜索法。下面介绍的算法均以无向图为例,但算法对无向图和有向图都适用。

7.3.1　深度优先搜索法

深度优先搜索（Depth First Search,DFS）遍历。类似于树的前序遍历,是树的先根遍历的推广。

假设初始状态是图中所有顶点都未曾访问,则深度优先搜索可以从图中某个顶点 v_i 出发,访问此顶点,然后依次从 v_i 的未被访问的邻接点出发,深度优先遍历图,直至图中所有和 v_i 有路径相通的顶点都被访问到;若此时图中尚有顶点未被访问到则另选图中一个未被访问的顶点作为起始点,重复上述过程,直到图中所有顶点都被访问到为止。

以图 7.8 中的无向图 G_7 为例,假设:先从顶点 v_1 出发进行搜索,访问 v_1 之后,选择邻接点 v_2,若 v_2 未曾访问,则从 v_2 出发进行搜索,以此类推,接着从 v_4、v_8、v_5 出发进行搜索。在访问了 v_5 之后,由于 v_5 的邻接点都已被访问,则搜索回到 v_8,由于同样的理由,搜索继续回到 v_4、v_2 直到 v_1,此时 v_1 的另一个邻接点未被访问,则搜索又从 v_1 到 v_3,继续下去。由此得到的顶点访问序列为:

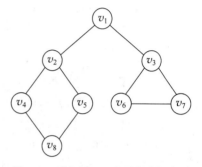

图 7.8　无向图 G_7 及顶点访问序列

$$v_1 \rightarrow v_2 \rightarrow v_4 \rightarrow v_8 \rightarrow v_5 \rightarrow v_3 \rightarrow v_6 \rightarrow v_7$$

这是一个递归的过程,可以将这种算法叙述如下:

设 $G=(V,E)$ 为任一无向图,从 $V(G)$ 中任一顶点 v 出发按深度优先搜索法进行遍历的步骤是:

(1) 设 P 为搜索指针,使 P 指向结点 v。

(2) 访问 P 结点,然后使 P 指向与 P 结点相邻接的且尚未被访问的结点。

(3) 若 P 不空,则重复步骤(2),否则执行步骤(4)。

(4) 沿着刚才访问的次序,反向回溯到一个尚有邻接顶点未被访问过的顶点,并使 P 指向这个未被访问的顶点,然后重复步骤(2),直至所有的顶点均被访问为止。

这个遍历过程是一个递归过程,在设计具体算法时,首先要确定图的存储结构,在不同的存储结构上,遍历的算法也不同,下面分别以邻接矩阵和邻接链表作为图的存储结构给出具体算法,讨论深度优先搜索法。

深度优先搜索法遍历图的算法如下,算法中假设辅助数组 visid 为全局量。

```
void  DFS(graph * g)              /* 按深度优先搜索法遍历图 g */
    {
    int i;
    for(i = 0; i < g -> n; i++)
        visid[i] = 0;             /* 初始化数组 visid,使每个元素为 0 */
                                  /* 标示图中的每个结点都未曾访问过 */
    for(i = 0; i < g -> n; i++)
        if(!visid[i])
            DFSM(g,i);            /* 调用函数 DFSM,对图进行遍历 */
    }
void  DFSM(graph * g,int i)       /* 邻接矩阵上进行 DFS 遍历 */
    { int  j;
        printf("深度优先遍历结点: % c\n",g -> vexs[i]);
```

```
        visid[i] = 1;              /* 假定 g->vexs[i]为顶点的编号,然后变访问标志为 1 */
        for(j = 0; j < g->n; j++)
          if((g->edges[i][j] == 1)&&! visid[j])
            DFSM(g,j);
      }
void  DFSL(lkgraph * g,int n )      /* 在邻接表上进行 DFS 遍历 */
      {    pointer p;

        printf("% d\n",g->adlist[n].data);    /* 访问出发点,输出顶点数据 */
        visid[n] = 1;              /* 然后变访问标志为 1 */
        for(p = g->adlist[n].first; p! = NULL; p = p->next)
          if(! visid[p->vertex] )
            DFSL(g,p->vertex );

      }
```

分析上述算法,设图 G 有 n 个顶点、e 条边,在遍历时,当用二维数组表示邻接矩阵,用邻接矩阵作为图的存储结构时,对图中每个顶点至多调用一次 DFSM 函数,因为一旦某个顶点被标志成已被访问,就不再从它出发进行搜索。这样查找每个顶点的邻接点所需的时间为 $O(n^2)$。因此,遍历图的过程实质上是对每个顶点查找其邻接点的过程。其耗费的时间则取决于所采用的存储结构。当以邻接表作为图的存储结构时,搜索 n 个顶点的所有邻接点需将各边表结点扫描一遍,因此,算法 DFSL 的时间复杂度为 $O(n+e)$。

> 深度优先搜索的技巧提示:当访问了一个顶点之后,要尽量向纵深方向去访问下一个未被访问的顶点。

例 7.3 深度遍历算法的应用。用邻接矩阵作为图的存储结构,设计算法,以求解无向图 G 的连通分量的个数。

分析:由前面分析可知,对无向图 G 来说,选择某一顶点 v 执行 DFSM(v),可访问到所在连通分量中的所有顶点,故为遍历整个图而选择起点的次数即是图 G 的连通分量数,而这可通过修改遍历整个图的算法 DFST 来实现:每调用一次 DFS 算法计数一次。考虑到需要求连通分量数,可以将算法设计为整型函数。具体算法如下:

```
int numofG(graph * g)         /* 用邻接矩阵存储 */
{   int i , k = 0;
  for(i = 1; i <= n; i++)
    visid[i] = 0;             /* 置图中各顶点的访问标志为 0 */
  for(i = 1; i <= n; i++)
    if(visid[i] == 0)
    { k++; DFSM(g,i); }        /* 累计连通分量数 */
  return k :
}
```

其中涉及的 DFS 算法可直接引用(若考虑到清晰性,最好将其中访问顶点的语句去掉,因为这里只需要求连通分量的个数)。

7.3.2 广度优先搜索法

用**广度优先搜索法**(Breadth/Width First Search,BFS)遍历图,类似于树的按层次遍历。

设无向图 $G=(V,E)$ 是连通的,则从 $V(G)$ 中的任一顶点 v_i 出发按广度优先搜索法遍历图 G 的步骤如下:

(1)访问 v_i 后,依次访问与 v_i 相邻接的所有顶点 $w_1,w_2,\cdots,w_t$。

(2)再按 $w_1,w_2,\cdots,w_t$ 的顺序,访问其中每一个顶点的所有未被访问过的邻接顶点。

(3)按上述访问次序,依次访问它们的所有未被访问的邻接顶点,以此类推,直到图中所有顶点都被访问过为止。

对图 7.8 中的 G_7,广度优先搜索法从 v_1 开始的遍历结果为:

$$v_1 \rightarrow v_2 \rightarrow v_3 \rightarrow v_4 \rightarrow v_5 \rightarrow v_6 \rightarrow v_7 \rightarrow v_8$$

由此可见,若 w_1 在 w_2 之前被访问,则与 w_1 相邻接的顶点也将在与 w_2 相邻接的顶点之前被访问,即先访问的顶点其邻接点也先被访问,故有先进先出的特点,所以在此算法中,应将访问过的顶点依次存入队列中,此队列可以采用顺序队列表示,也可以采用链表表示,并以 F 指向队头,R 指向队尾,若 $F=$ NULL,则为空队。在编写程序时,入队与出队应分别编成单独的函数。

分别以邻接矩阵和邻接表作为图的存储结构,则广度优先搜索算法如下:

```
void BFS(graph * g,int v)           /* v 是出发顶点的序号,按广度优先搜索法遍历图 g */
 {                                  /* 采用邻接矩阵存储结构,BFS 遍历 */
  int j,n;
  sqqueue q;                        /* 假设采用顺序队列,定义顺序队列类型变量 q */
  n = g->n;
  init_sqqueue(&q);                 /* 队列初始化 */
  printf("访问出发点 %d",v);        /* 访问出发点,假设为输出顶点序号 */
  visid[v] = 1;                     /* 置访问标志为 1,表示此点已访问过 */
  en_sqqueue(&q,v);                 /* 顶点 v 入队 */
  while (!empty_Sqqueue(&q))
   {                                /* 队列空否? */
    de_sqqueue(&q,&v);             /* 队列非空时,出队 */
    for(j = l; j <= n; j++)
     if(g->adges [v][j] == l &&! visid[j])
       {printf("访问顶点 %d",j); visid[j] = 1;      /* 置顶点 j 被访问标志 */
        en_sqqueue(&q,j);           /* 顶点 j 入队 */
        }
    }
 }
void BFSL(lkgraph * g,int v)
 {                                  /* 采用邻接表存储结构,BFS 遍历 */
  sqqueue q;                        /* 假设采用顺序队列,定义顺序队列类型变量 q */
  pointer p;
  init_sqqueue(&q);                 /* 队列初始化 */
  printf("访问出发点 %d",v);        /* 访问出发点,假设为输出顶点序号 */
  visid[v] = 1;                     /* 置访问标志为 1,表示此点已访问过 */
  en_sqqueue(&q,v);                 /* 顶点 v 入队 */
  while(! empty _sqqueue(&q))
   { de_sqqueue(&q,&v);
     p = g->adlist[v]. first;
     While(p != NULL)
      { if(!visid[p->vertex])
       { printf(" %d",p->vertex);
```

```
            visid[p->vertex]=1;
            en_ sqqueue (&q,p->vertex);
        }
    p = p->next;
    }
  }
}
```

与深度优先遍历类似,对同一个图和指定的初始出发点,由于邻接矩阵唯一,因此 BFS 算法得到的 BFS 序列唯一;由于邻接表不唯一,因此 BFSL 算法得到的 BFS 序列不唯一(但对给定的邻接表其结果是唯一的)。对于具有 n 个顶点和 e 条边的连通图,因为每个顶点均出队一次,所以算法 BFS 和 BFSL 的外循环次数为 n,算法 BFS 的内循环次数也是 n,故算法 BFS 的时间复杂度为 $O(n^2)$。算法 BFSL 的内循环次数取决于各顶点的边表结点个数,但内循环执行的总次数是边表结点的总个数 $2e$(无向图),故算法 BFSL 的时间复杂度是 $O(n+e)$。算法 BFS 和 BFSL 所用的辅助空间是队列和标志数组,故它们的空间复杂度为 $O(n)$。此结果与深度优先遍历相同。

7.3.3　非连通图的遍历

对于一个无向图,若它是非连通的,则从图中任意一个顶点出发进行 DFS 或 BFS 都不能访问到图中所有顶点,而只能访问到初始出发点所在的连通分量中的所有顶点。如果从每个连通分量中都选择一个顶点作为出发点进行搜索,则可访问到整个非连通图的所有顶点了,因此非连通图的遍历必须多次调用 DFS 或 BFS 算法。

遍历非连通图 G,可以用上面所讨论的 DFS 算法或 BFS 实现,从某个顶点出发进行遍历。如果图不连通,则执行一次 DFS 或 BFS 就不能保证访问到所有顶点。为此,需要再选择未被访问的顶点作为起点,再次执行 DFS 或 BFS 调用,重复这样的操作,直到所有顶点都被访问为止。问题是:需要选择起点多少次?这取决于具体的图,因而只能在算法中通过加条件判断来实现。假设第一次执行 DFS(1),以后如果还有顶点未被访问,则可作为新的起点,而这可以通过往下检测各个顶点的访问标志来实现。

7.4　生成树与最小生成树

在图论中,常将树定义为无回路的连通图。例如,图 7.9 就是两个无回路的连通图。初看时它们似乎不是树,但只要选定某个顶点作为根,以树根为起点对每条边定向,就能将它们变为通常的树。由于没有确定的根,这种图又称为**自由树**(free tree)或者**树图**。

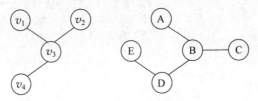

图 7.9　无回路的连通图示例

7.4.1 生成树的概念

连通图 G 的一个子图如果是一棵包含 G 的所有顶点的树,则该子图称为 G 的**生成树** (spanning tree)。

由于 n 个顶点的连通图至少有 $n-1$ 条边,而所有包含 $n-1$ 条边及 n 个顶点的连通图都是无回路的树,所以生成树是连通图的**极小连通子图**。所谓极小是指边数最少,若在生成树中去掉任何一条边,都会使之变为非连通图;若在生成树上任意添加一条边,就必定出现回路。

> **注意**:这里的生成树是从连通图的观点出发的。

对给定的连通图 $G=(V,E)$,如何求其生成树呢?

当从图中任一顶点出发,用深度优先搜索或广度优先搜索遍历图 G 时,将边集 $E(G)$ 分成两个集合 $A(G)$ 和 $B(G)$,其中 $A(G)$ 是遍历图 G 时所经过的边的集合,$B(G)$ 是遍历图 G 时未经过的边的集合。显然 $G_1=(V,A)$ 是图 G 的子图,子图 G_1 是连通图 G 的生成树(这也可以作为生成树的定义)。

从图 G 的一个已访问的顶点 v_i 搜索到一个未访问的邻接点 v_j,必定要经过 G 中的一条边 (v_i, v_j)。如果 G 是一个具有 n 个顶点的连通图,则从 G 的任一顶点出发,都可将 G 中的所有 n 个顶点访问到。这样,除初始出发点外,对其余 $n-1$ 个顶点的访问一共经过 G 中的 $n-1$ 条边,这些边正好将 G 的 n 个顶点连接成一个极小连通子图,从而得到 G 的一棵生成树。

由于从图的遍历可求得生成树,因此在算法 DFS(或 DFSL)中,当 DFS(i)要调用 DFS(j)时,v_i 是已访问过的顶点,v_j 是邻接于 v_i 的未曾访问过且正待访问的顶点。在 DFS 算法的 if 语句中,只需要在递归调用 DFS(j)前插入适当的语句,将边 (v_i, v_j) 打印或保存起来,就可得到求生成树的算法。

连通图的生成树不是唯一的,从不同的顶点出发进行遍历,就会得到不同的生成树。如果图 G 是一个带权的连通图,由于边是带权的,则其生成树的各边也是带权的。我们把生成树中各边权值的总和称为生成树的权,并把权最小的生成树称为图 G 的**最小生成树** (minimun spanning tree)。

生成树和最小生成树有许多重要的应用,求解生成树在许多领域中有着重要的意义。例如,在 n 个城市之间建立通信联络网或供电线路网,自然会考虑这样一个问题:如何在最节省经费的前提下建立这样的网,对每种网络连通 n 个城市只需要 $n-1$ 条线路。

在每两个城市间都可以设置一条线路,相应地都要付出一定的经济代价,而在 n 个城市间,最多可以设置 $n(n-1)/2$ 条线路。现在的问题是:如何在 $n(n-1)/2$ 条线路中选择 $n-1$ 条,使总的耗费最少。

可以用连通网来表示 n 个城市以及 n 个城市间可能设置的通信线路。其中网的顶点表示城市,边表示两个城市间的线路,赋予边的权值表示边的代价,对 n 个顶点的连通网可以建立许多不同的生成树,每一棵生成树都可以是一个通信网,现在要选择这样一棵生成树,使的耗费最少,这就是构造连通网的最小代价生成树(最小生成树)问题。一棵生成树的代价就是树上各边的代价之和。

构造最小生成树,要解决以下两个问题:

(1) 尽可能选取权值小的边,但不能构成回路。

（2）选取 $n-1$ 条恰当的边以连接网的 n 个顶点。

7.4.2 构造最小生成树的普里姆算法

假设图 $G=(V,E)$ 是连通的，从顶点 u_0 出发构造 G 的最小生成树 T，开始时，记 $T=(U,B)$，其中 U 是 T 的顶点集合，B 是 T 的边的集合，开始时 $U=\{u_0\}$（$u_0\in V$）$B=\Phi$，重复执行下述操作：在所有的 $u\in U,v\in V-U$ 组成的边 (u,v) 中找出一条权值（代价）最小的边 (u_0,v_0) 并入边集 B 中，同时将 v_0 加入顶点集 U，直到 $U=V$ 为止，此时 T 中必有 $n-1$ 条边，则 $T=(U,B)$ 为 G 的最小生成树。

显然，Prim 算法的关键是如何找到从集合 U 到集合 $V-U$ 的最短边来扩充生成树。设当前生成的 T 中有 k 个顶点，则连接 U 和 $V-U$ 的边有 $k(n-k)$ 条（若两点间没有边，则设想有一条长度为∞的虚拟边）。若每次都直接从如此多的边中选取一个最短边，则运算量较大，而且效率也不高，因为找当前最短边要进行一系列的比较，而这些比较很多在以前找最短边时已进行过，但没有把结果保留下来，导致很多重复的比较。

为此，可构造一个较小的候选边集合，且保证最短边属于该候选集。注意，对于 $V-U$ 中的每个点，它到集合 U 的所有边中，有一条最短边（为叙述方便，以下简称为最短边），这些边共有 $n-k$ 条，其中的最短边也就是原 $k(n-k)$ 条边中的最短边，所以把这些边作为候选集。于是，扩充 T 就是从候选集中选出最短边 (u,v)，将它连同顶点 v 加入 T 中。此时，$V-U$ 集中原来与顶点 v 相连的边变成了连接新的顶点 $V-U$ 和 U 的候选边。这时，可对候选集进行如下调整：若原 $V-U$ 集中的顶点 i 到原 U 的最短边大于新的候选边 (v,i)，则以 (v,i) 作为 i 新的最短边，当候选边中的最短边不止一条时，可任选其中的一条扩充到 T 中；否则 i 的最短边不变。

> 该算法是从单结点开始，一个点一个点地逐步向外生长（每增加一个顶点，实际上就是添加一条边），直到长满 n 个点，便得到一棵生成树。

Prim 算法的形式描述如下：

```
置 T 为任意一个顶点；
求初始候选边集；
while(T 中结点数< n)
  {从候选边集中选取最短边(u,v);
   将(u,v)及顶点 v 扩充到 T 中；
   调整候选边集；
  }
```

例 7.4 在图 7.10 中，按照 Prim 算法，对图 7.10(a)中的带权图，从顶点 A 出发，该图的最小生成树的产生过程是图 7.10(b)、图 7.10(c)、图 7.10(d)、图 7.10(e)、图 7.10(f)。

为实现这个算法，设连通网用邻接矩阵表示，对不存在的边，相应的矩阵元素用∞表示，但实际可以取计算机允许的最大数（也可以取大于所有边权值的一个数）。

边的存储结构为：

```
struct{int end;          /*最短边的终点,起点是候选点自身*/
       int len;          /*边长,这里假设为整数*/
      }minedge[max+1];   /* max 是图 G 顶点数的最大值*/
```

其中候选边按候选点的序号排列，边的序号就是候选点号，也就是候选边的起点，故候

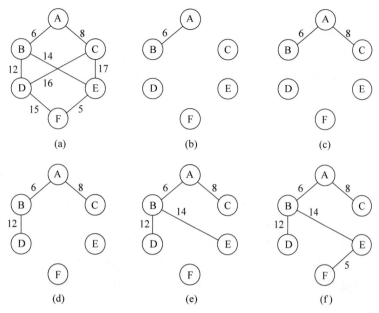

图 7.10　用 Prim 算法构造最小生成树的示意图

选边信息中没有存放起点信息。假设候选边集数组为全局量,则 Prim 算法如下:

```
void prim(graph * g,int u)              /* 从顶点 u 出发,构造最小生成树 */
{ int v,k,j,min;
  for (v = 1; v <= g -> n; v++)         /* 初始化,构造初始候选边集 */
    if(v != u)
      {minedge[v]. end = u;
       minedge[v]. len = g -> edges[v][u];
      }
  minedge[u]. len = 0;                  /* 顶点 u 并入集合 U,边权置 0 防止重复选取 */
for( k = 1; k < g -> n; k++)            /* 依次找 n - 1 条最短边 */
 {min = minedge[k]. len;
  v = k;
  for(j = 1; j <= g -> n; j++)          /* 在候选边集中找最短边 */
    if(minedge[j]. len > 0&&minedge[j]. len < min)
      {min = minedge[j]. len;
       v = j;
      }
if(min == INTMAX)                       /* INTMAX 为整数最大值,表示 ∞ */
  {  printf ("图不连通,无生成树!");
     return(0);
printf(" % d  % d",v, minedge[v]. end);  /* 输出生成树的边 */
minedge[v]. len = - minedge[v]. len;     /* 顶点 v 并入集合 U,边权置负避免重选 */
for(j = 1; j <= g -> n; j++)            /* 调整候选边集 */
  if(g -> edges [j][v] < minedge[j]. len)
      {minedge[j]. len = g -> edges [j][v];
       minedge[j]. end = v;
      }
   }
 }
}
```

该算法的时间复杂度为 $O(n^2)$,与边数无关,比较适合于构造稠密图的最小生成树。

算法结束后，minedge 权为负的边就是最小生成树的 $n-1$ 条边，通过边集表示最小生成树，可直接表达结点间的连通关系，当然也表达了树的全部信息。

上述算法还可以进行修改，如将已生成的边移到数组的前面，以后即可只在数组的后面找最短边，从而提高查找效率（但这时边的序号不能反映边的起点，需要在边的存储结构中增加起点信息）。

7.4.3　构造最小生成树的克鲁斯卡尔算法

Prim 算法每一次都从连接 U 与 $V-U$ 的候选边中选最小边，但它不一定是所有当前未选用的但属于最终最小生成树的边中的最小者，因为此时还有两个端点都在 $V-U$ 中的边没有考虑。换言之，Prim 算法不是按边权递增的次序生成最小生成树的。

构造最小生成树的另一个算法是由克鲁斯卡尔（Kruskal）提出的，其基本思想是一种按照网中边的权值递增的顺序构造最小生成树，即首先选取全部的 n 个顶点，将其看成 n 个连通分量；然后按照网中边的权值由小到大的顺序，不断选取当前未被选取的边集中权值最小的边，即若某边是最小生成树中第 i 小的边，则它在第 1 小～第 $i-1$ 小的边全部选出后才被选中。

按照生成树的概念，n 个结点的生成树有 $n-1$ 条边；因此，只要重复上述过程，直到选取 $n-1$ 条边为止，就构成了一棵最小生成树。

例 7.5　图 7.11 是用 Kruskal 算法构造最小生成树过程的示意图。

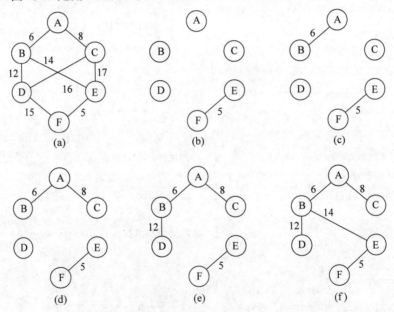

图 7.11　用 Kruskal 算法构造最小生成树过程的示意图

将带权图 $G(V,E)$ 按权值递增的次序来构造最小生成树 $T=(U,A)$，采用 Kruskal 算法完成这一操作的基本过程为：

（1）将图 G 中的边按权值从小到大排成一个序列 $W(w_1,w_2,\cdots,w_i,\cdots,w_m)$。

（2）使图 T 仅包含图 G 的全部顶点，即开始时 $U=V,A=\Phi$。图 T 中每个顶点自成一个连通分量。

（3）在 E 中选择代价最小的边 (v_i, v_j)，即在序列 W 中从左到右依次选取最小权值的边，开始时选第 1 个，然后选第 2 个……按长度递增的顺序每次选择当前 E 中的最短边 (u, v)，若该边依附的顶点属于在 T 中不同的连通分量，则将此边加入 A 中（这就会使图 T 中的两个连通分量合并为一个），否则舍去此边（因为这时 u、v 属于当前同一个连通分量，这里的每个连通分量都是一棵树，此边添加到树中将形成回路），而选择下一条权值最小的边。依此类推，直到 T 中所有的顶点都在同一个连通分量上为止。

实现这个算法首先要解决两个问题：一是采用什么样的存储结构；二是如何判断所选的边并入最小生成树后不产生回路。

由于 Kruskal 算法的每一步都是选一条当前最小的且不会引起回路的边作为生成树（初始为空）的一条边，因此中间结果可能不连通，一般为一个（生成）森林。随着算法的进行，森林中的树逐步连通（合并），最后合并为一棵树，即为所求的最小生成树。因此 Kruskal 算法是按边权递增的次序连通森林的过程。

下面给出 Kruskal 算法的粗略描述：

```
T = (V, Φ);
while ( T中所含边数 < n - 1)
{  从 E 中选取当前最短边(u, v); 并从 E 中删去;
    if(边的端点 u, v 属于不同连通分量)
        {将边(u, v)并入 T 中; 合并两个连通分量; }
}
```

算法中要判断边的两个端点是否在同一个连通分量中，一个很自然的想法是能否从某一个端点出发遍历搜索到另一个端点，但如果对每一条边都这样处理，整体效率很低。一个较好的方法是，将各个连通分量用树来记录。开始时，每棵树只有一个根，以后每次合并两个连通分量时，就将两棵树合并为一棵树，这只要简单地使其中一棵树根成为另一棵树根的孩子即可。这样，检查两个端点是否属于同一个连通分量，只需要检查它们所在的树是否有相同的根。为此，每个结点需要设置双亲指针，以便能沿双亲指针找到根。

显然，找到根的效率取决于树的高度。如果在合并树时，令结点数少的树作为另一棵树的子树，便可获得较小的树高。这需要在树根中记录结点数，但不必采用专门的存储空间，可将结点数以负数的形式记录在原树根的双亲域中，因为只要双亲域为负，就表示它为树根。

完整的 Kruskal 算法如下：

```
typedef Struct{
    int v1, v2;
    int len;
    }edgetype;                    /* 边的类型: 两个端点号和边长 */
int parent[nmax + 1];             /* 结点双亲的指针数组, 设为全局量, nmax 为结点数 */
                                  /* 最大值 */

int getroot(int  v)               /* 找结点 v 所在的树根 */
    { int i;
      i = v;
      while(parent[i] > 0)i = parent[i];
      return i;                   /* 若无双亲(初始点), 双亲运算结果为其自己 */
    }
int getedge(edgetype em [ ], int e)  /* 找最短边, e 为边数 */
    {int i, j, min = MAX          /* MAX 为最大的一个数 */;
      for (i = 1; i <= e; i++)
```

```
        if (em[i-1].len < min && em[i-1].len > 0)
          {min = em[i-1].len; j = i-1;}
        return j;
    }
  void kruskal(edgetype em[], int n, int e)          /*n 为结点数, e 为边数*/
    {int i, p1, p2, m, i0;
     for(i = 1; i <= n; i++)                          /*初始结点为根, 无双亲*/
       parent[i] = -1;                                /*以后用于累计结点个数, 此初值不能置为 0*/
     m = 1;
     while(m < n)
       {i0 = getedge(em, e);                          /*获得最短边号*/
        em[i0].len = -em[i0].len;
        p1 = getroot(em[i0].v1);
        p2 = getroot(em[i0].v2);
        if(p1 == p2)continue;                         /*连通分量相同, 不合并*/
        if(parent(p1) > parent(p2)){
            parent[p2] = parent[p1] + parent[p2];     /*p2 的双亲中累计结点*/
                                                      /*总数(为负值)*/
            parent[p1] = p2;                          /*p1 成为 p2 的孩子*/
            }
        else{
            parent[p1] = parent[p1] + parent[p2];
            parent[p2] = p1;
            }
        printf("%d%d%d\n", m, em[i0].v1, em[i0].v2);
        m++;       /*准备去找下一条最短边, 一共要找 n-1 条*/
      }
    }
```

用 Kruskal 算法构造最小生成树的时间复杂度为 $O(e\log e)$, 与网中边的数目 e 有关, 因此, 它适用于求稀疏图的最小生成树。

> 该算法采用子树合并法, 反复选择最短边作为最优解的一部分, 如果将一条边加入生成树中形成回路就舍弃这条边。

7.5 最短路径

路径问题是图中的又一基本问题, 很多实际问题都可以抽象或归纳为最短路径问题。例如, 交通网络中常常提出这样的问题: 两地之间是否有路相通? 在有多条通路的情况下, 哪一条最短? 交通网络可以用带权图(网)表示, 图中顶点表示城镇, 边表示两个城镇之间的道路, 边上权值可表示两城镇间的距离、交通费用或途中所需的时间等。这就是要讨论的最短路径问题。这里的最短路径是指所经过的边上的权值之和最小的路径, 而不是指路径上边(经过的边)的数目最少。它的具体含义取决于边上的权值所代表的意义。

先看一个例子, 了解什么是最短路径。假如用顶点表示城市, 用边表示城市间的公路, 则由这些顶点和边组成的图可以表示沟通各城市的公路网。若把两个城市的距离或该公路的养路费用等作为权值赋给图中的边, 就构成了一个带权的图。

对司机来说,一般关心以下两个问题:

(1) 从甲地到乙地是否有公路(在图中是否连通)?

(2) 若从甲地到乙地有若干条公路,那么哪条公路最短或费用代价最小?

考虑到公路的有向性,例如,A 城到 B 城有一条公路,A 城的海拔高于 B 城,若考虑到上坡和下坡的车速不同,则边< A,B >和边< B,A >上表示行驶时间的权值也不同,即< A,B >和< B,A >应该是两条不同的边(如航运中,逆水和顺水时的船速就不一样)。考虑到交通网络的这种有向性,本节只讨论有向网络(有向的带权图)的最短路径(习惯上称路径)问题,并设定边上的权值均为正值。路径的开始顶点称为**源点**,路径的最后一个顶点称为**终点**。在此讨论带权有向图 $G(V,E,W)$,现在将路径上的第 1 个顶点作为源点,最后一个顶点作为终点,来讨论两个最常见的最短路径问题。

7.5.1 从某个源点到其余各顶点的最短路径

荷兰籍计算机科学家**迪杰斯特拉**(Dijkstra)提出了一个按路径长度递增的次序产生最短路径的算法。此算法(设图中边上的权值均非负)把图中所有的顶点 V 分成两个顶点集合 S 和 T:凡是以 v_1 为源点已经确定了最短路径的终点并入 S 集合中,S 集合的初始状态只包含顶点 v_1;另一个顶点集 T 则是尚未确定到源点 v_1 最短路径的顶点的集合($T=V-S$),T 的初始状态为包含除源点 v_1 外的网中所有的顶点。为了叙述方便,以下将已并入集合 S 中的顶点称为**已求点**,未并入集合 S 中的顶点称为**待求点**,顶点 i 到源点 v_1 的最短路径长度称为**顶点 i 的距离值**。

按各顶点与源点 v_1 间的最短路径长度递增的次序,生成到各顶点的最短路径,即先求出长度最小的一条最短路径,然后求出长度第二小的最短路径,以此类推,直至求出长度最大的最短路径。这样每一步都是按最短路径长度递增的顺序在尚未确定到源点 v_1 最短路径的顶点集合 T 中选择一个到 v_1 路径长度最短的顶点加入 S 中,直到 T 中所有的顶点都加入 S 中为止。集合 S 存放已求出到源点 v_1 最短路径的顶点,在这个过程中,使得从 v_1 到集合 S 中各顶点的路径长度始终不大于从 v_1 到集合 T 中各顶点的路径长度。

为了求解此问题,对有向图采用邻接矩阵 $edges[1..n+1][1..n+1]$ 存储,为方便地求出从 v_1 到集合 T 中各顶点最短路径的递增次序,这里引进两个辅助向量:一个是路径向量 $path[1..n+1]$,$path[i]$ 表示 i 点的最短路径上该点的前趋顶点,通过它可以找到路径上每个顶点的前趋,从而得到最短路径。另一个是 $dist[1..n+1]$,用来存放各顶点的距离值。显然,已求点的距离值就是该点 i 的最短路径长度,对于待求点来说,这个路径长度现在还不一定是真正的最短路径长度,因为它的初始状态是邻接矩阵 $edges$ 中第 v_1 行内各元素的值(如 v_1 是图 G 的第 1 个顶点,则 $dist$ 数组就是邻接矩阵 $edges$ 的第 1 行中各列的值),它并不是 v_1 到各顶点的真正的最短路径。但可以证明:若当前待求点中距离值最小的点为 k,则其距离值 $dist[k]$ 就是 k 点的最短路径长度,并且顶点 k 也是待求点中最短路径长度最短的顶点。

这两点可以简单地证明如下:

(1) 任取一条从源点 v 到 k 点的路径 P_{vk},则 P_{vk} 长度 $\geqslant dist[k]$。

证明:路径 P_{vk} 可能经过若干待求点,设经过的第1个待求点为 x,则该路径可分为两段,即 P_{vx} 和 P_{xk},于是:

P_{vk} 长度 $\geqslant P_{vx}$ 长度

$\geqslant x$ 距离值(因为 P_{vx} 中间只经过已求点,而距离值是所有这类路径中最短的)

$\geqslant k$ 距离值(因为 k 点是所有待求点中距离值最小的点)

$=\text{dist}[k]$

即顶点 k 的距离值就是 k 点的最短路径长度。

(2) 对任意一个待求点 j,任取一条从源点 v 到 j 点的路径 P_{vj},该路径也可能经过若干待求点。设经过的第1个待求点为 x,则该路径可分为两段,即 P_{vx} 和 P_{xj},于是有:

P_{vj} 长度 $\geqslant P_{vx}$ 长度

$\geqslant x$ 距离值(因为 P_{vx} 中间只经过已求点,而距离值是所有这类路径中最短的)

$\geqslant k$ 距离值(因为顶点 k 是当前待求点中距离值最小的点)

即 k 点的距离值也是所有待求点中路径长度最短的。

由上面两点可以得出扩充已求点集 S 的方法,即每一步在当前待求点集中选择一个距离值最小的点 k 扩充到 S 中。当已求点集 S 增加了一个点 k,剩下的待求点的距离值可能会发生变化,因为待求点又增加了经过点 k 的各种可能路径,所以必须调整当前各待求点的距离值。

如何对剩下的待求点的距离值进行调整呢?

因为当 k 点加入已求点集 S 后,若某个待求点 j 的距离值有变化(减少),则对应的路径必定是从源点 v 途经 k 最后到达待求点 j 的路径 P_{vkj}。由于 P_{vkj} 中间只经过已求点,它的前一段 P_{vk} 必定是 k 的最短路径,其长度为 $\text{dist}[k]$,它的后一段 P_{kj} 只有两种可能:其一是由 k 经过边 $<k,j>$ 直达待求点 j,其二是从 k 出发再经过若干已求点后到达 j,但后一种情形是不可能的,因为如果再经过已求点 x 到达 j,则:

P_{vkxj} 长度 $=P_{vk}$ 长度 $+P_{kx}$ 长度 $+P_{xj}$ 长度

$\geqslant k$ 距离值 $+P_{kx}$ 长度 $+P_{xj}$ 长度

$\geqslant x$ 距离值 $+P_{kx}$ 长度 $+P_{xj}$ 长度(因为 x 比 k 先加入已求点集 S,其距离值较小)

$\geqslant x$ 距离值 $+P_{xj}$ 长度(因为 P_{kx} 长度 >0)

$=P_{vxj}$ 长度

$\geqslant j$ 距离值(因为 P_{vxj} 中间只经过已求点,而距离值是所有这类路径中最短的)

即在这种情形下距离值不可能减少,所以需要按第一种情形调整距离值,即对待求点集进行扫描检查,若某点 j 的原距离值大于新路径长度,则使:

$$\text{dist}[j]=\text{dist}[k]+\text{edges}[k][j]$$

例 7.6 在图 7.12 中,以顶点 1 为源点,求 1 到各顶点的最短路径过程为:初始待求点 $j(j=2,3,4,5$。j 是各顶点的编号)的最短路径 $\text{dist}[j]$,即有向边 $<1,j>$ 的权值。其中边 $<1,2>$ 和 $<1,3>$ 与源点 1 有最短路径 $\text{dist}[3]=15$ 和 $\text{dist}[2]=20$,而边 $<1,4>$ 和 $<1,5>$ 不存在($\text{dist}[4]=\infty,\text{dist}[5]=\infty$)。选其中最短的 15,它就是源点 1 到顶点 3 的最短路径,将顶点 3 加入已求点集 S 中($S=\{1,3\}$)。调整 T 中各顶点到源点 1 的最短路径,此时顶点 4 有

一条新路径<1,3,4>,长度为 45,顶点 5 有一条新路径<1,3,5>,长度为 25,均小于它们的原最短路径值∞,故分别将待求点 4 和 5 的最短路径长度调整为 45 和 25,待求点 2 的路径长度不变。

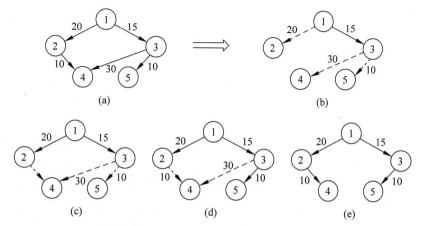

图 7.12　用 Dijkstra 算法求有向图最短路径的过程

当对 T 中各顶点的 dist[i]进行修改后,再从中挑选出一个到源点 v_1 路径长度最小的顶点 u,从 T 中删除 u 后再并入 S 中。以此类推,直到顶点集合 S 等于图 G 的顶点集合为止。

对图 7.12 中给出的图用 Dijkstra 算法求最短路径的动态执行情况如表 7.1 所示。

表 7.1　Dijkstra 算法的动态执行情况

循环次数	集合 S	选中的顶点号	dist					path				
			[1]	[2]	[3]	[4]	[5]	[1]	[2]	[3]	[4]	[5]
初值	1	1	0	20	15	∞	∞	1	1	1	1	1
1	**1,3**	**3**	**0**	**20**	**15**	**45**	**25**	**1**	**1**	**1**	**3**	**3**
2	1,3,2	2	0	20	15	30	25	1	1	1	2	3
3	1,3,2,5	5	0	20	15	30	25	1	1	1	2	3
4	1,3,2,5,4	4	0	20	15	30	25	1	1	1	2	3

对表 7.1 中一些数据的说明如下:

当集合 S 中并入顶点 3 后,就要调整图中其他还没并入 S 中的顶点到源点 1 的距离 dist[](即 dist[2]=20,dist[3]=15,dist[4]=45,dist[5]=25);同时没有并入 S 中的其他顶点现在可经顶点 3 到达源点 1 了,于是就要调整路径向量 path[],即调整 path[1]=1,path[2]=1,path[3]=1,path[4]=3(因为这时从源点 1 到达顶点 4 有路径了,而且该路径上顶点 4 的前趋是顶点 3;对于其他的 path[i]也可以做同样的解释),path[5]=3。

表 7.1 中的每一行都是从上一行里还没选中的距离中选一个最小的,然后调整 dist[],再调整 path[]而得到。

Dijkstra 算法如下:

```
void dijkstra(graph * G,int v,int * dist,int * path,char * S)
{
/* v 为源点,dist 为距离值数组,path 为路径前趋数组,S 为已求点集合数组 */
/* edges 为邻接矩阵,所有数组都从下标 1 开始使用 */
```

```
int i,j,k ,pre ,min;
for(i = 1;i <= G->n;i++)              /* 初始化距离值,前趋,已求点集 */
  { s[i] = 0;                         /* 表示顶点 i 没有被加入 S 中 */
    dist[i] = G->edges[v][i];
    path[i] = V;
  }
s[v] = 1;                             /* 将源点 V 放入 S 中 */
dist[v] = 0;
for(i = 1; i < G->n; i++)
  {
    min = INTMAX;                     /* INTMAX 为整数最大值,表示 ∞ */
    for(j = 1;j <= G->n; j++)         /* 找距离值最小的待求点 */
      if (!s[j]&&dist[j] < min )
        {
          min = dist[j];
          k = j;                      /* k 为当前到源点 v 距离最小的顶点号 */
        }
      if(min == INTMAX) break;        /* 剩余点距离值都为 ∞,结束 */
      S[k] = 1;                       /* 将 k 加入 S 中 */
      for(j = 1; j <= G->n; j++)      /* 调整剩余点的距离值和前趋 */
        if(!s[j]&&dist[j] > dist[k] + G->edges[k][j])
          {
            dist[j] = dist[k] + G->edges[k][j];
            Path[j] = k;
          }
  }
for(i = 1; i <= G->n; i++)           /* 输出每个顶点到顶点 v 的最短路径 */
  {
    printf("顶点 %d 的最短路径为: %d\n", i,dist[i]);
    Pre = path[i];
    do                                /* 输出每个顶点在路径上的前趋顶点号 */
    {   printf("<- %d", pre);
        pre = path[pre];
    }while(pre! = v);
    if(dist[i] == INTMAX)printf("无路径\n");
  }
}
```

　　利用该算法求出的源点到其余各点的最短路径(除去不可到达点),形成一棵最短路径树,源点 v_1 就是树根。Dijkstra 算法的时间复杂度为 $O(n^2)$。

7.5.2　每一对顶点之间的最短路径

　　如果依次将有向图 $G = (V, E)$ 中的每一个顶点作为源点,重复执行 Dijkstra 算法 n 次,就可求得每对顶点之间的**最短路径**。而**弗洛伊德**(Floyd)发现了一个更直接的方法——弗洛伊德算法,采用动态规划原理和逐步优化技术,对有向带权图 $G = (V, E)$(网)设计出求每对顶点间的最短路径的方法。该方法使用邻接矩阵 edges 表示有向带权图 G(网),有向图中的 n 个顶点从 1 开始编号。

　　弗洛伊德算法求各顶点间的最短路径长度的基本思想如下:

　　初始时,用邻接矩阵 edges 存储有向图 G,即顶点 i 到 j 的最短路径长度 edges$[i][j]$ 就是弧$<i,j>$所对应的权值(若$<i,j>$不存在,则 edges$[i][j]=\infty$),它表示任意顶点对之间不经过任何中间顶点的最短路径和长度。为叙述方便,将邻接矩阵 edges 记为 $\boldsymbol{A}^0$,$\boldsymbol{A}^0[i][j]$ 表示从 i 到 j 的不经过任何中间顶点的最短路径长度,然后进行 n 次试探。

要求顶点 i 到 j 的最短路径长度,首先,考虑从顶点 i 经过中间点序号不大于 1 的顶点到达顶点 j,而这就是考虑从顶点 i 到顶点 j 中间经过顶点 1 的最短路径,若路径存在,则比较路径$<i,j>$和$<i,1,j>$的长度,即比较 $\boldsymbol{A}^0[i][j]$ 和 $\boldsymbol{A}^0[i][1]+\boldsymbol{A}^0[1][j]$ 的大小,取其较小者作为当前求得的从 i 到 j 的最短路径长度,并以此长度取代 $\boldsymbol{A}^0[i][j]$,若没有路径存在,则 $\boldsymbol{A}^0[i][j]$ 不变。对每一对顶点的路径都进行这样的试探,则可求得 $\boldsymbol{A}^1$。这就是说,$\boldsymbol{A}^1$ 是考虑了各顶点间的路径除直接到达外,还可经过顶点 1 后再到达终点。$\boldsymbol{A}^1[i][j]$ 表示从 i 到 j 的、中间顶点序号不大于 1 的最短路径长度。

其次,在 $\boldsymbol{A}^1$ 的基础上,再考虑从 i 到 j 是否有中间点序号不大于 2 的最短路径,即是否有路径 $i,\cdots,2,\cdots,j$,若没有,则当前最短路径不变;若有,则修改当前路径长度为:路径 $i,\cdots,2$ 的长度$+$路径 $2,\cdots,j$ 的长度,而这两条路径就是前一步骤中求出的中间点序号不大于 1 的最短路径。将新的路径长度和原来的路径长度做比较,取较短者为当前最短路径。以此类推,可求得 $\boldsymbol{A}^2$。$\boldsymbol{A}^2[i][j]$ 表示从 i 到 j 的、中间顶点序号不大于 2 的最短路径长度。

然后,再考虑从 i 到 j 是否有中间顶点序号不大于 3 的最短路径,求得 $\boldsymbol{A}^3$。$\boldsymbol{A}^3[i][j]$ 表示从 i 到 j 的、中间顶点序号不大于 3 的最短路径长度。

一般地,若从顶点 i 到顶点 j 经过一个新顶点 k 能使路径长度缩短,则修改:

$$\boldsymbol{A}^k[i][j]=\boldsymbol{A}^{k-1}[i][j]\text{（中间不经过顶点 }k\text{）}$$
$$\boldsymbol{A}^k[i][j]=\boldsymbol{A}^{k-1}[i][k]+\boldsymbol{A}^{k-1}[k][j]\text{（中间经过顶点 }k\text{）}$$

所得到的 $\boldsymbol{A}^k[i][j]$ 就是从顶点 i 到顶点 j、中间顶点序号不大于 k 的最短路径长度$(0\leqslant k\leqslant n)$。

以此类推,经过 n 次试探,就把 n 个顶点都考虑到相应的路径中去了。最后求得 $\boldsymbol{A}^n$,$\boldsymbol{A}^n[i][j]$ 就是从顶点 i 到顶点 j 的最短路径长度$(0\leqslant i,j\leqslant n)$。

综上所述,弗洛伊德算法的关键,是递推地产生一个 n 阶矩阵序列 $\boldsymbol{A}^0,\boldsymbol{A}^1,\boldsymbol{A}^2,\cdots,$ $\boldsymbol{A}^{n-1},\boldsymbol{A}^n$,它是表示最短路径长度的矩阵序列,其递推关系为:

$$\boldsymbol{A}^0[i][j]=\text{edges}[i][j]$$
$$\boldsymbol{A}^k[i][j]=\min\{\boldsymbol{A}^{k-1}[i][k]+\boldsymbol{A}^{k-1}[k][j],\boldsymbol{A}^{k-1}[i][j]\}\quad 1\leqslant i,j,k\leqslant n$$

另外,为了得到最短路径本身,还必须设置一个路径矩阵 path$[1..n+1][1..n+1]$,它也是迭代产生的,path$^k[i][j]$ 存放 i 到 j 的中间点序号不大于 k 的最短路径上顶点 i 的后继顶点。算法结束时,由 path$^k[i][j]$ 可以找到 i 到 j 的最短路径上的各个顶点。

初始时,path$[i][j]=j$ 表示从 i 到 j 的路径是直达的,中间不经过其他的顶点;path$[i][j]=0$ 表示从 i 到 j 无直达路径。以后,当考虑让路径经过某个顶点 k 时,若使路径更短,则在修改 $\boldsymbol{A}^k[i][j]$ 的同时,令 path$^k[i][j]=$path$^k[i][k]$。那么,如何求出从 i 到 j 的路径上的全部顶点呢? 只需要编一个循环就可以解决,因为所有最短路径的信息都含在矩阵 path 里了。设经 n 次试探后 path$^n[i][j]=k$,即从 i 到 j 的最短路径经过顶点 $k(k\neq 0)$,该路径上还有哪些顶点呢? 只要去查顶点 k 的后继 path$^n[k][j]$,以此类推,直到达到顶点 j。

弗洛伊德算法如下：

```
void  floyd(graph * G)
{/* A 为最短路径值的矩阵,path 为最短路径矩阵,假设为全局变量 */
  int i,j,k,next;
  for ( i = 1; i <= G->n; i++)                    /* 为 A[i][j]和 path[i][j]置初值 */
  for(j = 1; j <= G->n; j++)
  {
    A[i][j] = G-> edges[i][j];
    if(G-> edges[i][j]! = Max)
     path[i][j] = j;                              /* i 是 j 的后继 */
    else
      path[i][j] = 0;
  }
  for(k = 1;k <= G->n;k++)
   for( i = 1; i <= G->n ; i++)
     for(j = l; j <= G->n; j++)
      if(A[i][k] + A[k][j] < A[i][j])
       { A[i][j] = A[i][k] + A[k][j];             /* 修改路径长度 */
         path[i][j] = path[i][k];                 /* 修改路径后继 */
       }
  for(i = 1; i <= G->n; i++)                      /* 输出所有顶点对之间的最短路径及长度 */
  for(j = 1; j <= G->n; j++)
    {if(A[i][j] == Max)
    {printf ("无路径\n");
     continue; }
    printf("顶点 % d 到顶点 % d 的路径长度为: % d", i,j,A[i][j]);
    next = path[i][j];                            /* next 为起点 i 的后继 */
    if(next == 0)                                 /* 顶点 i 无后继 */
      printf(" % d 到 % d 无路径:",i ,j);
    else
      { printf( "路径为: % d",i);
        do{
        printf(" -> % d", next);                  /* 输出后继顶点 */
        next = path[next][j] ;                    /* 继续找下一个后继点 */
        }while(next! = j);
      printf(" -> % d",j);                        /* 输出终点 */
    }
   }
 }
}
```

弗洛伊德算法的时间复杂度为 $O(n^3)$，比较适合于稠密图。

例 7.7　对下面的有向带权图，按弗洛伊德算法，产生的两个矩阵序列 A 和 path 如图 7.13 所示。

> **说明**：如 A^2 中的 $A[3][4]$ 是 A^1 中的 $A[3][2] + A[2][4]$ 与 A^1 中的 $A[3][4]$ 比较后所取的较小者，其他的 A^2 中的元素也是用此法求得。从 path^4 中可求得任何两个顶点间的最短路径所经过的顶点序列。

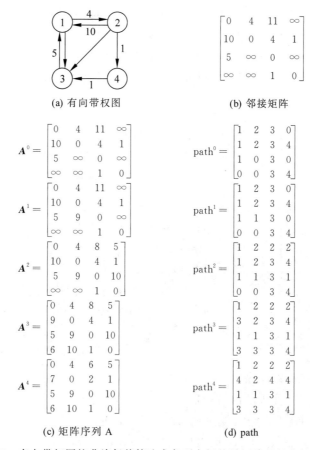

图 7.13 有向带权图按弗洛伊德算法求各顶点间的最短路径长度的过程

7.6 拓 扑 排 序

在实际工作中,经常使用一个有向图来表示工程的施工流程图或产品生产的流程图。也就是说,一个大工程经常被划分成若干较小的子工程,这些子工程称为"活动"(Activity)。当这些子工程全部完成时,整个工程也就完成了。

一般情况下,可以用有向图中的顶点表示活动,有向边表示活动之间的先后关系,我们把这样的图称为**以顶点表示活动的网**(Activity On Vertex Network,AOV)。

在 AOV 网中,若从顶点 i 到顶点 j 存在一条有向路径,则称 i 是 j 的前趋,j 是 i 的后继。若 $<i,j>$ 是 AOV 的一条弧,就称顶点 i 是 j 的直接前趋。AOV 网中的弧表示了活动间的优先关系。一般来说,活动之间有下列两种关系:

(1) 先后关系:一个活动完成后,另一个活动才能开始。

(2) 并列关系:活动可独立、并行地进行,互不影响。

对 AOV 网构造其所有顶点的线性序列,此序列不仅保持网中各顶点间原有的先后关系,而且使原来没有先后关系的顶点也成为有先后关系。这样的线性序列称为**拓扑有序序列**。构造 AOV 网的拓扑有序序列的操作称为**拓扑排序**。

在 AOV 网中不应出现有向回路,若有回路,则说明某个"活动"能进行要以自身任务的完成作为先决条件,显然,这是荒谬的,这样的工程无法完成。因此,对给定的 AOV 网应该首先判定网中是否有回路。检测的办法是对该有向图构造其顶点的拓扑有序序列,若网中所有顶点都在它的拓扑有序序列中,则该 AOV 网中必定不存在回路。

要完成一个工程,就要安排各个活动的先后顺序,使各个活动能顺利地进行。类似这种次序规划的问题都可归结为拓扑排序。

> 拓扑排序是定义在有向图上的一种操作,它根据顶点间的关系求得顶点的一个线性序列。某 AOV 网,若其拓扑有序序列构造成功,则各子工程可按拓扑有序序列的次序进行安排。

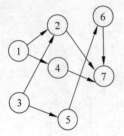

任何一个无回路的 AOV 网,其顶点都可以排成一个拓扑有序序列,并且其拓扑有序序列不一定是唯一的。

例 7.8 一个 AOV 网的拓扑有序序列不唯一的例子,如图 7.14 所示。

对图 7.14 所示的有向图其拓扑有序序列可以为:

$$1 \rightarrow 3 \rightarrow 2 \rightarrow 4 \rightarrow 5 \rightarrow 6 \rightarrow 7$$

或

$$3 \rightarrow 5 \rightarrow 6 \rightarrow 1 \rightarrow 4 \rightarrow 2 \rightarrow 7$$

图 7.14 有向图及其拓扑序列

这说明 AOV 网的拓扑有序序列不唯一。

对 AOV 网进行拓扑排序的步骤是:

(1) 在 AOV 中选取一个入度为 0 的顶点并输出它。

(2) 从网中删去该顶点,并且删去从该顶点发出的全部有向边。

(3) 重复上述两个步骤,直到网中全部顶点均已输出,或者当前图中不存在入度为 0 的顶点为止。后一种情况说明有向图中存在回路。

例 7.9 使用上述方法,对图 7.14 中的有向图进行拓扑排序,其过程如图 7.15 所示,求得其拓扑有序序列为 3→1→5→2→4→6→7。

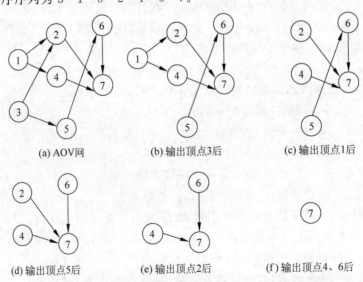

(a) AOV网   (b) 输出顶点3后   (c) 输出顶点1后

(d) 输出顶点5后   (e) 输出顶点2后   (f) 输出顶点4、6后

图 7.15 AOV 网及其拓扑有序序列的产生过程示意图

在上述过程中,若进行到某步时,有不止一个入度为 0 的顶点,则可在这些入度为 0 的顶点中任选一个输出,并删除由它发出的所有有向边。

下面以邻接表作为 AOV 网的存储结构,讨论拓扑排序算法的实现。

图 7.16 给出了 AOV 网的邻接表,它由三部分组成,为了便于考察每个顶点的入度,在顶点表中增加一个入度域 id,以记录当前各个顶点的入度值。每个顶点的初始入度值可在邻接表的生成过程中累计得到,入度为 0 的顶点是无前趋的顶点。当删除从某顶点发出的弧时,可以通过修改该弧所到达的顶点的入度来表示。链表部分的表结点中,vertex 域表示顶点的编号。邻接表中的顶点表结点类型如下:

```
typedef struct{
        datatype data;          /* 顶点信息 */
        int   id;               /* 入度域 */
        pointer first;          /* 边表头指针 */
        }headtype;              /* 顶点表结点类型 */
```

例 7.10 图 7.15(a)中的 AOV 网,其邻接表如图 7.16 所示。

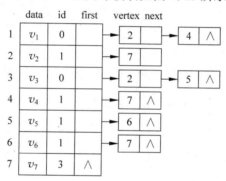

图 7.16 图 7.15(a)中 AOV 网的邻接表

下面讨论拓扑排序的具体算法。

在拓扑排序中,当某顶点的表头结点中的 id 的值为零时,就可进行输出。因此算法的第一步就是找入度为 0 的点,这只要对顶点表的入度域 id 扫描即可。为避免重复测试入度为 0 的顶点,算法中设置一个堆栈保存当前所有入度为 0 的顶点(这个堆栈可以另外开设。也可以用邻接表本身来建一个链式的堆栈,这个堆栈就是邻接表表头结点向量中的 id 域,由于表头结点的 id 域存放的是该结点的入度,而当删除某入度为 0 的顶点及从该顶点发出的弧时,就得修改该弧所到达顶点的入度,当某一顶点的入度为 0 时,该顶点的表头结点的 id 就是 0,这时表头结点的 id 域已经无用,故可以用表头结点向量中的 id 域作为堆栈)。以后每次找入度为 0 的点时,都可以直接从栈顶取出。排序过程中一旦出现新的入度为 0 的点,就将其入栈。

算法的第二步,是删去已输出的点及从该点出发的全部有向边,其目的是要修改这些出边上终点的入度。因此,只要检查从栈顶弹出的点(相当于删去此点)的出边表,把每条出边的终点所对应的入度值减 1(相当于删去出边)。

综上所述,可得到以邻接表作存储结构的拓扑排序算法描述如下:

```
void   topsort (lkgraph   * g)
    {扫描顶点表建立入度为 0 的顶点栈;
     while (栈不空)
```

```
    {弹出栈顶 v 并输出;
     检查 v 的出边表,将其每条出边的终点 w 的入度减 1,若变为 0,则 w 入栈;
    }
    若输出的顶点数小于 n,则输出"有回路",否则拓扑排序正常结束;
}
```

下面给出求精后的拓扑排序算法:

```
int  topsort(lkgraph * g)
  {lkstack  s;                    /*假设采用链栈(结点数据类型为 int,存放入度为 0 的顶点号)*/
   pointer  p;                    /*表结点指针变量*/
   int m,i,v;
   init_lkstack(&s);                                /*栈的初始化*/
   for (i = 1; i <= g -> n; i++)
     if(g -> adlist[i].id == 0)
       push_lkstack(&s,i);                          /*入栈*/
       m = 0;
   while(! empty_lkstack(&S))                        /*栈空否*/
   { pop_lkstack(&S,&v);                            /*出栈*/
     printf("% d  ",v);                             /*输出栈顶元素*/
     m++;
     p = g -> adlist[v].first;
     while(p != NULL)
     {  /*将 v 点的各出边的终点 w 的入度减 1,若变为 0,则入栈*/
       g -> adlist[p -> vertex].id -- ;
       if(g -> adlist[p -> vertex].id == 0)push_lkstack(&s,p -> vertex);
       p = p -> next;
     }
   }
   if (m < g -> n)
     { printf("图中有回路,不能拓扑排序!");
       return  0;
     }
   else  return 1;
}
```

分析上述算法,若有向图有 n 个顶点和 e 条边,建立初始入度为 0 的顶点栈,要检查所有顶点一次,执行时间为 $O(n)$;拓扑排序中,若有向图无回路,则每个顶点入栈、出栈各一次,每个边表结点被检查一次,执行时间是 $O(n+e)$。所以,总的时间复杂度为 $O(n+e)$。

7.7 关 键 路 径

对于一个工程来说,不但要关心各子工程之间的先后关系,而且更要关心整个工程完成的最短时间,这就是有向带权图的另一个重要应用——工程进度的关键路径问题。

在描述关键路径问题的有向图中,顶点表示子工程(事件),边表示活动,边上的权表示活动所需的时间,此有向图称为边表示活动的网——AOE 网。

在 AOE 网中,顶点所表示的子工程实际上就是其入边所表示的活动均已完成,其出边所表示的活动可以开始的这样一种状态。也就是说,某一个子工程是否能开始,取决于进入这个顶点的所有边表示的活动是否已经完成。例如,图 7.17 所示的 AOE 网表示一个具有 11 个活动 $a_1,a_2,a_3,\cdots,a_{11}$ 的工程,它由 9 个子工程(事件)$v_1,v_2,v_3,\cdots,v_9$ 组成,事件 v_1 表示整个工程的开始,事件 v_9 表示整个工程的结束。边上的权表示完成活动所需的时间,若单位为天,则活动 a_1 需要 6 天完成,$\cdots\cdots$,活动 a_{11} 需要 4 天完成。

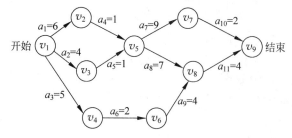

图 7.17　AOE 网示例

当工程开始后,活动 a_1、a_2、a_3 可以同时进行,而活动 a_4、a_5、a_6 只有在事件 v_2、v_3、v_4 分别发生后才能开始,当活动 a_{10}、a_{11} 完成时,整个工程也就完成了。

AOE 网所关心的问题是:

(1) 完成整个工程至少需要多长时间?

(2) 哪些活动是影响工程进度的关键?

在 AOE 中,由于某些活动可以并行地进行,因此完成整个工程所需的最短时间是**从开始顶点到结束顶点的最长路径长度**。当然,这里的路径长度是指路径上各边的权值之和。我们称从开始顶点到结束顶点的最长路径为关键路径,如在图 7.17 中,路径 $v_1v_2v_5v_7v_9$ 是一条关键路径,它的长度是 18。一个 AOE 网可有多条关键路径,它们的长度是一样的。

关键路径决定着 AOE 网的工期。为了求出有向带权图的关键路径,首先引入以下几个概念。

(1) 一个事件 v_k 能够发生的最早时间(用 ve(k)表示)取决于从始点 v_1 到顶点 v_k 的最长路径长度,它决定了从该顶点发出的所有边表示的活动的最早开始时间。若用 $e(i)$ 表示**活动 a_i 的最早开始时间**,则在图 7.17 中有:v_5 的最早发生时间是 7,以 v_5 为起点的两条出边表示的活动 a_7 和 a_8 的最早开始时间 ve(5)=e(7)=e(8)=7。

把源点事件的发生时间定义为 0,则对于事件 v_k,仅当其所有前趋事件 v_x 均已发生且所有的入边表示的活动均已完成时才可能发生。于是得出如下的递推计算公式:

$$ve(1)=0$$
$$ve(k)=\max\{ve(x)+w_{xk}\}\quad <v_x,v_k>\in p[k],2\leqslant k\leqslant n$$

其中,$p[k]$ 表示所有以 v_k 为终点的边集,w_{xk} 表示边 $<v_x,v_k>$ 的权。

(2) 在不拖延整个工程完成时间的前提下,一个事件 v_k 允许的最迟发生时间(用 vl(k) 表示),应该等于结束顶点事件 v_n 的最早发生时间 ve(n)减去 v_k 到 v_n 的最长路径长度,在图 7.17 所示的 AOE 网中有:

$$vl(4)=18-4-4-2=8$$
$$vl(5)=18-4-7=7$$

事件 v_k 发生时,以 v_k 为终点的各入边所表示的活动均已完成了,即这些活动 a_i 的最迟完成时间等于 vl(k),由于活动 a_i 的持续时间为 w_{xk},所以活动 a_i 的最迟开始时间是 vl(k)$-$ w_{xk}。用 $l(i)$ 表示**活动 a_i 的最迟开始时间**,则 $l(i)=$vl(k)$-w_{xk}$。

将结束顶点事件 v_n 的最早发生时间(工程的最早完工时间)作为 v_n 的最迟发生时间。而事件 v_k 的最迟发生时间 vl(k)不能迟于其后继事件 v_y 的最迟发生时间 vl(y)与活动 $<v_k,v_y>$ 的持续时间之差,于是得出如下的递推计算公式:

$$\text{vl}(n)=\text{ve}(n)$$
$$\text{vl}(k)=\min\{\text{vl}(y)-w_{ky}\} \quad <v_k,v_y>\in s[k],1\leqslant k\leqslant n-1$$

其中,$s[k]$ 表示所有以 v_k 为起点的边集,w_{xk} 表示边 $<v_k,v_y>$ 的权。

(3) 在不拖延工期的情况下,我们关心活动 a_i 的最迟开始时间活动 $l(i)$ 与 a_i 的最早开始时间 $e(i)$ 的差值 $l(i)-e(i)$,即该项活动可以延迟的时间。若该值为 0,即 $l(i)=e(i)$,则称活动 a_i 为**关键活动**,否则为非关键活动。例如,在图 7.17 中有 $l(6)-e(6)=3$,这意味着 a_6 延迟 3 天不会影响整个工程的完成。

显然,关键路径上的所有活动都是关键活动。缩短和延误关键活动的持续时间,就会提前或推迟整个工程的完工时间。提前完成非关键活动并不能加快整个工程的进度,而它的延期只要不超过最大可利用时间,也不会影响整个工期。分析关键路径的目的就是要识别哪些活动是关键活动,以便提高关键活动的工效,缩短整个工程的完成时间。

需要指出的是:在 AOE 网中,如果某一个关键活动不在所有的关键路径上,那么,提高这个关键活动的速度,并不能缩短整个工期。

关键路径的识别:为了使 AOE 网所代表的工程尽快完成,要先识别关键路径,只有缩短关键路径上的关键活动所需时间才有可能缩短整个工期。

由前文可知,识别关键活动就是要找 $l(i)=e(i)$ 的活动,即把所有活动的最早开始时间和最迟开始时间都计算出来,这样就可以找出所有的关键活动。

对于图 7.17,$l(i)$ 和 $e(i)$ 的计算过程如下:

(1) 事件的最早发生时间:

$\text{ve}(1)=0$　　　　　　　　　　　　　$\text{ve}(2)=\text{ve}(1)+w_{12}=0+6=6$

$\text{ve}(3)=\text{ve}(1)+w_{13}=0+4=4$　　　$\text{ve}(4)=\text{ve}(1)+w_{14}=0+5=5$

$\text{ve}(5)=\max\{\text{ve}(2)+w_{25},\text{ve}(3)+w_{35}\}=\max\{6+1,4+1\}=7$

$\text{ve}(6)=\text{ve}(4)+w_{46}=5+2=7$

$\text{ve}(5)=\text{ve}(4)+w_{57}=7+9=16$

$\text{ve}(8)=\max\{\text{ve}(5)+w_{58},\text{ve}(6)+w_{68}\}=\max\{7+7,7+4\}=14$

$\text{ve}(9)=\max\{\text{ve}(7)+w_{79},\text{ve}(8)+w_{89}\}=\max\{16+2,14+4\}=18$

(2) 事件的最迟发生时间:

$\text{vl}(9)=\text{ve}(9)=18$

$\text{vl}(8)=\min\{\text{vl}(9)-w_{89}\}=18-4=14$

$\text{vl}(7)=\text{vl}(9)-w_{79}=18-2=16$

$\text{vl}(6)=\text{vl}(8)-w_{68}=14-4=10$

$\text{vl}(5)=\min\{\text{vl}(8)-w_{58},\text{vl}(7)-w_{57}\}=\min\{14-7,16-9\}=7$

$\text{vl}(4)=\text{vl}(6)-w_{46}=10-2=8$

$\text{vl}(3)=\text{vl}(5)-w_{35}=7-1=6$

$$\text{vl}(2) = \text{vl}(5) - w_{25} = 7 - 1 = 6$$

$$\text{vl}(1) = \min\{\text{vl}(2) - w_{12}, \text{vl}(3) - w_{13}, \text{vl}(4) - w_{14}\} = \min\{6-6, 6-4, 8-5\} = 0$$

（3）根据前面求得的 ve 和 vl 就可以求出各活动 a_i 的最早开始时间 $e(i)$ 和最迟开始时间 $l(i)$，如表 7.2 所示，进而求得时间余量如表 7.3 所示。

表 7.2 活动的最早开始时间和最迟开始时间

最早开始时间	最迟开始时间	相关的边
$e(1) = \text{ve}(1) = 0$	$l(1) = \text{vl}(2) - 6 = 6 - 6 = 0$	$<v_1, v_2>$
$e(2) = \text{ve}(1) = 0$	$l(2) = \text{vl}(3) - 4 = 6 - 4 = 2$	$<v_1, v_3>$
$e(3) = \text{ve}(1) = 0$	$l(3) = \text{vl}(4) - 5 = 8 - 5 = 3$	$<v_1, v_4>$
$e(4) = \text{ve}(2) = 6$	$l(4) = \text{vl}(5) - 1 = 7 - 1 = 6$	$<v_2, v_5>$
$e(5) = \text{ve}(3) = 4$	$l(5) = \text{vl}(5) - 1 = 7 - 1 = 6$	$<v_3, v_5>$
$e(6) = \text{ve}(4) = 5$	$l(6) = \text{vl}(6) - 2 = 10 - 2 = 8$	$<v_4, v_6>$
$e(7) = \text{ve}(5) = 7$	$l(7) = \text{vl}(7) - 9 = 16 - 9 = 7$	$<v_5, v_7>$
$e(8) = \text{ve}(5) = 7$	$l(8) = \text{vl}(8) - 7 = 14 - 7 = 7$	$<v_5, v_8>$
$e(9) = \text{ve}(6) = 7$	$l(9) = \text{vl}(8) - 4 = 14 - 4 = 10$	$<v_6, v_8>$
$e(10) = \text{ve}(7) = 16$	$l(10) = \text{vl}(9) - 2 = 18 - 2 = 16$	$<v_7, v_9>$
$e(11) = \text{ve}(8) = 14$	$l(11) = \text{vl}(9) - 4 = 18 - 4 = 14$	$<v_8, v_9>$

表 7.3 由活动的最迟开始时间和最早开始时间所得的余量

活动	a_1	a_2	a_3	a_4	a_5	a_6	a_7	a_8	a_9	a_{10}	a_{11}
e	0	0	0	6	4	5	7	7	7	16	14
l	0	2	3	6	6	8	7	7	10	16	14
$l-e$	0	2	3	0	2	3	0	0	0	0	0

由表 7.3 可知，关键活动是 a_1、a_4、a_7、a_8、a_{10}、a_{11}，从图 7.17 中删去所有非关键活动，则得到如图 7.18 所示的有向图，在这个图中从 v_1 到 v_9 有两条关键路径。

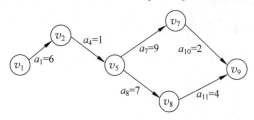

图 7.18 图 7.17 所示的 AOE 网中仅含关键活动的有向图

需要指出的是，如果存在多条关键路径，则只加快部分关键路径上的活动并不能缩短整个工期，应使各关键路径同时缩短才行。例如，加快图 7.17 中关键活动 a_{11} 的速度，使其由 4 天缩短为 3 天，则整个工期并不能由 18 天缩短为 17 天，因为另一条关键路径 $v_1 v_2 v_5 v_7 v_9$ 的长度仍为 18 天。所以，只有加快公共关键路径上的活动，才能缩短整个工期，如缩短 a_1 的速度，使其由 6 天缩短为 4 天，则整个工期就会提前 2 天。

关键路径是可以变化的，提高某些关键路径的速度，可能会使原来的非关键路径变为新的关键路径，也可能使原来的关键路径变为非关键路径，这就是说，提高关键活动的速度是有限度的。如在图 7.17 中将关键活动 a_1 由 6 提高到 4 后,路径 $v_1v_3v_5v_7v_9$ 和 $v_1v_3v_5v_8v_9$ 也变成了关键路径;但若关键活动 a_1 由 6 提高到 3 后,原来的关键路径就变成了非关键路径了。

经过以上讨论,可以得出求关键活动算法的步骤如下:

(1) 对 AOE 网进行拓扑排序,按拓扑序列的次序求出各顶点事件的最早发生时间 ve,若有向图中有回路,则算法结束,否则执行第(2)步。

(2) 按拓扑序列的逆序求出各顶点事件的最迟发生时间 vl。

(3) 根据求得的各顶点的 ve、vl,求出各活动 a_i 的最早开始时间 $e(i)$ 和最迟开始时间 $l(i)$。若 $e(i)=l(i)$,则 a_i 为关键活动。

由于上述第(2)步要用到逆序的拓扑序列,所以在第(1)步中要保留拓扑排序的结果,因此前面学过的拓扑排序的算法在这不能直接使用,因为它用栈保存入度为 0 的顶点,排序结束后栈空,没有保存拓扑序列的结果。一种修改方法是在拓扑排序中输出各顶点时,用另一个栈将它保存起来,这样在排序结束后,出栈就可得到所需的逆序拓扑序列,但这要增加 $O(n)$ 的辅助空间;如果在拓扑排序中使用队列来保存入度为 0 的顶点,并注意顺序队列出队时原队列内容不被清除(参见图 3.8),这样就可以在拓扑排序结束后,从顺序队列这些历史"痕迹"中得到所需的逆序拓扑序列。显然,这里不能采用链队列,且顺序队列空间不小于 n(不构成循环队列),否则所需的历史信息会丢失或被破坏。按此思路可知,求关键活动的算法如下:

```
struct node                  /*边表结点*/
   {int no;                  /*邻接顶点编号*/
    int w;                   /*活动持续时间(权,边长)*/
    pointer next;            /*指向边表结点的指针*/
   };
int topsort(lk_graph * g, sqqueue * s)
/*有向带权图采用邻接链表存储,g 为指向邻接链表的指针,s 为顺序队列*/
/*本算法求出各事件的最早发生时间 ve*/
{ pointer p;
  int m,i,v;
  for(i = 1; i <= g -> n; i++)
  ve[i] = 0;                 /*将各事件的最早发生时间数组 ve[ ]初始化为 0*/
  init_sqqueue(&s);          /*顺序队列 s 初始化*/
  for(i = 1; i <= g -> n; i++)
   if(g -> adlist[i].id == 0)
    en_sqqueue(&s, i);       /*顶点 i 入队*/
  m = 0;
  while(!empty_sqqueue(&s))
    {de_ sqqueue(&s, &v);    /*顶点 v 出队*/
     m++;                    /*出队元素的个数加 1*/
    p = g -> adlist[v].first; /*工作指针 p 指向以顶点 v 为头的邻接表*/
    while(p != NULL)
     { g -> adlist[p -> no ].id -- ;
      if(g -> adlist[p -> no].id == 0)
        en_sqqueue(&s, p -> no);
      if(ve[p -> no] < ve[v] + p -> w)
```

```
        ve[p->no] = ve[v] + p->w;
      p = p->next;
     }
    }
   if(m < g->n)
    {printf("图中有回路,不能排序! \n");
     return 0;}
    else   return 1;
}
int critpath(lk_graph   * g)
/* 有向带权图采用邻接链表存储,g 为指向邻接链表的指针 */
/* 本算法是求出各顶点事件的最迟发生时间 vl,然后求出各活动的 */
/* 最早开始时间和最迟开始时间及它们的时间差,最后求得关键路径 */
{ pointer p;
  int m,i,v,e,j;
  sqqueue s;                   /* s 为顺序队列 */
  if(!topsort(g , &s))
    {printf("图中有回路,没有关键路径! \n");
     return 0;}
  for(i = 1; i <= g->n; i++)
   vl[i] = vel[n];             /* 初始化顶点最迟发生时间 vl */
  for(i = g->n-1; i >= 1; i--)  /* 按拓扑序列逆序取顶点 */
   {v = s[i];
   p = g->adlist[v].first;
   while(p != NULL)
    {
     if(vl[p->no] - p->w < vl[v])
       vl[v] = vl[p->no] - p->w;
     p = p->next;
    }
   }
   m = 0;                      /* 边活动计数器 */
for(i = 1; i <= g->n; i++)     /* 依次取各顶点 */
   { p = g->adlist[i].first;
   while(p != NULL)
    { m++;
     e = ve[i];
     j = vl[p->no] - p->w;
     printf("%d  %d  %d  %d  %d \n",m, g->adlist[p->no].data,e,j,j-e);
     if(j == e)
     printf("输出关键路径\n");
      p = p->next;
    }
   }
   return 1;
}
```

上述算法时间复杂度为 $O(n+e)$。

本 章 小 结

- 图是一种复杂的非线性的数据结构,具有广泛的应用背景。本章主要介绍了图的基本概念和两种不同的存储结构,对图的遍历、最小生成树、最短路径和拓扑排序等问题做了比较详细的讨论,给出了相应的求解算法。
- 相对而言,图这一章的内容较难。由于涉及不少离散数学的知识,因此,希望读者参考有关书籍,复习相关的知识点,以便更好地理解本章所介绍的算法实质,掌握图的有关术语和存储表示方法,学会应用本章的有关内容解决实际问题。

习 题 7

一、名词解释题

1. 有向图

2. 无向图

3. 最小生成树

二、判断题(正确的请在后面的括号内打√;错误的打×)

1. 图可以没有边,但不能没有顶点。 （ ）

2. 在有向图中,$<v_1,v_2>$与$<v_2,v_1>$是两条不同的边。 （ ）

3. 邻接表只能用于有向图的存储。 （ ）

4. 用邻接矩阵法存储一个图时,在不考虑压缩存储的情况下,所占用的存储空间大小只与图中顶点个数有关,而与图的边数无关。 （ ）

5. 若以某个顶点开始,对有 n 个顶点的有向图 G 进行深度优先遍历,所得的遍历序列唯一,则可以断定其边数为 $n-1$。 （ ）

6. 有向图不能进行广度优先遍历。 （ ）

7. 若一个无向图以顶点 v_1 为起点进行深度优先遍历,所得的遍历序列唯一,则可以唯一确定该图。 （ ）

8. 带权图的最小生成树是唯一的。 （ ）

三、填空题

1. 图有_____、_____等存储结构;遍历图有_____、_____等方法。

2. 若图 G 中每条边都_____方向,则 G 为无向图。在有 n 条边的无向图邻接矩阵中,1 的个数是_____。

3. 若图 G 中每条边都_____方向,则 G 为有向图。

4. 图的邻接矩阵是表示_____之间相邻关系的矩阵。

5. 有向图 G 用邻接矩阵存储,其第 i 行的所有元素之和等于顶点 i 的_____。

6. 有 n 个顶点和 e 条边的图采用邻接矩阵存储,深度优先搜索遍历算法的时间复杂度为_____。

7. 有 n 个顶点的完全图有_____条边。

8. 一个图的生成树的顶点是图的_____顶点。

四、选择题

1. 在一个图中,所有顶点的度数之和等于图的边数的( )倍。

    A. 1/2   B. 1   C. 2   D. 4

2. 在一个有向图中,所有顶点的入度之和等于所有顶点的出度之和的( )倍。

    A. 1/2   B. 1   C. 2   D. 4

3. 有 8 个结点的无向图最多有( )条边。

    A. 14   B. 28   C. 56   D. 112

4. 有 8 个结点的无向连通图最少有( )条边。

    A. 5   B. 6   C. 7   D. 6

5. 有 8 个结点的有向完全图有( )条边。

    A. 14   B. 28   C. 56   D. 112

6. 用邻接表表示图进行广度优先遍历时,通常是采用( )来实现算法的。

    A. 栈   B. 队列   C. 树   D. 图

7. 用邻接表表示图进行深度优先遍历时,通常是采用( )来实现算法的。

    A. 栈   B. 队列   C. 树   D. 图

8. 广度优先遍历类似于二叉树的( )。

    A. 先序遍历   B. 中序遍历   C. 后序遍历   D. 层次遍历

9. 任何一个无向连通图的最小生成树( )。

    A. 只有一棵   B. 有一棵或多棵

    C. 一定有多棵   D. 可能不存在

10. 生成树的构造方法只有( )。

    A. 深度优先   B. 深度优先和广度优先

    C. 无前趋的顶点优先   D. 无后继的顶点优先

11. 无向图顶点 v 的度是关联于该顶点( )的数目。

    A. 顶点   B. 边   C. 序号   D. 下标

五、综合题

1. 有 n 个选手参加的单循环比赛要进行多少场比赛?试用图结构描述。若是主客场制的联赛,又要进行多少场比赛?

2. 证明下列命题:

(1) 在任意一个有向图中,所有顶点的入度之和与出度之和相等。

(2) 任一无向图中各顶点的度的和一定为偶数。

3. 一个强连通图中各顶点的度有什么特点?

4. 证明:有向树中仅有 $n-1$ 条弧。

5. 已知有向图 G 用邻接矩阵存储,设计算法分别求解顶点 v_i 的入度、出度和度,并求得图 G 中出度最大的一个顶点。

6. 设图 G 用邻接矩阵 $A[n+1, n+1]$ 表示,设计出判断 G 是否是无向图的算法。

7. 设计算法以判断顶点 v_i 到 v_j 是否存在路径?若存在,则返回 TRUE;否则返回 FALSE。

8. 设计算法以判断无向图 G 是否是连通。若连通,则返回 TRUE;否则返回 FALSE。

9. 设 G 是无向图,设计算法求出 G 中的边数(假设图 G 分别采用邻接矩阵、邻接表以及不考虑具体存储形式,而是通过调用前面所述函数来求邻接点)。

10. 设 G 是无向图,设计算法以判断 G 是否是一棵树,若是则返回 TRUE,否则返回 FALSE。

11. 当图 G 分别采用邻接矩阵和邻接表存储时,分析深度遍历算法的时间复杂度。

12. 设连通图用邻接表 A 表示,设计算法以产生 dfs(1) 的 dfs 生成树,并存储到邻接矩阵 B 中。

13. 设计算法以求解距离 v_0 最远的一个顶点。

14. 分别用 Prim 算法和 Kruskal 算法求解图 7.19 的最小生成树,并标注出中间求解过程的各状态。

15. 在图 7.19 中分别采用邻接矩阵和邻接表存储时,Prim 算法的时间复杂度是否一致?为什么?

16. 在实现 Kruskal 算法时,如何判断某边和已选边是否构成回路?

17. 对图 7.20 中的 AOV 网,完成如下操作:

(1) 按拓扑排序方法进行拓扑排序,写出中间各步的入度数组和栈的状态值,并写出拓扑序列。

(2) 写出图 7.20 所示 AOV 网的所有的拓扑序列。

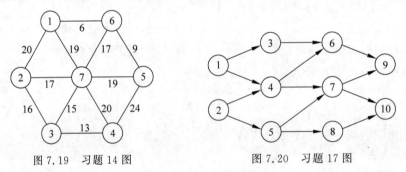

图 7.19　习题 14 图　　　　　图 7.20　习题 17 图

18. 对图 7.21,求出从顶点 1 到其余各顶点的最短路径。

19. 已知某无向图有 6 个顶点,现依次输入各边 $(v_1,v_2)(v_2,v_6)(v_2,v_3)(v_3,v_6)(v_6,v_4)$、$(v_6,v_5)(v_4,v_5)(v_5,v_1)$,采用头插法建立邻接表,试画出邻接表,并写出在此基础上从顶点 v_2 出发的 DFS 和 BFS 遍历序列。

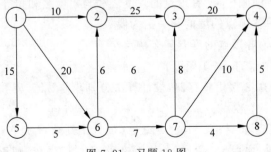

图 7.21　习题 18 图

20. 对图 7.22 用 Floyd 算法求所有顶点对之间的最短路径,并写出迭代过程和结果。

21. 画出图 7.23 带入度域的邻接表,假设邻接表的结点按结点序号递增排列。分别用栈和队列保存拓扑排序中入度为零的点,并写出相应的拓扑排序序列。

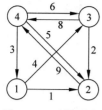

图 7.22 习题 20 图

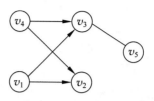

图 7.23 习题 21 图

22. 编写算法,根据输入的顶点和边建立有向图的逆邻接表。

23. 编写算法,由无向图的邻接矩阵生成邻接表,要求邻接表中的结点按结点序号的大小顺序排列。

24. 写出算法,通过对无向图深度优先搜索,输出树边集。注意,每条边只能输出一次。

第8章

查找

本章要点

◇ 查找的基本概念

◇ 线性表的查找

◇ 树表的查找

◇ 散列表的查找

本章学习目标

◇ 理解查找表的结构特点以及各种表示方法的适用性

◇ 熟练掌握顺序查找、二分查找和分块查找的查找方法

◇ 掌握二叉查找树的构造和查找方法

◇ 了解 B—树的构造和查找方法

◇ 掌握散列表的构造和查找方法，了解散列表与其他结构的表之间实质性的差别

8.1　查找的基本概念

由于查找运算的使用频率很高，几乎在任何一个计算机系统软件和应用软件中都会涉及，所以当问题所涉及的数据量相当大时，查找方法的效率就显得格外重要，在一些实时查询系统中尤其如此。因此，本章将系统地讨论各种查找方法，并通过对它们效率的分析来比较各种查找方法的优劣。

1. 查找表和查找

(1) **查找表**(search table)是由同一类型的数据元素(或记录、结点)构成的集合。一般情况下，由于"集合"中的数据元素之间存在着完全松散的关系，因此查找表是一种非常灵活方便的数据结构。

(2) **关键字**(key)是数据元素(或记录、结点)中某个数据项的值，用它可以标识或识别一个数据元素(或记录、结点)。若此关键字可以唯一地标识一个记录，则称此关键字为**主关键字**；反之，则称为**次关键字**。当数据元素(或记录、结点)只有一个数据项时，其关键字即为该数据元素的值。

(3) **查找**(searching)又称检索，其定义是：给定一个关键字值 K，在含有 n 个结点的查找表中找出关键字等于给定值 K 的结点。若找到，则查找成功，返回该结点的信息或该结点在表中的位置；否则查找失败，返回相关的指示信息。

2. 查找表的数据结构表示

1）动态查找表和静态查找表

若在查找的同时需要对表进行修改操作（如插入、删除等），则相应的表称为**动态查找表**（dynamic search table）。若对表只进行查找操作（查询、检索），则称之为**静态查找表**（static search table）。

2）内查找和外查找

与排序类似，查找也有内查找和外查找之分。若整个查找过程都在内存中进行，则称之为**内查找**；若查找过程中需要访问外存，则称之为**外查找**。

3. 平均查找长度 ASL

查找运算的主要操作是关键字的比较，所以通常把查找过程中对关键字需要执行的平均比较次数（也称为平均查找长度）作为衡量一个查找算法效率高低的标准。

平均查找长度（Average Search Length，ASL）定义为：

$$\text{ASL} = \sum_{i=1}^{n} p_i c_i \tag{8.1}$$

n：结点的个数。

p_i：查找第 i 个结点的概率。若未做特别声明，认为每个结点的查找概率相等，即

$$p_1 = p_2 = \cdots = p_n = 1/n$$

c_i：找到第 i 个结点所需的比较次数。

8.2　线性表的查找

8.2.1　顺序查找

在表的组织方式中，线性表是最简单的一种。顺序查找是一种最简单的查找方法。

1. 顺序查找的基本思想

顺序查找（sequential search）的基本思想是：从表的一端开始，顺序扫描线性表，依次将扫描到的结点关键字和给定值 K 相比较。若当前扫描到的结点关键字与 K 相等，则查找成功；若扫描结束后，仍未找到关键字等于 K 的结点，则查找失败。

2. 顺序查找的存储结构要求

顺序查找方法既适用于线性表的顺序存储结构，也适用于线性表的链式存储结构（使用单链表作为存储结构时，扫描必须从表头开始）。

3. 基于顺序结构的顺序查找算法

1）类型说明

```
typedef struct{
    KeyType key;                    /* KeyType 由用户定义 */
    InfoType otherinfo;             /* 此类型要根据具体应用而定 */
    }NodeType;
    typedef NodeType Seqlist[n+1];  /* 0 号元素用作监视哨 */
```

2) 具体算法

```
int SeqSearch(Seqlist R,KeyType K)
  {  /*在顺序表 R[1..n]中顺序查找关键字为 K 的结点,*/
     /*成功时返回找到的结点位置,失败时返回 0*/
     int i;
     R[0].key = K;                    /*设置监视哨*/
     for(i = n; R[i].key! = K; i-- ); /*从表后往前找*/
     return i;                        /*若 i 为 0,表示查找失败,否则 R[i]为要找的结点*/
  }                                   /*SeqSearch*/
```

例 8.1 在数组 $R[10]$ 中输入 9 个元素,然后进行查找。

```
# include < stdio.h>
  int i;                             /*将 i 定义成全局变量,以便传递到 main()中*/
   struct Seqlist
    {
     int key;
     R[10];
    }
   int SeqSearch(Seqlist R[],int K)
    {
     R[0].key = K;                   /*设置监视哨*/
     for(i = 9; R[i].key! = K; i-- ); /*从表后向前查找*/
     return i;                       /*若 i 为 0,表示查找失败,否则 R[i]是要找的结点*/
    }    /* SeqSearch */
void main()
   {
   int K;
   printf("please input numbers:");  /*输入任意 9 个数*/
   for(int j = 1; j! = '\n'; j++)     /*按 Enter 键结束输入*/
          scanf("% d",&R[j].key);
   printf("please input you find number:"); /*输入要查找的数*/
   scanf("% d",&K);
   SeqSearch(R, K);
   printf("the return value is:% d",i); /*输出 K 的位置,为 0 则表示查找失败*/
   }
```

当然监视哨也可以设在高端,请读者思考如何操作。

3) 算法分析

(1) 成功时的顺序查找的平均查找长度:

$$ASL = \sum_{i=1}^{n} p_i c_i = p_i \sum_{i=1}^{n} (n-i+1) = np_1 + (n-1)p_2 + \cdots + 2p_{n-1} + p_n \quad (8.2)$$

在等概率情况下,即 $p_i = 1/n (1 \leqslant i \leqslant n)$,成功的平均查找长度为:

$$(n + \cdots + 2 + 1)/n = (n+1)/2$$

即查找成功时的平均比较次数约为表长的一半。

若 K 值不在表中,则需要进行 $n+1$ 次比较之后才能确定查找失败。

> 算法中监视哨 $R[0]$ 的作用:
> 用于在 for 循环中省去判定防止下标越界的条件 $i \geqslant 1$,从而节省比较的时间。

(2) 表中各结点的查找概率并不相等的 ASL。

例 8.2 在由医院的病历档案组成的线性表中,体弱多病者的病历的查找概率必然高于健康者的病历,由于 ASL_{sq} 在 $p_n \geqslant p_{n-1} \geqslant \cdots \geqslant p_2 \geqslant p_1$ 时达到最小值,因此若事先知道表中各结点的分布情况或各结点的查找概率不相等,则应将表中结点按查找概率由小到大的顺序存放,以便提高顺序查找的效率。

为了提高查找效率,可对算法 SeqSearch 做如下修改:每当查找成功时,就将找到的结点和其后继(若存在)的结点交换。这样,使得查找概率大的结点在查找过程中不断往后移,便于在以后的查找中减少比较次数。

(3) 顺序查找的优点:算法简单,且对表的结构无任何要求,无论是用向量还是用链表来存放结点,也无论结点之间是否按关键字有序,它都同样适用。

(4) 顺序查找的缺点:查找效率低。因此,当 n 较大时不宜采用顺序查找。

8.2.2 二分查找

1. 二分查找的定义及要求

二分查找(binary search)又称**折半查找**,是一种效率较高的查找方法。

二分查找的要求:线性表是有序表,即表中结点按关键字有序,并且要用向量作为表的存储结构。不妨设有序表是递增有序的。

2. 二分查找的基本思想

二分查找的基本思想是(设 $R[low..high]$ 是当前的查找区间)如下。

(1) 首先确定该区间的中点位置:

$$mid = \lfloor (low + high)/2 \rfloor$$

(2) 然后将待查的 K 值与 $R[mid].key$ 进行比较:若相等,则查找成功并返回此位置值,否则需要确定新的查找区间,继续进行二分查找,具体方法如下:

① 若 $R[mid].key > K$,则由表的有序性可知 $R[mid..n].key$ 均大于 K,因此若表中存在关键字等于 K 的结点,则该结点必定是在位置 mid 左边的子表 $R[1..mid-1]$ 中,故新的查找区间是左子表 $R[1..mid-1]$。

② 类似地,若 $R[mid].key < K$,则要查找的 K 必在位置 mid 的右子表 $R[mid+1..n]$ 中,即新的查找区间是右子表 $R[mid+1..n]$。

因此,从初始的查找区间 $R[1..n]$ 开始,每经过一次与当前查找区间的中间位置上的结点关键字的比较,就可确定查找是否成功,即使不成功下次的查找区间也会缩小一半。重复这一过程直至找到关键字为 K 的结点,或者直至当前的查找区间为空(查找失败)时为止。

3. 二分查找算法

```
int BinSearch(SeqList R,KeyType K)
{ / * 在有序表 R[1..n]中进行二分查找,成功时返回结点的位置,失败时返回零 * /
    int low = 1,high = n,mid;              / * 置当前查找区间上、下界的初值 * /
        while(low < = high){               / * 当前查找区间 R[low..high]非空 * /
        mid = (low + high)/2;
        if(R[mid].key == K) return mid;     / * 查找成功返回 * /
        if(R[mid].key > K)
            high = mid - 1;                / * 继续在 R[low..mid - 1]中查找 * /
        else
            low = mid + 1;                 / * 继续在 R[mid + 1..high]中查找 * /
        }
```

```
        return 0;           /* 当 low > high 时表示查找区间为空,查找失败 */
    }                       /* BinSearch */
```

具体实现请参考例 8.1。

4. 二分查找算法的执行过程

例 8.3 设算法的输入实例中有序的关键字序列为:

05,13,19,21,37,56,64,75,80,88,92

假设要查找的关键字 $K=21$,则具体查找过程为:

第一步:

05,13,19,21,37,56,64,75,80,88,92

↑low   ↑mid   ↑high

由于 $R[\text{mid}].\text{key}>K$,所以 $\text{high}=\text{mid}-1$。

第二步:

05,13,19,21,37,56,64,75,80,88,92

↑low ↑mid ↑high

因为 $R[\text{mid}].\text{key}<K$,所以 $\text{low}=\text{mid}+1$。

第三步:

05,13,19,21,37,56,64,75,80,88,92

       ↑low ↑high

       ↑mid

此时 $R[\text{mid}].\text{key}=K$,return $\text{mid}=4$。

例 8.4 假设要查找的关键字 $K=85$,则具体查找过程为:

第一步:

05,13,19,21,37,56,64,75,80,88,92

↑low   ↑mid   ↑high

因为 $R[\text{mid}].\text{key}<K$,所以 $\text{low}=\text{mid}+1$。

第二步:

05,13,19,21,37,56,64,75,80,88,92

        ↑low ↑mid ↑high

因为 $R[\text{mid}].\text{key}<K$,所以 $\text{low}=\text{mid}+1$。

第三步:

05,13,19,21,37,56,64,75,80,88,   92

           ↑low ↑high

           ↑mid

因为 $R[\text{mid}].\text{key}>K$,所以 $\text{high}=\text{mid}-1$。

第四步:

05,13,19,21,37,56,64,75,80,   88,92

         ↑high ↑low

此时因为 low>high,所以跳出循环,return 0,表示查找失败。

5. 二分查找判定树

二分查找过程可用二叉树来描述:把当前查找区间的中间位置上的结点作为根,左子表和右子表中的结点分别作为根的左子树和右子树。由此得到的二叉树,称为描述**二分查找的判定树**(decision tree)或**比较树**(comparison tree)。

> **注意**:判定树的形态只与表结点个数 n 相关,而与输入实例中 $R[1..n].$key 的取值无关。

例 8.5 例 8.3 中的有序表可用图 8.1 所示的判定树来表示。

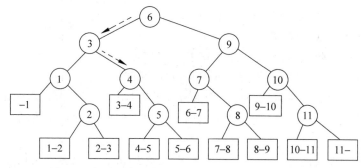

图 8.1 折半查找过程的判定树及查找 $K=21$ 的过程

1) 二分查找判定树的组成

(1) 圆结点即树中的内部结点。树中圆结点内的数字表示该结点在有序表中的位置。

(2) 外部结点:圆结点中的所有空指针均用一个虚拟的方形结点来取代,即外部结点。

(3) 当在查找过程中找到外部结点时,表示查找的值不在该有序表中,如例 8.4 中在查找关键字 85 时,最后找到了方形结点 9—10,这表示 85 不在此有序表中。

2) 二分查找判定树的查找

二分查找就是将给定关键字值 K 与二分查找判定树的根结点的关键字进行比较,若相等,则查找成功;若小于根结点的关键字,就到左子树中查找;若大于根结点的关键字,则到右子树中查找。

例如,对于有 11 个结点的表,若查找的结点是表中第 6 个结点,则只需要进行一次比较;若查找的结点是表中第 3 或第 9 个结点,则需进行两次比较;找到第 1、4、7、10 个结点需要比较三次;找到第 2、5、8、11 个结点需要比较四次。

由此可见,成功的二分查找过程,恰好是走了一条从判定树的根到被查结点的路径,经历比较的关键字次数恰为该结点在树中的层数。若查找失败,则其比较过程是经历了一条从判定树根到某个外部结点的路径,所需的关键字比较次数是该路径上内部结点的总数。

在例 8.4 中,待查表的关键字序列为(05,13,19,21,37,56,64,75,80,88,92),要查找 $K=85$ 的记录,所经过的内部结点为 6、9、10,最后到达方形结点 9—10,其比较次数为三次。

> 实际上方形结点中 $i—i+1$ 的含义为被查找值 K 是介于 $R[i].$key 和 $R[i+1].$key 之间的,即 $R[i].$key$<K<R[i+1].$key,因此不在此有序表中。

3) 二分查找的平均查找长度

设内部结点的总数为 $n=2^h-1$,则判定树是深度为 $h=\log_2(n+1)$ 的满二叉树(深度 h 不计外部结点)。树中第 k 层上的结点个数为 2^{k-1},查找它们所需的比较次数是 k。因此在等概率假设下,二分查找成功时的平均查找长度为:

$$\mathrm{ASL_{bn}} \approx \log_2(n+1)-1 \tag{8.3}$$

二分查找在查找失败时所需比较的关键字个数不超过判定树的深度,在最坏情况下查找成功的比较次数也不超过判定树的深度,即为:

$$\lceil \log_2(n+1) \rceil$$

可见,二分查找的最坏性能和平均性能相当接近。

6. 二分查找的优点和缺点

虽然二分查找的效率高,但是要将表按关键字排序,而排序本身是一种很费时的运算,即使采用高效率的排序方法也要花费 $O(n\log_2 n)$ 的时间。

二分查找只适用于顺序存储结构。为保持表的有序性,在顺序结构里插入和删除都必须移动大量的结点。因此,二分查找特别适用于那种一经建立就很少改动而又经常需要查找的线性表。

对那些查找少而又经常需要改动的线性表,可采用链表作为存储结构,进行顺序查找。在链表上无法实现二分查找。

8.2.3 分块查找

分块查找(blocking search)又称**索引顺序查找**。它是一种性能介于顺序查找和二分查找之间的查找方法。

1. 分块查找表的存储结构

分块查找表由"分块有序"的线性表和索引表组成。

1) "分块有序"的线性表

表 $R[1..n]$ 平均分为 b 块,前 $b-1$ 块中结点个数为 $s=\lceil n/b \rceil$,第 b 块的结点数小于或等于 s;每一块中的关键字不一定有序,但前一块中的最大关键字必须小于后一块中的最小关键字,即表是"分块有序"的。

2) 索引表

抽取各块中的最大关键字及其起始位置构成一个索引表 $ID[1..b]$,即 $ID[i]$ $(1 \leqslant i \leqslant b)$ 中存放第 i 块的最大关键字及该块在表 R 中的起始位置。因为表 R 是分块有序的,所以索引表是一个递增有序表。

例 8.6 图 8.2 所示的表及其索引表是满足上述要求的分块查找表,其中 R 只有 18 个结点,被分成 3 块,每块中有 6 个结点,第 1 块中最大关键字 22 小于第 2 块中最小关键字 24,第 2 块中最大关键字 48 小于第 3 块中最小关键字 49。

2. 分块查找的基本思想

分块查找的基本思想是:

(1) 查找索引表。索引表是有序表,可采用二分查找或顺序查找,以确定待查的结点在哪一块。

(2) 在已确定的块中进行顺序查找。由于块内无序(也可有序),因此只能用顺序查找。

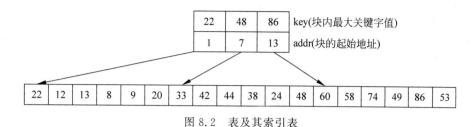

图 8.2 表及其索引表

3. 分块查找示例

例 8.7 对于例 8.6 中的分块查找表,进行下列查找:

(1) 查找关键字等于给定值 $K=24$ 的结点。

因为索引表小,不妨用顺序查找方法查找索引表,即首先将 K 依次和索引表中各关键字进行比较,直到找到第 1 个关键字大于或等于 K 的结点,由于 $K<48$,所以关键字为 24 的结点若存在的话,则必定在第二块中;然后,由 ID$[2]$.addr 找到第二块的起始地址 7,从该地址开始在 $R[7..12]$ 中进行顺序查找,直到 $R[11]$.key$=K$ 为止。

(2) 查找关键字等于给定值 $K=30$ 的结点。

先确定第二块,然后在该块中查找。因在该块中查找不成功,故说明表中不存在关键字为 30 的结点。

4. 算法分析

1) 平均查找长度 ASL

分块查找是两次查找过程。整个查找过程的平均查找长度是两次查找的平均查找长度之和。

(1) 以二分查找来确定块,分块查找成功时的平均查找长度为:

$$\mathrm{ASL}_{blk} = \mathrm{ASL}_{bn} + \mathrm{ASL}_{sq}$$
$$\approx \log_2(b+1) - 1 + (s+1)/2$$
$$\approx \log_2(n/s+1) + s/2 \tag{8.4}$$

(2) 以顺序查找确定块,分块查找成功时的平均查找长度为:

$$\mathrm{ASL}'_{blk} = (b+1)/2 + (s+1)/2 = (s^2+2s+n)/(2s) \tag{8.5}$$

注意:当 $s=\sqrt{n}$ 时 ASL'_{blk} 取极小值 $\sqrt{n}+1$,即当采用顺序查找确定块时,应将各块中的结点数选定为 $\sqrt{n}$。

例 8.8 若表中有 10 000 个结点,并希望效率最高,则应把它分成 100 个块,每块中含 100 个结点。用顺序查找确定块,分块查找平均需要做 100 次比较,而顺序查找平均需要做 5000 次比较,二分查找最多只需要做 14 次比较。

注意:分块查找算法的效率介于顺序查找和二分查找之间。

2) 块的大小

在实际应用中,分块查找不一定要将线性表分成大小相等的若干块,可根据表的特征进行分块。例如一个学校的学生登记表,可按系号或班号分块。

3) 结点的存储结构

各块可放在不同的向量中,也可将每一块存放在一个单链表中。

4) 分块查找的优点

分块查找的优点如下:

(1) 在表中插入或删除一个记录时,只要找到该记录所属的块,就可在该块内进行插入和删除运算。

(2) 因为块内记录的存放是任意的,所以插入或删除比较容易,无须移动大量记录。

分块查找的主要代价是增加一个辅助数组的存储空间和将初始表分块排序的运算。

8.3　树表的查找

当用线性表作为表的存储结构时,可以有 3 种查找法,其中二分查找效率最高。但由于二分查找要求表中结点按关键字有序,且不能用链表作为存储结构,因此,当表的插入或删除操作频繁时,为维护表的有序性,势必要移动表中的很多结点。这种由移动结点引起的额外时间开销,就会抵消二分查找的优点。也就是说,二分查找只适用于静态查找表。若要对动态查找表进行高效率的查找,可采用下面介绍的几种特殊的二叉树或树作为表的存储结构,不妨将它们统称为**树表**。下面将分别讨论在这些树表上进行查找和修改操作的方法。

8.3.1　二叉排序树

1. 二叉排序树的定义

二叉排序树(binary sort tree)又称**二叉查找(搜索)树**(binary search tree)。其定义为:二叉排序树或者是空树,或者是满足如下性质的二叉树:

(1) 若它的左子树非空,则左子树上所有结点的值均小于根结点的值。

(2) 若它的右子树非空,则右子树上所有结点的值均大于根结点的值。

(3) 左、右子树本身又各是一棵二叉排序树。

上述性质简称二叉排序树性质(BST 性质),故二叉排序树实际上是满足 BST 性质的二叉树。

2. 二叉排序树的特点

由 BST 性质可得:

性质 1　二叉排序树中任一结点 x,其左(右)子树中任一结点 y(若存在)的关键字必小(大)于 x 的关键字。

性质 2　二叉排序树中,各结点关键字是唯一的。

　　注意:实际应用中,不能保证被查找的数据集中各元素的关键字互不相同,所以可将二叉排序树定义中 BST 性质 1 里的"小于"改为"小于或等于",或将 BST 性质 2 里的"大于"改为"大于或等于",甚至可以同时修改这两个性质。

性质 3　按中序遍历该树所得到的中序序列是一个递增有序序列。

例如,图 8.3 所示的两棵树均是二叉排序树,它们的中序序列均为有序序列:2,3,4,5,7,8。

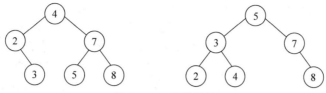

图 8.3 二叉排序树

3. 二叉排序树的存储结构

```
typedef int KeyType;                              /*假定关键字类型为整数*/
typedef struct node
    {                                             /*结点类型*/
        KeyType key;                              /*关键字项*/
        InfoType otherinfo;                       /*其他数据域,InfoType视应用情况而定*/
        struct node * lchild, * rchild;           /*左右孩子指针*/
    } BSTNode;
typedef BSTNode * BSTree;                         /*BSTree 是二叉排序树的类型*/
```

4. 二叉排序树上的运算

1) 二叉排序树的插入和生成

(1) 在二叉排序树中插入新结点,要保证插入后仍满足 BST 性质。其插入过程是:

- 若二叉排序树 T 为空,则为待插入的关键字 key 申请一个新结点,并令其为根。

- 若二叉排序树 T 不为空,则将 key 和根的关键字进行比较:若二者相等,则说明树中已有此关键字 key,无须插入;若 key$<T\to$key,则将 key 插入根的左子树中;若 key$>T\to$key,则将 key 插入根的右子树中。

在子树中的插入过程与在上述树中的插入过程相同。如此进行下去,直到将 key 作为一个新的叶结点的关键字插入二叉排序树中,或者直到发现树中已有此关键字为止。

(2) 二叉排序树插入新结点的算法。

```
void InsertBST(BSTree Tptr,KeyType key)
{  /*若二叉排序树 Tptr 中没有关键字为 key 的结点,则插入,否则直接返回*/
        BSTNode * f, * p = TPtr;                  /*p 的初值指向根结点*/
    while(p)
        {                                         /*查找插入位置*/
          if(p->key == key) return;               /*树中已有 key,无须插入*/
          f = p;                                  /*f 保存当前查找的结点*/
          p = (key < p->key)? p->lchild: p->rchild;
          /*若 key<p->key,则在左子树中查找,否则在右子树中查找*/
        }
    p = (BSTNode * )malloc(sizeof(BSTNode));
    p->key = key; p->lchild = p->rchild = NULL;   /*生成新结点*/
    if( TPtr == NULL)                             /*原树为空*/
      Tptr = p;                                   /*新插入的结点为新的根*/
    else     /*原树非空时将新结点 p 作为 f 的左孩子或右孩子插入*/
      if(key < f->key)
        f->lchild = p;
      else f->rchild = p;
}
```

(3) 二叉排序树的生成算法。

二叉排序树的生成,从空的二叉排序树开始,每输入一个结点数据,就调用一次插入算法将它插入当前已生成的二叉排序树中。生成二叉排序树的算法如下：

```
BSTree CreateBST(void)
{  /*输入一个结点序列,建立一棵二叉排序树,将根结点指针返回*/
   BSTree T = NULL;                    /*初始时 T 为空树*/
   KeyType key;
   scanf(" % d",&key);                 /*读入一个关键字*/
   while(key)
      {                                /*假设 key = 0 是输入结束标志*/
        InsertBST( T,key);             /*将 key 插入二叉排序树 T*/
        scanf(" % d",&key);            /*读入下一个关键字*/
      }
   return T;                           /*返回建立的二叉排序树的根指针*/
}                                      /* BSTree */
```

(4) 二叉排序树的生成过程。

输入实例(5,3,7,2,4,8),根据二叉排序树算法生成二叉排序树的过程如图 8.4 所示。

注意：输入序列决定了二叉排序树的形态。

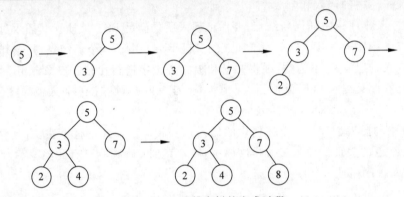

图 8.4　二叉排序树的生成过程

由于二叉排序树的中序序列是一个有序序列,所以对于一个任意的关键字序列构造一棵二叉排序树,其实质都是对此关键字序列进行排序,使其变为有序序列。"排序树"的名称也由此而来。通常将这种排序称为**树排序**(tree sort),可以证明这种排序的平均执行时间亦为 $O(n\log_2 n)$。

对相同的输入实例,树排序的执行时间约为堆排序的 2～3 倍。因此在一般情况下,构造二叉排序树的目的并非为了排序,而是用它来加速查找,这是因为在一个有序的集合上查找通常比在无序集合上查找更快。因此,人们又常常将二叉排序树称为二叉查找树。

2) 二叉排序树的删除

从二叉排序树中删除一个结点,不能把以该结点为根的子树都删去,并且还要保证删除后所得的二叉树仍然满足 BST 性质。

(1) 删除操作的一般步骤。

- 进行查找。查找时,令 p 指向当前访问到的结点,parent 指向其双亲(其初值为 NULL)。若树中找不到被删结点则返回,否则被删结点是 $*p$。

- 删去 $*p$。删除 $*p$ 时,应将 $*p$ 的子树(若有)仍连接在树上且保持 BST 性质不变。按 * p 的孩子数目分 3 种情况进行处理。

（2）删除 * p 结点的 3 种情况。

- * p 是叶子（它的孩子数为 0）：无须连接 * p 的子树，只需要将 * p 的双亲 * parent 中指向 * p 的指针域置空即可。

- * p 只有一个孩子 * child：只需要将 * child 和 * p 的双亲直接连接后，即可删去 * p。

注意：* p 既可能是 * parent 的左孩子也可能是其右孩子，而 * child 可能是 * p 的左孩子或右孩子，故共有 4 种状态。

- * p 有两个孩子：先令 q = p，将被删结点的地址保存在 q 中；然后找 * q 的中序后继 * p，并在查找过程中仍用 parent 记住 * p 的双亲位置。* q 的中序后继 * p 一定是 * q 的右子树中最左下的结点，它无左子树。因此，可以将删去 * q 的操作转换为删去的 * p 的操作，即在释放结点 * p 之前将其数据复制到 * q 中，就相当于删去了 * q。

（3）二叉排序树删除算法。

分析：上述 3 种情况都能统一到第二种情况，算法中只需要针对这种情况进行处理即可。

注意：若 parent 为空，被删结点 * p 是根，则删去 * p 后，应将 child 置为根。

算法如下：

```
void DelBSTNode(BSTree Tptr,KeyType key)
  {  /* 在二叉排序树 Tptr 中删去关键字为 key 的结点 */
  BSTNode * parent = NULL, * p = Tptr, * q, * child;
  while(p){                    /* 从根开始查找关键字为 key 的待删结点 */
    if(p -> key == key) break;  /* 已找到,跳出查找循环 */
    parent = p;                /* parent 指向 * p 的双亲 */
    p = (key < p -> key)? p -> lchild: p -> rchild; /* 在 p 的左或右子树中继续找 */
    }
  if(!p) return;               /* 找不到被删结点则返回 */
    q = p;                     /* q 记住被删结点 * p */
  if(q -> lchild&&q -> rchild)  /* * q 的两个孩子均非空,故找 * q 的中序后继 * p */
    for(parent = q,p = q -> rchild; p -> lchild; parent = p,p = p -> lchild);
                               /* 现在情况(3)已被转换为情况(2),而情况(1) */
                               /* 相当于是情况(2)中 child = NULL 的状况 */
  child = (p -> lchild)? p -> lchild: p -> rchild;
                               /* 若是情况(2),则 child 非空;否则 child 为空 */
  if(!parent)                  /* * p 的双亲为空,说明 * p 为根,删 * p 后应修改根指针 */
    Tptr = child;              /* 若是情况(1),则删去 * p 后,树为空;否则 child 变为根 */
  else{    /* * p 不是根,将 * p 的孩子和 * p 的双亲进行连接,* p 从树上被摘下 */
    if(p == parent -> lchild)   /* * p 是双亲的左孩子 */
      parent -> lchild = child; /* * child 作为 * parent 的左孩子 */
    else parent -> rchild = child;  /* * child 作为 * parent 的右孩子 */
      if(p!= q)                /* 是情况(3),需将 * p 的数据复制到 * q */
        q -> key = p -> key;   /* 若还有其他数据域亦需复制 */
  }                            /* endif */
    free(p);                   /* 释放 p 占用的空间 */
  }
```

3) 二叉排序树上的查找

(1) 查找递归算法：在二叉排序树上进行查找。和二分查找类似，这也是一个逐步缩小查找范围的过程。

递归的查找算法如下：

```
BSTNode * SearchBST(BSTree T,KeyType key)
    {      / * 在二叉排序树 T 上查找关键字为 key 的结点，* /
           / * 成功时返回该结点位置,否则返回 Null * /
    if(T == NULL ‖ key == T - > key) / * 递归的终结条件 * /
        return T;                 / * T 为空,查找失败；否则成功,返回找到的结点位置 * /
    if(key < T - > key)
        return SearchBST(T - > lchild,key);
    else
        return SearchBST(T - > rchild,key);       / * 继续在右子树中查找 * /
}
```

(2) 算法分析：在二叉排序树上进行查找时,若查找成功,则是从根结点出发走了一条从根到待查结点的路径；若查找不成功,则是从根结点出发走了一条从根到某个叶子的路径。

- 二叉排序树查找成功的平均查找长度。在等概率假设下,图 8.5(a)中二叉排序树查找成功的平均查找长度为：

$$\text{ASL}_a = \sum_{i=1}^{n} p_i c_i = (1 + 2 \times 2 + 3 \times 4 + 4 \times 3) \div 10 = 3$$

在等概率假设下,图 8.5(b)所示的树在查找成功时的平均查找长度为：

$$\text{ASL}_b = (1 + 2 + 3 + 4 + 5 + 6 + 7 + 8 + 9 + 10) \div 10 = 5.5$$

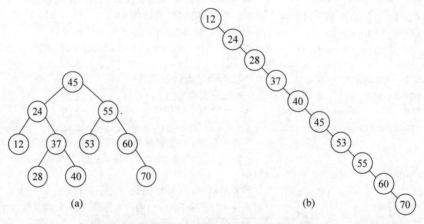

图 8.5　关键字相同、插入顺序不同而生成的两棵不同形态的二叉排序树

注意：与二分查找类似,和关键字比较的次数不超过树的深度。

- 在二叉排序树上进行查找时的平均查找长度和二叉树的形态有关。二分查找法查找长度为 n 的有序表,其判定树是唯一的；含有 n 个结点的二叉排序树却不唯一。对于含有同样一组结点的表,尽管关键字相同,但由于结点插入的先后次序不同,因此所构成的二叉排序树的形态和深度也可能不同。例如：

图 8.5(a)所示的二叉排序树,是按如下插入次序构成的:

45,24,55,12,37,53,60,28,40,70

图 8.5(b)所示的二叉排序树,是按如下插入次序构成的:

12,24,28,37,40,45,53,55,60,70

在二叉排序树上进行查找时的平均查找长度和二叉树的形态有关:

在最坏情况下,二叉排序树是通过把一个有序表的 n 个结点依次插入而生成的,此时所得的二叉排序树蜕化为一棵深度为 n 的单支树,它的平均查找长度和单链表上的顺序查找相同,也是$(n+1)/2$。

在最好情况下,二叉排序树在生成的过程中,树的形态比较匀称,最终得到的是一棵形态与二分查找的判定树相似的二叉排序树,此时它的平均查找长度大约为 $\log_2 n$。

插入、删除和查找算法的时间复杂度均为$O(\log_2 n)$。

- 二叉排序树和二分查找的比较。就平均时间性能而言,二叉排序树上的查找和二分查找差不多。就维护表的有序性而言,二叉排序树无须移动结点,只需要修改指针即可完成插入和删除操作,且其平均的执行时间均为$O(\log_2 n)$,因此更有效。二分查找所涉及的有序表是一个向量,若有插入和删除结点的操作,则维护表的有序性所花的代价是$O(n)$。当有序表是静态查找表时,宜用向量作为其存储结构,而采用二分查找实现其查找操作;若有序表是动态查找表,则应选择二叉排序树作为其存储结构。

- 平衡二叉树。为了保证二叉排序树的高度为 $\log_2 n$,从而保证二叉排序树上实现的插入、删除和查找等基本操作的平均时间为$O(\log_2 n)$,在树中插入或删除结点时,要调整树的形态来保持树的"平衡",使之既保持 BST 性质不变又保证树的高度在任何情况下均为$O(\log_2 n)$,从而确保树上的基本操作在最坏情况下的时间均为$O(\log_2 n)$。

> **注意:**
> ① 平衡二叉树(balanced binary tree)是指树中任一结点的左右子树的高度大致相同。
> ② 若任一结点的左右子树的高度均相同(如满二叉树),则二叉树是完全平衡的。通常,只要二叉树的高度为$O(\log_2 n)$,就可看作是平衡的。
> ③ 平衡的二叉排序树是指满足 BST 性质的平衡二叉树。
> ④ AVL 树中任一结点的左右子树的高度之差的绝对值不超过 1。在最坏情况下,n个结点的 AVL 树的高度约为 $1.44\log_2 n$。而完全平衡的二叉树度高约为 $\log_2 n$,AVL 树是接近最优的。

*8.3.2　B—树

如果查找的文件较大,且文件存放在磁盘等直接存取设备中,为了减少查找过程中对磁盘的读写次数,提高查找效率,1972 年 R. Bayer 和 E. M. McCreight 提出了一种称为 B—树的多路平衡查找树。它适合于在磁盘等直接存取设备上组织动态的查找表。

1. B—树的定义

一棵 $m(m \geqslant 3)$ 阶的 **B—树**是满足如下性质的 m 叉树。

(1) 每个结点至少包含下列数据域：

$$(n, P_0, K_1, P_1, K_2, \cdots, K_i, P_i)$$

其中：

n 为关键字总数。

$K_i(1 \leqslant i \leqslant j)$ 是关键字，关键字序列递增有序：$K_1 < K_2 < \cdots < K_i$。

$P_i(0 \leqslant i \leqslant j)$ 是孩子指针。对于叶结点，每个 P_i 为空指针。

> **注意：**
>
> ① 应用中为节省空间，叶结点中可省去指针域 P_i，但必须在每个结点中增加一个标志域 leaf，其值为真时表示叶结点，否则表示内部结点。
>
> ② 在每个内部结点中，假设用 keys(P_i) 来表示子树 P_i 中的所有关键字，则有：
>
> $$\text{keys}(P_0) < K_1 < \text{keys}(P_1) < K_2 < \cdots < K_i < \text{keys}(P_i)$$
>
> 即关键字是分界点，任一关键字 K_i 左边子树中的所有关键字均小于 K_i，右边子树中的所有关键字均大于 K_i。

(2) 所有叶子都在同一层上，叶子的层数为树的高度 h。

(3) 每个非根结点中所包含的关键字个数 j 满足：

$$\lceil m/2 \rceil - 1 \leqslant j \leqslant m - 1$$

即每个非根结点至少有 $\lceil m/2 \rceil - 1$ 个关键字，至多有 $m-1$ 个关键字。

因为每个内部结点的度数正好是关键字总数加1，故每个非根的内部结点至少有 $\lceil m/2 \rceil$ 棵子树，至多有 m 棵子树。

(4) 若树非空，则根至少有1个关键字，故若根不是叶子，则它至少有两棵子树。因为根至多有 $m-1$ 个关键字，故至多有 m 棵子树。

2. B—树的结点规模

在大多数系统中，B—树上的算法执行时间主要由读、写磁盘的次数来决定，每次读写尽可能多的信息可提高算法的执行速度。

B—树中结点的规模一般是一个磁盘页，而结点中所包含的关键字及其孩子的数目取决于磁盘页的大小。

> **注意：**
>
> ① 对于磁盘上一棵较大的 B—树，通常每个结点拥有的孩子数目(结点的度数) m 为 50～2000 不等。
>
> ② 一棵度为 m 的 B—树称为 m 阶 B—树。
>
> ③ 选取较大的结点度数可降低树的高度，以及减少查找任意关键字所需的磁盘访问次数。

图 8.6 给出了一棵 3 阶 B—树。

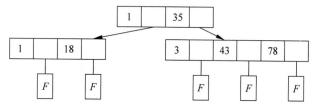

图 8.6 一棵 3 阶的 B—树

3. B—树的存储结构

```
# define Max 1000          /* 结点中关键字的最大数目：Max = m-1,m 是 B-树的阶 */
# define Min 500           /* 非根结点中关键字的最小数目：Min = ⌈m/2⌉ - 1 */
typedef int KeyType;       /* KeyType 应由用户定义 */
typedef struct node{       /* 结点定义中省略了指向关键字代表的记录的指针 */
    int keynum;            /* 结点中当前拥有的关键字的个数,keynum < Max */
  KeyType key[Max + 1];    /* 关键字向量为 key[1..keynum],key[0]不用 */
  struct node * parent;    /* 指向双亲结点 */
  struct node * son[Max + 1];   /* 孩子指针向量为 son[0..keynum] */
  }BTreeNode;
  typedef BTreeNode * BTree;
```

*8.3.3 B—树上的基本运算

1. B—树的查找

1）B—树的查找方法

在 B—树中查找给定关键字的方法类似于二叉排序树上的查找。不同的是在每个结点上确定向下查找的路径不一定是二路而是 keynum+1 路。

对结点内存放有序关键字序列的向量 key[1..keynum] 用顺序查找或折半查找方法查找。若在某结点内找到待查的关键字 K，则返回该结点的地址及 K 在 key[1..keynum]中的位置；否则，确定 K 在某个 key[i]和 key[$i+1$]之间的结点后，从磁盘中读 son[i]所指的结点继续查找，直到在某结点中查找成功；或直至找到叶结点且叶结点中的查找仍不成功时，查找过程失败。

图 8.7 中左边的虚线表示查找关键字 17 的过程,它失败于叶结点 F_1 的空指针上；右边的虚线表示查找关键字 79 的过程,并成功地返回 79 所在结点的地址和 79 在 key[1..keynum]中的位置 2。

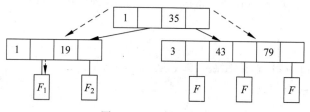

图 8.7 B—树的查找

2）B—树的查找算法

```
BTreeNode * SearchBTree(BTree T,KeyType K,int * pos)
{ /* 在 B－树 T 中查找关键字 K,成功时返回找到的结点的地址 */
  /* 及 K 在其中的位置 * pos,失败则返回 NULL,且 * pos 无定义 */
  int i;
  T->key[0]=k;                          /* 设哨兵,下面用顺序查找 key[1..keynum] */
  for(i=T->keynum; K<t->key[i];i--);  /* 从后向前找第 1 个小于或等于 K 的关键字 */
  if(i>0 && T->key[i]==k)
    { /* 查找成功,返回 T 及 i */
      * pos=i;
        return T;
    } /* 结点内查找失败,但 T->key[i]<K<T->key[i+1], */
      /* 下一个查找的结点应为 son[i] */
  if(!T->son[i])    /* * T 为叶子,在叶子中仍未找到 K,则整个查找过程失败 */
  return NULL;
    /* 查找插入关键字的位置,则应令 * pos=i,并返回 T,见后面的插入操作 */
  DiskRead(T->son[i]);                   /* 在磁盘上读入下一查找的树结点到内存中 */
  return SearchBTree(T->Son[i],k,pos);  /* 递归地继续查找子树 T->son[i] */
}
```

3）查找操作的时间开销

B—树上的查找有两个基本步骤：

（1）在 B—树中查找结点,该查找涉及读盘 DiskRead 操作,属外查找。

（2）在结点内查找,则该查找属内查找。

查找操作的时间为：

（1）外查找的读盘次数不超过树高 h,故其时间是 $O(h)$;

（2）内查找中,每个结点内的关键字数目 keynum$<m$（m 是 B—树的阶数）,故其时间为 $O(mh)$。

注意：

① 实际上外查找时间可能远远大于内查找时间。

② B—树作为数据库文件时,打开文件之后就必须将根结点读入内存,而直至文件关闭之前,此根一直驻留在内存中,故查找时可以不计读入根结点的时间。

2. B—树的插入和生成

B—树的生成是从空树起,逐个插入关键字而得到的。

1）插入关键字 K 的方法

首先在树中查找 K,若找到则直接返回（假设不处理相同关键字的插入）;否则查找操作必失败于某个叶子上,然后将 K 插入该叶子中。若该叶子结点原来是非满的（指 keynum$<$ Max,即结点中原有的关键字总数小于 $m-1$）的,则插入 K 后并未破坏 B—树的性质,故插入 K 后即完成了插入操作;若该结点原为满,则 K 插入后 keynum$=m$,违反了 B—树定义中的第（3）点,故需调整使其维持 B—树性质不变。

调整操作：

将违反定义中的第（3）点的结点以中间位置上的关键字 key$\lceil m/2\rceil$ 为划分点,将该结点（不妨设为 * current）：$(m,P_0,K_1,P_1,\cdots,K_m,P_m)$,其中 K_i 表示 key[i],P_i 表示son[i]

"分裂"为两个结点：

$$(\lceil m/2 \rceil - 1, P_0, K_1, \cdots, K_{\lceil m/2 \rceil - 1}, P_{\lceil m/2 \rceil - 1}),\qquad \text{此结点为 } *\text{current}$$

$$(m - \lceil m/2 \rceil, P_{\lceil m/2 \rceil}, K_{\lceil m/2 \rceil + 1}, \cdots, K_m, P_m),\qquad \text{此结点是新结点 } *\text{new}$$

并将中间关键字 $K_{\lceil m/2 \rceil}$ 和新结点指针 new 一起插入 *current 的双亲 *parent 中。

注意：

① 当 m 为奇数时，分裂后的两结点中的关键字数目相同，均是半满。

② 若 m 为偶数，则 *new 中关键字数比 *current 中关键字数多 1。

结点的分裂过程如图 8.8 所示。

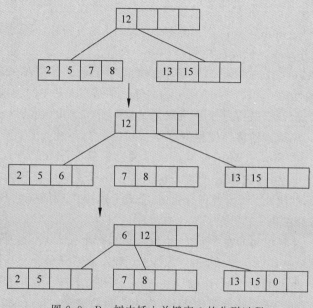

图 8.8 B—树中插入关键字 6 的分裂过程

提示： 当 key$\lceil m/2 \rceil$ 和新结点的地址一起插入已满的双亲后，双亲也要做分裂操作。最坏的情况是，从被插入的叶子到根的路径上各结点均是满结点，此时，插入过程中的分裂操作一直向上传播到根。当根分裂时，因根没有双亲，故需建立一个新的根，此时树长高一层。

2）B—树的生成

由空树开始，逐个插入关键字，即可生成 B—树。

注意：

① 当一结点分裂时所产生的两个结点大约是半满的，这就为后续的插入腾出了较多的空间，尤其是当 m 较大时，往这些半满的空间中插入新的关键字不会很快引起新的分裂。

② 向上插入的关键字总是分裂结点的中间位置上的关键字，它未必是正待插入该分裂结点的关键字。因此，无论按何种次序插入关键字序列，树都是平衡的。

3．B－树的删除

1) 删除操作的两个步骤

第一步：在树中查找被删关键字 K 所在的结点。

第二步：进行删去 K 结点的操作。

2) 删去 K 结点的操作

B－树是二叉排序树的推广，中序遍历 B－树同样可得到关键字的有序序列。任一关键字 K 的中序前趋(后继)必是 K 的左子树(右子树)中最右(左)下的结点中最后(最前)一个关键字。

若被删关键字 K 所在的结点非树叶，则用 K 的中序前趋(或后继)K′取代 K，然后从叶子中删去 K′。从叶子 $*x$ 开始删去某关键字 K 的 3 种情形如下。

情形一：若 $x \rightarrow \text{keynum} > \text{Min}$，则只需要删去 K 及其右指针($*x$ 是叶子，K 的右指针为空)即可使删除操作结束。需要注意的是，$\text{Min} = \lceil m/2 \rceil - 1$。

情形二：若 $x \rightarrow \text{keynum} = \text{Min}$，该叶子中的关键字个数已是最小值，删去 K 及其右指针后会破坏 B－树的性质 3。若 $*x$ 的左(或右)邻兄弟结点 $*y$ 中的关键字数目大于 Min，则将 $*y$ 中的最大(或最小)关键字上移至双亲结点 $*$ parent 中，而将 $*$ parent 中相应的关键字下移至 $*x$ 中。显然这种移动使得双亲中关键字数目不变；$*y$ 被移出一个关键字，故其 keynum 减 1，因它原大于 Min，故减少一个关键字后 keynum 仍大于或等于 Min；而 $*x$ 中已移入一个关键字，故删去 K 后 $*x$ 中仍有 Min 个关键字。涉及移动关键字的 3 个结点均满足 B－树的性质 3。请读者自行验证，完成上述操作后仍满足 B－树的性质 1。移动完成后，删除过程亦结束。

情形三：若 $*x$ 及其相邻的左右兄弟(也可能只有一个兄弟)中的关键字数目均为最小值 Min，则上述的移动操作就不奏效，此时需将 $*x$ 和左或右兄弟合并。不妨设 $*x$ 有右邻兄弟 $*y$(对左邻兄弟的讨论与此类似)，在 $*x$ 中删去 K 及其右子树后，将双亲结点 $*$ parent 中介于 $*x$ 和 $*y$ 之间的关键字 K，作为中间关键字，与 $*x$ 和 $*y$ 中的关键字一起"合并"为一个新的结点以取代 $*x$ 和 $*y$。因为 $*x$ 和 $*y$ 原各有 Min 个关键字，从双亲中移入的 K′抵消了从 $*x$ 中删除的 K，故新结点中恰有 $2\text{Min}(2\lceil m/2 \rceil - 2 \leqslant m-1)$ 个关键字，没有破坏 B－树的性质 3。但由于 K′从双亲中移到新结点后，相当于从 $*$ parent 中删去了 K′，若 parent $\rightarrow$ keynum 原大于 Min，则删除操作到此结束；否则，同样要通过移动 $*$ parent 的左右兄弟中的关键字或将 $*$ parent 与其左右兄弟"合并"的方法来维护 B－树的性质。最坏的情况下，"合并"操作会向上传播至根，当根中只有一个关键字时，合并操作将会使根结点及其两个孩子"合并"成一个新的根，从而使整棵树的高度减少一层。

图 8.9 所示为 B－树中删除关键字 6、7 的过程。

4．B－树的高度及性能分析

B－树上操作的时间通常由存取磁盘的时间和 CPU 计算时间这两部分构成。B－树上大部分基本操作所需访问盘的次数均取决于树高 h。在关键字总数相同的情况下，B－树的高度越小，磁盘 I/O 所花的时间越少。

与高速的 CPU 计算相比，磁盘 I/O 要慢得多，所以有时忽略 CPU 的计算时间，只分析算法所需的磁盘访问次数(磁盘访问次数乘以一次读写盘的平均时间(每次读写的时间略有差别)就是磁盘 I/O 的总时间)。

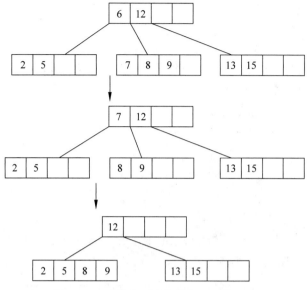

图 8.9　B−树中删除关键字 6、7 的过程

1) B−树的高度

定理 8.1　若 $n \geq 1, m \geq 3$，则对任意一棵具有 n 个关键字的 m 阶 B−树，其树高 h 至多为：

$$\log_t((n+1)/2) + 1 \tag{8.6}$$

这里 t 是每个（除根外）内部结点的最小度数，即 $t = \lceil m/2 \rceil$。

由定理 8.1 可知：B−树的高度为 $O(\log_t n)$。于是在 B−树上查找、插入和删除的读写磁盘的次数为 $O(\log_t n)$，CPU 计算时间为 $O(m\log_t n)$。

2) 性能分析

(1) n 个结点的平衡的二叉排序树的高度 $H(\log_2 n)$ 约为 B−树高度 h 的 $\log_t t$ 倍。

例如 $m = 1024$，则 $\log_t t = \log_2 512 = 9$。此时若 B−树高度为 4，则平衡的二叉排序树的高度约为 36。显然，若 m 越大，则 B−树的高度越小。

(2) 若要作为内存中的查找表，B−树却不一定比平衡的二叉排序树好，尤其是当 m 较大时更是如此。因为查找等操作的 CPU 计算时间在 B−树上是：

$$O(m\log_t n) = O(\log_t n(m/\log_t t))$$

而 $m/\log_t t > 1$，所以 m 较大时 $O(m\log_t n)$ 比平衡的二叉排序树上相应操作的时间 $O(\log_t n)$ 大得多。因此，仅在内存中使用的 B−树必须取较小的 m（通常取最小值 $m = 3$，此时 B−树中每个内部结点可以有 2 或 3 个孩子，这种 3 阶的 B−树称为 2-3 树）。

8.4　散列表的查找

散列方法不同于顺序查找、二分查找、二叉排序树及 B−树上的查找。它不以关键字的比较为基本操作，而是采用直接寻址技术。在理想情况下，无须进行任何比较就可以找到待查关键字，查找的期望时间为 $O(1)$。

8.4.1　散列表的概念

1. 散列表

散列是一种重要的存储方法,也是一种常见的查找方法。散列的基本思想是:以结点的关键字 K 为自变量,通过一个确定的函数(映射)关系 h,计算出对应的函数值 $h(K)$,然后把这个值解释为结点的存储地址,将结点存入 $h(K)$ 所指的存储位置上。在查找时,根据要查找的关键字用同一函数 h 计算出地址,再到相应的单元里去取要找的结点。因此,散列方法又称为关键字-地址转换法,用散列方法存储的线性表称为**散列表**(Hash table),也称**哈希表**或**杂凑表**。上述函数 h 称为**散列函数**,$h(K)$ 称为**散列地址**。

通常散列表的存储空间是一个一维数组,散列地址是该数组的下标。在不致引起混淆的情况下,将这个一维数组简称为散列表。

例 8.9　以地名的拼音作为关键字 K,散列函数 $h(K)$ 为取 K 的首字母在字母表中的序号,可得散列地址如图 8.10 所示。

K_i	BEIJING	SHANXI	SICHUAN	HEBEI
$h(K_i)$	02	19	19	08

图 8.10　简单的散列函数示例

2. 散列表的冲突现象

1) 冲突

两个不同的关键字,由于散列函数值相同,因而被映射到同一表位置上,该现象称为**冲突**(collision)或**碰撞**。发生冲突的两个关键字称为该散列函数的**同义词**(synonym)。

例 8.10　在例 8.9 中,虽然关键字 SHANXI≠SICHUAN,但是有:

$$h(\text{SHANXI})=h(\text{SICHUAN})$$

说明 SHANXI 和 SICHUAN 所在结点的存储地址相同,发生冲突。

2) 完全避免冲突的条件

最理想的解决冲突的方法是完全避免冲突。要做到这一点必须满足以下两个条件:

(1) 关键字的个数小于或等于散列表的长度。

(2) 选择合适的散列函数。

这只能适用于关键字的个数较少,且关键字事先都已知的情况,此时经过精心设计,散列函数 h 有可能完全避免冲突。

3) 冲突不可能完全避免

通常情况下,由于关键字的个数大于散列表的长度,因此,无论怎样设计 h,都不可能完全避免冲突。只能做到在设计 h 时尽可能使冲突最少,同时还需要确定解决冲突的方法,使发生冲突的同义词能够存储到散列表中。

4) 影响冲突的因素

冲突的频繁程度除了与 h 相关外,还与表的填满程度相关。

设 m 表示散列表的表长,n 表示表中填入的结点个数,则将 $\alpha=n/m$ 定义为散列表的**装填因子**(load factor)。α 越大,表越满,冲突的机会也越大,通常取 $\alpha \leqslant 1$。

8.4.2　散列函数的构造方法

1. 散列函数的选择

散列函数的选择有两条标准：①简单；②均匀。

简单是指散列函数的计算简单快速；**均匀**则是指对于关键字集合中的任一关键字，散列函数都能以相同的概率将其映射到表空间的任何一个位置上。也就是说，散列函数能将关键字 K 随机均匀地分布在散列表的地址集$\{0,1,\cdots,m-1\}$上，以使冲突最小化。

2. 常用的散列函数

为简单起见，假定关键字是定义在自然数集合上的。

1）平方取中法

具体方法为：先通过求关键字的平方值扩大相近数之间的差别，然后根据表长度取中间的几位数作为散列函数值。又因为一个乘积的中间几位数和乘数的每一位都相关，所以由此产生的散列地址较为均匀。

例如，将一组关键字(0100,0110,1010,1001,0111)平方后得

$$(0010000,0012100,1020100,1002001,0012321)$$

若取表长为 1000，则可取中间的三位数作为散列地址集：

$$(100,121,201,020,123)$$

相应的散列函数用 C 程序实现很简单：

```
int Hash(int key)                /* 假设 key 是 4 位整数 */
  {key * = key; key/ = 100;      /* 先求平方值，后去掉末尾的两位数 */
  return key % 1000;             /* 取中间三位数作为散列地址返回 */
  }
```

2）除留余数法

该方法是最为简单常用的一种方法。它是用表长 m 去除关键字，取其余数作为散列地址，即 $h(key)=key\%m$。

该方法的关键是选取 m。选取的 m 应使得散列函数值尽可能与关键字的各位相关。m 最好为素数。

若选取的 m 是关键字的基数的幂次，则就等于是选择关键字的最后若干位数字作为地址，而与高位无关。于是高位不同而低位相同的关键字均互为同义词。

例如，关键字是十进制整数，其基为 10，则当 $m=100$ 时，159、259、359、$\cdots$均互为同义词。

3）相乘取整法

该方法包括两个步骤：①首先用关键字 key 乘上某个常数 $A(0<A<1)$，并抽取出 key * A 的小数部分；②然后用 m 乘以该小数后取整。

该方法最大的优点是选取 m 不再像除留余数法那样关键。例如，完全可选择它是 2 的整数次幂。虽然该方法对任何 A 值都适用，但对某些值效果会更好。Knuth 建议将 A 取为黄金分割点值：

$$A \approx (\sqrt{5}-1)/2 = 0.618\,033\,98\cdots$$

该函数的 C 程序代码为：

```
int Hash(int key){
```

```
double d = key * A;                      /* 不妨设 A 和 m 已有定义 */
return (int)(m * (d - (int)d));           /* (int)表示强制转换后面的表达式为整数 */
}
```

4) 随机函数法

选择一个随机函数,取关键字的随机函数值为它的散列地址,即

$$h(key) = random(key)$$

其中 random 为伪随机函数,但要保证函数值为 $0 \sim (m-1)$。通常,当关键字长度不等时采用此方法来构造散列地址。

8.4.3　处理冲突的方法

通常有两类方法处理冲突:开放定址(open addressing)法和拉链(chaining)法(有的书中还介绍了一种再散列法)。前者是将所有结点均存放在散列表 $T[0..m-1]$ 中;后者通常是将互为同义词的结点连成一个单链表,而将此链表的头指针放在散列表 $T[0..m-1]$ 中。

1. 开放地址法

1) 用开放地址法解决冲突

用开放地址法解决冲突的做法是:当冲突发生时,使用某种探查(亦称探测)技术在散列表中形成一个探查(测)序列,沿此序列逐个单元地查找,直到找到给定的关键字或者碰到一个开放的地址(该地址单元为空)为止(若要插入,在探查到开放的地址后,可将待插入的新结点存入该地址单元)。在散列表中查找时,若碰到开放的地址,则说明表中无待查的关键字,即查找失败。

> **提示:**
> ① 用开放地址法建立散列表时,建表前必须将表中所有单元(更严格地说,是指单元中存储的关键字)置空。
> ② 空单元的表示法视具体的应用而定。例如,关键字均为非负数时,可用 -1 来表示空单元,而关键字为字符串时,空单元应是空串。
> 总之,应该用一个不会出现的关键字来表示空单元。

2) 开放地址法的一般形式

开放地址法的一般形式为:

$$h_i = (h(key) + d_i)\%m \qquad 1 \leqslant i \leqslant m-1$$

其中:

(1) $h(key)$ 为散列函数,d_i 为增量序列,m 为表长。

(2) $h(key)$ 是初始的探查位置,后续的探查位置依次是 $h_1, h_2, \cdots, h_{m-1}$,即 $h(key)$,$h_1, h_2, \cdots, h_{m-1}$ 形成了一个探查序列。

(3) 若令开放地址的一般形式 i 从 0 开始,并令 $d_0 = 0$,则 $h_0 = h(key)$,并有:

$$h_i = (h(key) + d_i)\%m \quad 0 \leqslant i \leqslant m-1$$

探查序列可简记为 $h_i(0 \leqslant i \leqslant m-1)$。

3) 开放地址法对装填因子的要求

开放地址法要求散列表的装填因子 $\alpha \leqslant 1$,实用中取 α 为 0.5~0.9 的某个值为宜。

4）形成探测序列的方法

按照形成探查序列的方法的不同，可将开放地址法区分为线性探查法、二次探查法、双重散列法等，分别介绍如下：

（1）线性探查法（linear probing）。

该方法的基本思想是：将散列表 $T[0..m-1]$ 看成是一个循环向量，若初始探查的地址为 $d(h(key)=d)$，则最长的探查序列为：

$$d, d+1, d+2, \cdots, m-1, 0, 1, \cdots, d-1$$

即探查时从地址 d 开始，首先探查 $T[d]$，然后依次探查 $T[d+1]$，$\cdots$，直到 $T[m-1]$，此后又循环到 $T[0]$，$T[1]$，$\cdots$，直至探查到 $T[d-1]$ 为止。

探查过程终止于下列情况：

- 若当前探查的单元为空，则表示查找失败（若是插入则将 key 写入其中）。
- 若当前探查的单元中含有 key，则查找成功，但对于插入则意味着失败。
- 若探查到 $T[d-1]$ 时仍未发现空单元也未找到 key，则无论是查找还是插入均意味着失败（此时表满）。

利用开放地址法的一般形式，可将线性探查法的探查序列表示为：

$$h_i = (h(key)+i)\%m \quad 0 \leqslant i \leqslant m-1 \quad 即 d_i = i$$

例 8.11　利用线性探查法构造散列表。

已知一组关键字为（26,36,41,38,44,15,68,12,06,51），用除留余数法构造散列函数，用线性探查法解决冲突构造这组关键字的散列表。

解：为了减少冲突，通常令装填因子 $\alpha < 1$。这里关键字个数 $n=10$，不妨取 $m=13$，此时 $\alpha \approx 0.77$，散列表为 $T[0..12]$，散列函数为 $h(key) = key\%13$。

由除余法的散列函数计算出的上述关键字序列的散列地址为（0,10,2,12,5,2,3,12,6,12）。

前 5 个关键字插入时，其相应的地址均为开放地址，故将它们直接插入 $T[0]$、$T[10]$、$T[2]$、$T[12]$ 和 $T[5]$ 中。

当插入第 6 个关键字 15 时，其散列地址 2（$h(15) = 15\%13 = 2$）已被关键字 41（15 和 41 互为同义词）占用。故探查 $h_1 = (2+1)\%13 = 3$，此地址开放，所以将 15 放入 $T[3]$ 中。

当插入第 7 个关键字 68 时，其散列地址 3 已被非同义词 15 占用，故将其插入 $T[4]$ 中。

当插入第 8 个关键字 12 时，其散列地址 12 已被同义词 38 占用，故探查 $h_1 = (12+1)\%13 = 0$，而 $T[0]$ 亦被 26 占用，再探查 $h_2 = (12+2)\%13 = 1$，此地址开放，可将 12 插入其中。

类似地，第 9 个关键字 06 直接插入 $T[6]$ 中；而最后一个关键字 51 插入时，因探查的地址 $12, 0, 1, \cdots, 6$ 均非空，故 51 插入 $T[7]$ 中。

用线性探查法解决冲突时，当表中 $i, i+1, \cdots, i+k$ 的位置上已有结点时，一个散列地址为 $i, i+1, \cdots, i+k+1$ 的结点都将插入在位置 $i+k+1$ 上。通常把这种散列地址不同的结点争夺同一个后继散列地址的现象称为聚集或堆积（clustering）。这将造成不是同义词的结点也处在同一个探查序列之中，从而增加了探查序列的长度，即增加了查找时间。若散列函数不好或装填因子过大，都会使堆积现象加剧。

例 8.11 中,$h(15)=2,h(68)=3$,即 15 和 68 不是同义词。但由于处理 15 时,15 与同义词 41 冲突,所以 15 抢先占用了 $T[3]$,这就使得插入 68 时,这两个本来不应该发生冲突的非同义词之间也发生了冲突。

为了减少堆积现象的发生,不能像线性探查法那样探查一个顺序的地址序列(相当于顺序查找),而应使探查序列跳跃式地散列在整个散列表中。

(2) 二次探查法(quadratic probing)的探查序列是:

$$h_i = (h(\text{key}) + i \times i) \% m \quad 0 \leqslant i \leqslant m-1 \quad 即 d_i = i^2$$

即探查序列为 $d = h(\text{key}), d+1^2, d+2^2, \cdots$

该方法的缺陷是不易探查到整个散列空间。

(3) 双重散列法(double hashing)。该方法是开放地址法中最好的方法之一,它的探查序列是:

$$h_i = (h(\text{key}) + i \times h1(\text{key})) \% m \quad 0 \leqslant i \leqslant m-1 \quad 即 d_i = i \times h1(\text{key})$$

即探查序列为 $d = h(\text{key}), (d+h1(\text{key})) \% m, (d+2h1(\text{key})) \% m, \cdots$

该方法使用了两个散列函数 $h(\text{key})$ 和 $h1(\text{key})$,故也称为双散列函数探查法。

> **提示**:定义 $h1(\text{key})$ 的方法较多,但无论采用什么方法定义,都必须使 $h1(\text{key})$ 的值和 m 互质,才能使发生冲突的同义词地址均匀地分布在整个表中,否则可能会造成同义词地址的循环计算。
>
> 若 m 为素数,则 $h1(\text{key})$ 取 $1 \sim (m-1)$ 的任何数均与 m 互质,因此,可以简单地将它定义为:
>
> $$h1(\text{key}) = \text{key} \% (m-2) + 1$$
>
> 对例 8.6,可取 $h(\text{key}) = \text{key} \% 13$,而 $h1(\text{key}) = \text{key} \% 11 + 1$。
>
> 若 m 是 2 的方幂,则 $h1(\text{key})$ 可取 $1 \sim (m-1)$ 的任何奇数。

2. 拉链法

1) 采用拉链法解决冲突的方法

拉链法也称为**链地址法**,其解决冲突的做法是:将所有关键字为同义词的结点链接在同一个单链表中。若选定的散列表长度为 m,则可将散列表定义为一个由 m 个头指针组成的指针数组 $T[0..m-1]$。凡是散列地址为 i 的结点,均插入以 $T[i]$ 为头指针的单链表中。T 中各分量的初值均应为空指针。在拉链法中,装填因子 α 可以大于 1,但一般均取 $\alpha \leqslant 1$。

例 8.12 已知一组关键字为 $(26,36,41,38,44,15,68,12,06,51)$,取表长为 13,故**散列函数**为 $h(\text{key}) = \text{key} \% 13$,散列表为 $T[0..12]$,用拉链法解决冲突时构造这组关键字的散列表如图 8.11 所示。

2) 拉链法的优点

与开放地址法相比,拉链法有如下几个优点:

(1) 拉链法处理冲突简单,且无堆积现象,即非同义词绝不会发生冲突,因此平均查找长度较短。

(2) 由于拉链法中各链表上的结点空间是动态申请的,故它更适用于构造表前无法确定表长的情况。

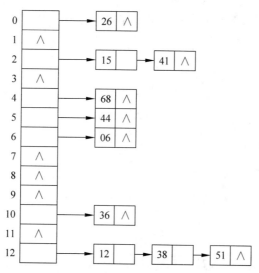

图 8.11 用拉链法解决冲突时的散列表

（3）开放地址法为减少冲突，要求装填因子 α 较小，故当结点规模较大时会浪费很多空间。而拉链法中可取 $\alpha \geqslant 1$，且结点较大时，拉链法中增加的指针域可忽略不计，因此节省了空间。

（4）在用拉链法构造的散列表中，删除结点的操作易于实现，只要简单地删去链表上相应的结点即可。对开放地址法构造的散列表，删除结点不能简单地将被删结点的空间置为空，否则将截断在它之后填入散列表的同义词结点的查找路径。这是因为各种开放地址法中，空地址单元（开放地址）都是查找失败的条件。因此在用开放地址法处理冲突的散列表上执行删除操作，只能在被删结点上做删除标记，而不能真正删除结点。

3）拉链法的缺点

拉链法的缺点是：指针需要额外的空间。故当结点规模较小时，与拉链法相比，开放地址法较为节省空间，而若将节省的指针空间用来扩大散列表的规模，可使装填因子变小，这又减少了开放地址法中的冲突，从而提高了平均查找速度。

8.4.4 散列表上的运算

散列表上的运算有查找、插入和删除。其中主要是查找，这是因为散列表的目的主要是进行快速查找，且插入和删除均要用到查找操作。

1. 散列表类型说明

```
#define NIL  -1          /*空结点标记依赖于关键字类型,本节假定关键字均为非负整数*/
#define M 997             /*确定 m 为一素数*/
typedef struct{           /*散列表结点类型*/
   KeyType key;
   InfoType otherinfo;    /*此类依赖于应用*/
   }NodeType;
typedef NodeType HashTable[m];    /*散列表类型*/
```

2. 基于开放地址法的查找算法

散列表的查找过程和建表过程相似。假设给定的值为 K，根据建表时设定的散列函数

h,计算出散列地址 $h(K)$,若表中该地址单元为空,则查找失败;否则将该地址中的结点与给定值 K 进行比较。若相等则查找成功,否则按建表时设定的处理冲突的方法查找下一个地址。如此反复下去,直到某个地址单元为空(查找失败)或者关键字比较相等(查找成功)为止。

1) 开放地址法一般形式的函数表示

```
int Hash(KeyType k,int i)
{ /* 求在散列表 T[0..m-1]中第 i 次探查的散列地址 hi,0≤i≤m-1 */
  /* 下面的 h 是散列函数。Increment 是求增量序列的函数, */
  /* 它依赖于解决冲突的方法 */
return(h(K)+ Increment(i))% m;      /* Increment(i)相当于 dᵢ */
}
```

若散列函数用除留余数法构造,并假设使用线性探查的开放地址法处理冲突,则上述函数中的 $h(K)$ 和 Increment(i)可定义为:

```
int h(KeyType K)
  {    /* 用除留余数法求 K 的散列地址 */
  return K % m;
  }
int Increment(int i){    /* 用线性探查法求第 i 个增量 dᵢ */
   return i;             /* 若用二次探查法,则返回 i*i */
}
```

2) 通用的开放地址法的散列表查找算法

```
int HashSearch(HashTable T,KeyType K,int * pos)
 {/* 在散列表 T[0..m-1]中查找 K,成功时返回 1。则失败有两种情况:*/
  /* 找到一个开放地址时返回 0,表满未找到时返回 -1。 */
  /* * pos 用于记录找到 K 或找到空结点时表中的位置 */
int i = 0;     /* 记录探查次数 */
do{
  * pos = Hash(K,i);            /* 求探查地址 hi */
  if(T[ * pos].key == K) return 1;   /* 查找成功返回 */
  if(T[ * pos].key == NIL) return 0; /* 查找到空结点返回 */
}while (++i < m)                /* 最多做 m 次探查 */
return( -1);                    /* 表满且未找到时,查找失败 */
}
```

> 注意:上述算法适用于任何开放地址法,只需要给出函数 Hash 中的散列函数 $h(K)$ 和增量函数 Increment(i)即可。但若要提高查找效率,可将确定的散列函数和求增量的方法直接写入算法 HashSearch 中。

3. 基于开放地址法的插入及建表

建表时首先要将表中各结点的关键字清空,使其地址为开放的;然后调用插入算法将给定的关键字序列依次插入表中。

插入算法首先调用查找算法,若在表中找到待插入的关键字或表已满,则插入失败;若在表中找到一个开放地址,则将待插入的结点插入其中,即插入成功。

```
void HashInsert(HashTable T,NodeType new)
{ /* 将新结点 new 插入散列表 T[0..m-1]中 */
  int pos,sign;
  sign = HashSearch(T,new.key,&pos);  /* 在表 T 中查找 new 的插入位置 */
  if(!sign)                           /* 找到一个开放的地址 pos */
```

```
        T[pos] = new;                    /* 插入新结点 new,插入成功 */
      else                               /* 插入失败 */
        if(sign > 0)
          printf("duplicate key!");      /* 重复的关键字 */
        else                             /* sign < 0 */
          Error("hashtableoverflow!");   /* 表满错误,终止程序执行 */
  }
  void CreateHashTable(HashTable T,NodeType A[],int n)
  {      /* 根据 A[0..n-1]中结点建立散列表 T[0..m-1] */
    int i
    if(n > m)      /* 用开放地址法处理冲突时,装填因子 α 必须不大于 1 */
      Error("Load factor > 1");
    for(i = 0;i < m; i++)
      T[i].key = NUIL;                   /* 将各关键字清空,使地址 i 为开放地址 */
    for(i = 0;i < n; i++)                /* 依次将 A[0..n-1]插入散列表 T[0..m-1]中 */
      HashInsert(T,A[i]);
  }
```

4. 删除

基于开放地址法的散列表不宜执行散列表的删除操作。若必须在散列表中删除结点,则不能将被删结点的关键字置为 NULL,而应该将其置为特定的 DELETED 标记。

因此,需要对查找操作做相应的修改,使之探查到此标记时继续探查下去。同时也要修改插入操作,使其探查到 DELETED 标记时,将相应的表单元视为一个空单元,将新结点插入其中。这样做无疑增加了时间开销,并且查找时间不再依赖于装填因子。

一般情况下,当必须对散列表做删除结点的操作时,往往采用拉链法来解决冲突。

5. 性能分析

因插入和删除的时间均取决于查找,故这里只分析查找操作的时间性能。

虽然散列表在关键字和存储位置之间建立了对应关系,理想情况是无须进行关键字的比较就可找到待查关键字。但是由于冲突的存在,散列表的查找过程仍是一个和关键字进行比较的过程,不过散列表的平均查找长度比顺序查找、二分查找等完全依赖于关键字比较的查找要小得多。

1) 查找成功的 ASL

散列表上的查找优于顺序查找和二分查找。

在例 8.11 和例 8.12 的散列表中,在结点的查找概率相等的假设下,线性探查法和拉链法查找成功的平均查找长度分别为:

$$ASL = (1 \times 6 + 2 \times 2 + 3 \times 1 + 9 \times 1) \div 10 = 2.2 \quad (线性探查法)$$
$$ASL = (1 \times 7 + 2 \times 2 + 3 \times 1) \div 10 = 1.4 \quad (拉链法)$$

而当 $n = 10$ 时,顺序查找和二分查找的平均查找长度(成功时)分别为:

$$ASL = (10 + 1) \div 2 = 5.5 \quad (顺序查找)$$
$$ASL = (1 \times 1 + 2 \times 2 + 3 \times 4 + 4 \times 3) \div 10 = 2.9 \quad (二分查找,可由判定树求出该值)$$

2) 查找不成功的 ASL

对于不成功的查找,顺序查找和二分查找所需进行的关键字比较次数仅取决于表长,而散列查找所需进行的关键字比较次数和待查结点有关。因此,在等概率情况下,也可将散列表在查找不成功时的平均查找长度,定义为查找不成功时对关键字需要执行的平均比较次数。

在例 8.11 和例 8.12 的散列表中,在等概率的情况下,查找不成功时的线性探查法和拉链法的平均查找长度分别为:

$$ASL_{unsucc} = (9+8+7+6+5+4+3+2+1+1+2+1+10) \div 13$$
$$= 59 \div 13 \approx 4.54 \quad (线性探查法)$$
$$ASL_{unsucc} = (1+0+2+1+0+1+1+0+0+0+1+0+3) \div 13$$
$$\approx 10 \div 13 \approx 0.77 \quad (拉链法)$$

注意:

① 由同一个散列函数、不同的解决冲突方法构造的散列表,其平均查找长度是不相同的。

② 散列表的平均查找长度不是结点个数 n 的函数,而是装填因子 α 的函数。因此在设计散列表时可选择 α 以控制散列表的平均查找长度。

③ α 的取值。α 越小,产生冲突的机会就越小,但 α 过小,空间的浪费就过多。只要 α 选择合适,散列表上的平均查找长度就是一个常数,即散列表上查找的平均时间为 $O(1)$。

④ 散列法与其他查找方法的区别。除散列法外,其他查找方法都具有共同的特征:均是建立在比较关键字的基础上。其中顺序查找是对无序集合的查找,每次关键字的比较结果为"="或"!="两种可能,其平均时间为 $O(n)$;其余的查找均是对有序集合的查找,每次关键字的比较有"=""<"和">"3 种可能,且每次比较后均能缩小下次查找的范围,故查找速度更快,其平均时间为 $O(\log_2 n)$。而散列法是根据关键字直接求出地址的查找方法,其查找的期望时间为 $O(1)$。

本 章 小 结

- 因为查找是数据处理中经常使用的一种技术,所以这一章的内容是本书的重点之一。

- 对于线性表的查找,本章主要介绍了顺序查找、二分查找和分块查找这 3 种方法。如果线性表是有序的,那么二分查找是一种最快的查找方法。对于树表的查找,本章介绍了二叉排序树和 B−树的方法,分别讨论了这两种树表的基本概念、插入和删除操作等,以及它们的查找过程。

- 本章也介绍了散列表的概念、构造散列函数和处理冲突的方法。与线性表和树表这两种基于关键字的比较而进行的查找不同,散列表方法是直接计算出结点的地址建立散列表和进行查找的。

- 本章还介绍了各种查找方法的平均查找长度。

- 希望读者能够灵活应用顺序查找、二分查找和分块查找的方法;熟练掌握二叉排序树的构造方法和查找过程;了解 B−树的建树过程;熟练掌握散列表的建表方法和查找过程;掌握各种查找的平均查找长度的计算方法;学会根据实际问题的需要,选取合适的查找方法以及相应的存储结构。

习　题　8

一、填空题

1. 用二叉排序树查找,在最坏情况下,平均查找长度为_____;当二叉排序树是一棵平衡二叉树时,ASL 平均查找长度为_____。

2. 一棵深度为 h 的 B—树,任一个叶子结点所处的层数为_____,当向 B—树中插入一个新关键字时,为检索插入位置需读取_____个结点。

3. 在散列存储中,装填因子 α 的值越大,则_____;α 的值越小,则_____。

4. 高度为 5(除叶子层之外)的三阶 B—树至少有_____个结点。

二、选择题

1. 采用顺序查找法查找长度为 n 的线性表时,每个元素的平均查找长度为(　　)。

　　A. n　　　　　　B. $n/2$　　　　　　C. $(n+1)/2$　　　　　D. $(n-1)/2$

2. 采用折半查找法查找长度为 n 的线性表时,每个元素的平均查找长度为(　　)。

　　A. $O(n^2)$　　　　　　　　　　　B. $O(n\log_2 n)$

　　C. $O(n)$　　　　　　　　　　　D. $O(\log_2 n)$

3. 有一个长度为 12 的有序表,按折半查找法对该表进行查找,在表内各元素等概率的情况下查找成功所需的平均比较次数为(　　)。

　　A. 35/12　　　　B. 37/12　　　　C. 39/12　　　　　　D. 43/12

4. 如果要求一个线性表既能较快地查找,又能适应动态变化的要求,可以采用(　　)查找方法。

　　A. 分块　　　　B. 顺序　　　　C. 折半　　　　　　D. 散列

三、简答题

1. 有一个 2000 项的表,要采用等分区间顺序查找的分块查找法,问:

(1) 每块的理想长度是多少?

(2) 分成多少块最为理想?

(3) 平均查找长度 ASL 为多少?

(4) 若每块是 20,则 ASL 为多少?

2. 设有一组关键字{19,01,23,14,55,20,84,27,68,11,10,77},采用散列函数:

$h(\text{key})=\text{key}\%13$,并用开放地址法的线性探查再用散列方法解决冲突,试在 0~13 的散列地址空间中对该关键字序列构造散列表。

3. 线性表的关键字集合为{87,25,310,08,27,132,68,95,187,123,70,63,47},已知散列函数 $h(\text{key})=\text{key}\%13$,采用拉链法解决冲突,设计出链表结构,并计算该表成功查找的平均查找长度 ASL。

4. n 个结点的二叉树何时高度最小? 何时高度最大? 平均查找长度最大是多少?

5. 线性表能否用散列方法存储?

6. 何为堆积现象?

四、算法设计题

1. 将整数序列{4,5,7,2,1,3,6}中的数依次插入一棵空的二叉排序树中,试构造相应的二叉排序树,要求用图形构造过程,无须编写程序。

2. 设计一个算法,利用折半查找算法在一个有序表中插入一个元素 x,并保持表的有序性。

3. 设给定的散列表存储空间为 $H(1\sim m)$,每个 $H(i)$ 单元可存放一个记录,$H[i]$ $(1\leqslant i\leqslant m)$ 的初值为 NULL,选取的散列函数为 $H(R.\text{key})$ 为 R 记录的关键字,解决冲突方法为"线性探查法",编写一个函数将某记录 R 填入散列表 H 中。

4. 假设按如下方法在有序的线性表中查找 x:先将 x 与表中的第 $4j(j=1,2,\cdots)$ 项进行比较,若相等,则查找成功;否则由某次比较求得比 x 大的一项 $4k$ 之后,继而和 $4k-2$ 项进行比较,然后和 $4k-3$ 或 $4k-1$ 项进行比较,直到查找成功。请写出实现的算法。

5. 设计一个算法,求出指定结点在给定二叉排序树中的层次。

第9章

排序

本章要点

◇ 排序的基本概念

◇ 插入排序

◇ 交换排序

◇ 选择排序

◇ 归并排序

◇ 基数排序

◇ 内部排序算法比较

◇ 外部排序简介

本章学习目标

◇ 了解稳定排序、不稳定排序、内部排序、外部排序等概念,了解不同策略和工作量情况下,内部排序方法的分类

◇ 熟练掌握直接插入排序、冒泡排序、直接选择排序等简单的排序方法

◇ 掌握希尔排序、快速排序、堆排序和归并排序等高效排序方法

◇ 了解基数排序方法的基本思想

◇ 掌握各种排序算法的时间复杂度分析方法和结果,学会根据实际问题来选择合适的排序方法

9.1 排序的基本概念

9.1.1 关键字与排序

假设被排序的对象是由一组记录组成的文件,记录由若干个数据项(或域)组成,其中有一项可用来标识一个记录,称为**关键字项**,该数据项的值称为**关键字**(key)。在不致产生混淆时,本章中将关键字项简称为关键字。用作排序依据的关键字,可以是数值类型,也可以是字符类型。关键字的选取应根据问题的要求而定,例如,在高考成绩统计中将每个考生作为一个记录,每条记录包含准考证号、姓名、各科的分数和总分等项内容。若要唯一地标识一个考生的记录,则必须用"准考证号"作为关键字。若要按照考生的总分排名次,则需用"总分"作为关键字。

所谓**排序**(sort),就是要整理文件中的记录,使它们按关键字递增(或递减)次序重新排列。其确切定义如下:

假设文件中有 n 个记录 $R_1,R_2,\cdots,R_n$，其相应的关键字分别为 $K_1,K_2,\cdots,K_n$。所谓**排序**，就是指将这 n 个记录重新排列为 $R_{i_1},R_{i_2},\cdots,R_{i_n}$，使得 $K_{i_1}\leqslant K_{i_2}\leqslant,\cdots,\leqslant K_{i_n}$（或 $K_{i_1}\geqslant K_{i_2}\geqslant,\cdots,\geqslant K_{i_n}$）。

9.1.2 排序的稳定性

当待排序记录的关键字均不相同时，排序结果是唯一的，否则排序结果不一定唯一。

在待排序的文件中，若存在多个关键字相同的记录，经过排序后这些具有相同关键字的记录之间的相对次序保持不变，则称该**排序方法是稳定的**；若具有相同关键字的记录之间的相对次序发生变化，则称该**排序方法是不稳定的**。

> **注意**：排序算法的稳定性是针对所有输入实例而言的，即在所有可能的输入实例中，只要有一个实例使得算法不满足稳定性要求，则该排序算法就是不稳定的。

9.1.3 排序方法的分类

按照待排序的记录的多少，排序方法可以分成两大类。在排序过程中，若整个文件都是存放在内存中进行处理的，则称之为**内部排序**（简称内排序）；反之，若排序过程中需要进行数据的内、外存交换，则称之为**外部排序**（简称外排序）。内部排序一般适用于记录个数不是很多的小文件；外部排序则适用于记录个数太多，不能一次将全部记录放入内存的大文件。本章主要讨论内部排序，在最后一节中简单介绍外部排序。

内部排序的方法较多，按照所采用策略的不同，可以将内部排序方法分为五类，即插入排序、选择排序、交换排序、归并排序和基数排序。

9.1.4 排序算法性能评价

要在众多的排序算法中，简单地判断哪一种算法最好以便普遍选用是比较困难的。评价排序算法好坏的标准主要有以下两条：

(1) 执行算法所需的时间。大多数排序算法的时间开销主要是关键字之间的比较和记录的移动。有的排序算法的执行时间不仅依赖于问题的规模，还取决于输入实例中数据的状态。

(2) 执行算法所需的辅助空间。若排序算法所需的辅助空间并不依赖于问题的规模 n，即辅助空间是 $O(1)$，则称之为就地排序。非就地排序一般要求的辅助空间为 $O(n)$。

另外，算法本身的复杂程度也是评价算法优劣的一个因素。

> **注意**：若关键字类型没有比较算符，则可事先定义宏或函数来表示比较运算。
>
> 例如，关键字为字符串时，可定义宏 #define LT(a,b) (Strcmp((a),(b))<0)。那么算法中 a<b 可用 LT(a,b) 取代。若使用 C++，则定义重载的算符"<"更为方便。

9.1.5 不同存储方式的排序过程

不同存储方式的排序过程如下：

(1) 以顺序表（或直接用向量）作为存储结构的排序过程：对记录本身进行物理重排（通过关键字之间的比较判定，将记录移到合适的位置）。

（2）以链表作为存储结构的排序过程：无须移动记录,仅需修改指针。通常将这类排序称为链表(或链式)排序。

（3）用顺序的方式存储待排序的记录,但同时建立一个辅助表(如包括关键字和指向记录位置的指针组成的索引表)。其排序过程为:只需要对辅助表的表目进行物理重排(只移动辅助表的表目,而不移动记录本身)。适用于难以在链表上实现,但仍需避免在排序过程中移动记录的排序方法。

在本章中,除9.8节外均是讨论内部排序。若无特别说明,则所讨论的排序均为升序(按递增排序),并以记录数组作为文件的存储结构。为简单起见,假设关键字是整数。

文件的顺序存储结构表示如下：

```
typedef int KeyType;              /* 假设的关键字类型 */
typedef struct                    /* 记录类型 */
  {KeyType key;                   /* 关键字域 */
   InfoType otherinfo;            /* 记录的其他域,类型 InfoType 根据具体应用来定义 */
  }RecType;
typedef RecType SeqList[n+1];     /* SeqList 为记录类型的数组,n 为文件的记录总数 */
```

9.2　插　入　排　序

插入排序(insertion sort)的基本思想是：每次将一个待排序的记录,按其关键字大小插入已经排好序的文件中的适当位置,直到全部记录插入完为止(像打牌一样,边抓边整理)。本节介绍两种插入排序方法：直接插入排序和希尔排序。

9.2.1　直接插入排序

直接插入排序(straight insertion sort)是一种最简单的排序方法,介绍如下。

1. 算法思想

假设待排序的记录存放在数组 $R[1..n]$[①]中。初始时,$i=1$,$R[1]$ 自成一个有序区,无序区为 $R[2..n]$。然后,从 $i=2$ 起直至 $i=n$,依次将 $R[i]$ 插入当前的有序区 $R[1..i-1]$ 中,最后,生成含 n 个记录的有序区。

2. 第 $i-1$ 趟直接插入排序

通常,将一个记录 $R[i]$($i=2,3,\cdots,n$)插入当前的有序区,使得插入后仍保证该区间里的记录是按关键字有序的操作,称为第 $i-1$ 趟直接插入排序。

排序过程的某一中间时刻,R 被划分成两个子区间 $R[1..i-1]$(已排好序的有序区)和 $R[i..n]$(当前未排序的部分,可称无序区)。直接插入排序的基本操作是将当前无序区的第 1 个记录 $R[i]$ 插入有序区 $R[1..i-1]$ 中适当的位置上,使 $R[1..i]$ 变为新的有序区。因为这种方法每次使有序区增加 1 个记录,通常称增量法。

插入排序与打扑克时整理手上的牌非常类似。开始时,拿到手的第 1 张牌无须整理;此后每次从桌上的牌(无序区)中拿到最上面的 1 张牌,并插入原来已在手的牌(有序区)中正确的位置上。为了找到这个正确的位置,需自左向右(或自右向左)将新拿到的牌与原来

---

①　$R[1..n]$ 表示数组元素的范围是 $R[1]$～$R[n]$,下同。

已在手的牌逐一比较。

进行一趟直接插入排序的方法为：首先在当前有序区 $R[1..i-1]$ 中查找 $R[i]$ 的正确插入位置 $k(1 \leqslant k \leqslant i-1)$；然后将 $R[k..i-1]$ 中的记录均后移一个位置，腾出 k 位置上的空间插入 $R[i]$。为提高效率可以将查找比较操作和记录移动操作交替地进行，具体做法如下。

将待插入记录 $R[i]$ 的关键字从右向左依次与有序区中记录 $R[j](j=i-1,i-2,\cdots,1)$ 的关键字进行比较：

(1) 若 $R[j]$ 的关键字大于 $R[i]$ 的关键字，则将 $R[j]$ 后移一个位置；

(2) 若 $R[j]$ 的关键字小于或等于 $R[i]$ 的关键字，则查找过程结束，$j+1$ 即为 $R[i]$ 的插入位置。

由于关键字比 $R[i]$ 的关键字大的记录均已后移，因此 $j+1$ 的位置已经腾空，只要将 $R[i]$ 直接插入此位置，即可完成一趟直接插入排序。

算法 9.1 直接插入排序算法。

```
void InsertSort(SeqList R)            /* 对顺序表 R 中的记录 R[1..n]按递增序进行插入排序 */
{int i,j;
  for(i = 2;i < = n; i++)             /* 依次插入 R[2],…,R[n] */
    {R[0] = R[i];                     /* R[0]是哨兵,且是 R[i]的副本 */
     j = i - 1;
     while(R[0].key < R[j].key)
       { /* 从右向左在有序区 R[1..i-1]中查找 R[i]的插入位置 */
         R[j + 1] = R[j];             /* 将关键字大于 R[i].key 的记录后移 */
         j-- ;
       }
     R[j + 1] = R[0];                 /* R[i]插入正确的位置上 */
   }
} /* InsertSort */
```

程序 9.1 直接插入排序的源程序(本章中仅给出这一个完整的源程序供读者上机练习时参考,其余算法的源程序根据算法很容易写出)。

```
#define n 8                          /* n 为记录个数 */
typedef int KeyType;                 /* 假设的关键字类型 */
typedef struct                       /* 记录类型 */
    {KeyType key;                    /* 关键字域 */
     InfoType otherinfo;             /* 记录的其他域 */
    }RecType;
typedef RecType SeqList[n + 1];
void insertSort(SeqList R)           /* 按递增序进行直接插入排序 */
{   int i,j;
    for(i = 2;i < = n;i++)
      { R[0] = R[i];
        j = i - 1;
        while(R[0].key < R[j].key)
          {  R[j + 1] = R[j];
             j-- ;
          }
        R[j + 1] = R[0];
      }
}
main()
{   SeqList R = {0,49,38,65,97,76,13,27,49};              /* R[0]不放记录 */
```

```
    int i;
    insertSort(R);
    for(i = 1; i < = n; i++)
        printf("% d", R[i]);
}
```

3. 哨兵的作用

算法 9.1 中引用的附加记录 $R[0]$，称为监视哨或哨兵（sentinel）。

哨兵有下列两个作用：

(1) 进入查找（插入位置）循环之前，它保存了 $R[i]$ 的副本，使得不至于因为记录后移而丢失 $R[i]$ 的内容；

(2) 在 while 循环中"监视"下标变量 j 是否越界，一旦越界（$j=0$ 时），$R[0].$key 和自己比较肯定相等，使得循环判定条件不成立，于是 while 循环结束，从而避免了在该循环内每一次均要检测 j 是否越界（省略了循环判定条件 $j\geqslant 1$）。

注意：

① 实际上，一切为简化边界条件而引入的附加结点（元素）均可称为哨兵。例如单链表中的头结点实际上是一个哨兵。

② 引入哨兵后使得测试查找循环条件的时间大约减少了一半，所以对于记录数较大的文件节约的时间就相当可观。对于类似于排序这样使用频率非常高的算法，要尽可能地减少其运行时间。因此不能把上述算法中的哨兵视为雕虫小技，而应该深刻理解并掌握这种技巧。

例 9.1　直接插入排序过程示例。

设待排序的文件有 8 个记录，其关键字分别为：49,38,65,97,76,13,27,49。为了区别两个相同的关键字 49，后一个 49 的下方加了一条下画线以示区别。其直接插入排序过程如图 9.1 所示。

```
[初始关键字]   [49] 38  65  97  76  13  27  49
j=2   (38)    [38  49] 65  97  76  13  27  49
j=3   (65)    [38  49  65] 97  76  13  27  49
j=4   (97)    [38  49  65  97] 76  13  27  49
j=5   (76)    [38  49  65  76  97] 13  27  49
j=6   (13)    [13  38  49  65  76  97] 27  49
j=7   (27)    [13  27  38  49  65  76  97] 49
j=8   (49)    [13  27  38  49  49  65  76  97]
监视哨R[0]
```

图 9.1　直接插入排序过程

4. 算法分析

1）算法的时间性能分析

对于具有 n 个记录的文件，要进行 $n-1$ 趟排序。各种状态下的时间复杂度如表 9.1 所示。

表 9.1 直接插入排序的时间复杂度

初始文件状态	第 i 趟排序的关键字比较次数	总关键字的比较次数	第 i 趟排序的记录移动次数	总的记录移动次数	时间复杂度
正序	1	$n-1$	2	$2(n-1)$	$O(n)$
反序	$i+1$	$(n+2)(n-1)/2$	$i+2$	$(n-1)(n+4)/2$	$O(n^2)$
无序(平均)	$(i-2)/2$	$\approx n^2/4$	$(i-2)/2$	$\approx n^2/4$	$O(n^2)$

> **注意**：初始文件按关键字递增有序,简称"正序"。初始文件按关键字递减有序,简称"反序"。

2) 算法的空间复杂度分析

算法所需的辅助空间是一个监视哨,辅助空间复杂度 $S(n)=O(1)$,是一个就地排序。

3) 直接插入排序的稳定性

直接插入排序是稳定的排序方法。

9.2.2 希尔排序

希尔排序(Shell sort)是插入排序的一种,因 D. L. Shell 于 1959 年提出而得名,它是对直接插入排序法的改进。

1. 算法思想

先取一个小于 n 的整数 d_1 作为第 1 个增量,把文件的全部记录分成 d_1 个组。所有距离为 d_1 的倍数的记录放在同一个组中。先在各组内进行直接插入排序;然后,取第 2 个增量 $d_2 < d_1$ 重复上述的分组和排序,直至所取的增量 $d_t = 1(d_t < d_{t-1} < \cdots < d_2 < d_1)$,即所有记录放在同一组中进行直接插入排序为止。该方法实质上是一种分组插入方法。

算法 9.2 希尔排序算法。

```
void ShellPass(SeqList R,int d)     /* 希尔排序中的一趟排序,d 为当前增量 */
{
for(i = d + 1;i <= n; i++)          /* 将 R[d + 1..n]分别插入各组当前的有序区 */
    if(R[i].key < R[i - d].key)
      {
      R[0] = R[i];j = i - d;        /* R[0]只是暂存单元,不是哨兵 */
        do {                        /* 查找 R[i]的插入位置 */
            R[j + d] = R[j];        /* 后移记录 */
            j = j - d;              /* 查找前一条记录 */
            }while(j > 0&&R[0].key < R[j].key);
        R[j + d] = R[0];            /* 插入 R[i]到正确的位置上 */
      }
}

void ShellSort(SeqList R)
{
int increment = n;                  /* 增量初值,不妨设 n > 0 */
do {
    increment = increment/3 + 1;    /* 求下一增量,注意增量的取法并不唯一 */
    ShellPass(R,increment);         /* 一趟增量为 increment 的 Shell 插入排序 */
    }while(increment > 1)
}
```

注意：当增量 $d=1$ 时，ShellPass 和 InsertSort 基本一致，只是由于没有哨兵而在内循环中增加了一个循环判定条件 $j>0$，以防下标越界。

例 9.2 希尔排序的排序过程示例。

假设待排序文件有 10 个记录，其关键字分别是：$49,38,65,97,76,13,27,\underline{49},55,04$。增量序列的取值依次为：$5,3,1$。其希尔排序过程如图 9.2 所示。

图 9.2 希尔排序过程

2. 算法分析

1）增量序列的选择

希尔排序的执行时间依赖于增量序列。好的增量序列有以下共同特征：

（1）最后一个增量必须为 1；

（2）应该尽量避免序列中的值（尤其是相邻的值）互为倍数的情况。

有人通过大量的实验，给出了目前较好的结果：当 n 较大时，比较和移动的次数约为 $n^{1.3}$。

2）希尔排序的时间性能优于直接插入排序

希尔排序的时间性能优于直接插入排序的原因如下：

（1）当文件初态基本有序时直接插入排序所需的比较和移动次数均较少。

（2）当 n 值较小时，n 和 n^2 的差别也较小，即直接插入排序的最好时间复杂度 $O(n)$ 和最坏时间复杂度 $O(n^2)$ 差别不大。

（3）在希尔排序开始时增量较大，分组较多，每组的记录数目少，故各组内直接插入较快，后来增量 d_i 逐渐缩小，分组数逐渐减少，而各组的记录数目逐渐增多，但由于已经以 d_{i-1} 作为距离排过序，使文件较接近于有序状态，所以新的一趟排序过程也较快。

因此，希尔排序在效率上较直接插入排序有较大的改进。

3）稳定性

希尔排序是不稳定的。参见上述实例，该例中两个相同关键字 49 和 $\underline{49}$ 在排序前后的相对次序发生了变化。

9.3 交 换 排 序

交换排序的基本思想是：两两比较待排序记录的关键字，发现两个记录的次序相反时即进行交换，直到没有反序的记录为止。最简单的一种交换排序是**冒泡排序**（bubble sort）。

9.3.1 冒泡排序

1. 基本思想

将被排序的记录数组 $R[1..n]$ 垂直排列，每个记录 $R[i]$ 看作是重量为 $R[i].key$ 的气泡。根据轻气泡不能在重气泡之下的原则,从下往上(也可以从上往下)扫描数组 R,一旦扫描到违反此原则的轻气泡,就使其向上"飘浮"。如此反复进行,直到最后任何两个气泡都是轻者在上、重者在下为止。

初始时 $R[1..n]$ 为无序区。第 1 趟扫描从无序区底部向上依次比较相邻的两个气泡的重量,若发现轻者在下、重者在上,则交换二者的位置,即依次比较 $(R[n],R[n-1])$,$(R[n-1],R[n-2])$,…,$(R[2],R[1])$;对于每对气泡 $(R[j+1],R[j])$,若 $R[j+1].key<R[j].key$,则交换 $R[j+1]$ 和 $R[j]$ 的内容。第 1 趟扫描完毕时,"最轻"的气泡就飘浮到该区间的顶部,即关键字最小的记录被放在最高位置 $R[1]$ 上。第 2 趟扫描则是扫描 $R[2..n]$。扫描完毕时,"次轻"的气泡飘浮到 $R[2]$ 的位置上。最后,经过 $n-1$ 趟扫描可得到有序区 $R[1..n]$。

> **注意**:第 i 趟扫描时,$R[1..i-1]$ 和 $R[i..n]$ 分别为当前的有序区和无序区。扫描仍是从无序区底部向上直至该区顶部。扫描完毕时,该区中"最轻"的气泡飘浮到顶部位置 $R[i]$ 上,结果是 $R[1..i]$ 变为新的有序区。

例 9.3 冒泡排序过程示例。

对关键字序列为 $49,38,65,97,76,13,27,\underline{49}$ 的文件进行冒泡排序的过程如图 9.3 所示。

```
49   13
38   49   27
65   38   49   38
97   65   38   49   49
76   97   65   49   49   49
13   76   97   65   65   65   65
27   27   76   97   76   76   76   76
49   49   49   76   97   97   97   97
```

图 9.3 冒泡排序过程(由下向上比较)

2. 排序算法

因为每一趟排序都使有序区增加了一个气泡,在经过 $n-1$ 趟排序之后,有序区中就有 $n-1$ 个气泡,而无序区中气泡的重量总是大于或等于有序区中气泡的重量,所以整个冒泡排序过程至多需要进行 $n-1$ 趟排序。

若在某一趟排序中未发现气泡位置的交换,则说明待排序的无序区中所有气泡都满足轻者在上、重者在下的原则,因此,冒泡排序过程可在此趟排序后终止。例 9.3 中,在第四趟(图中第 5 列)排序过程中就未发生气泡交换,此时整个文件已经达到有序状态。为此,在下面给出的算法中,引入一个布尔量 exchange,在每趟排序开始前,先将其置为假,若在一趟排序过程中发生了交换,则将其置为真。各趟排序结束时检查 exchange,若未曾发生过交换则终止算法,不再进行下一趟排序。

算法 9.3 冒泡排序算法。

```
void BubbleSort(SeqList R)
/* R(1..n)是待排序的文件,采用自下向上扫描的方式,对 R 进行冒泡排序 */
{int i,j,exchange;                  /* exchang 为交换标志 */
for(i=1;i<n;i++)                    /* 最多做 n-1 趟排序 */
```

```
    {
        exchange = 0;                    /* 本趟排序开始前,交换标志应为假 */
        for(j = n - 1; j >= i; j-- )     /* 对当前无序区 R[i..n]自下向上扫描 */
            if(R[j + 1].key < R[j].key)  /* 交换记录 */
            {
                R[0] = R[j + 1];         /* R[0]不是哨兵,仅做暂存单元 */
                R[j + 1] = R[j];
                R[j] = R[0];
                exchange = 1;            /* 发生了交换,故将交换标志置为真 */
            }
        if(!exchange)                    /* 本趟排序未发生交换,提前终止算法 */
            break;
    }
}
```

9.3.2 快速排序

1. 算法思想

快速排序(quick sort)也称霍尔排序,是 C. R. A. Hoare 于 1962 年提出的一种划分交换排序。它采用了一种分治的策略,通常称其为分治法(divide-and-conquer method)。分治法的基本思想是:将原问题分解为若干规模更小但结构与原问题相似的子问题,递归地解这些子问题,然后将这些子问题的解组合为原问题的解。

设当前待排序的无序区为 $R[low..high]$,利用分治法可将快速排序的基本思想描述为:

1)分解

在 $R[low..high]$ 中任选一个记录作为基准(pivot),以此基准将当前无序区划分为左、右两个较小的子区间 $R[low..pivotpos-1]$ 和 $R[pivotpos+1..high]$,并使左边子区间中所有记录的关键字均小于或等于基准记录(不妨记为 pivot)的关键字 pivot. key,右边的子区间中所有记录的关键字均大于或等于 pivot. key,而基准记录 pivot 则位于正确的位置(pivotpos)上,它无须参加后续的排序。划分的关键是求出基准记录所在的位置 pivotpos;划分的结果可以简单地表示为:

$$R[low..pivotpos-1].keys \leqslant R[pivotpos].key \leqslant R[pivotpos+1..high].keys$$

其中 $low \leqslant pivotpos \leqslant high$。

注意:pivot = R[pivotpos]。

---

2)求解

通过递归调用快速排序对左、右子区间 $R[low..pivotpos-1]$ 和 $R[pivotpos+1..high]$ 进行快速排序。

3)组合

因为当"求解"步骤中的两个递归调用结束时,其左、右两个子区间已有序,所以对快速排序而言,"组合"步骤无须做什么,可看作是空操作。

2. 快速排序算法

算法 9.4　快速排序算法。

```
void QuickSort(SeqList R,int low,int high)        /* 对 R[low..high]快速排序 */
{int pivotpos;                                     /* 记划分后的基准记录的位置 */
  if(low < high)                                    /* 仅当区间长度大于 1 时才需排序 */
    {
    pivotpos = Partition(R,low,high);              /* 对 R[low..high]进行划分 */
    QuickSort(R,low,pivotpos − 1);                 /* 对左区间递归排序 */
    QuickSort(R,pivotpos + 1,high);                /* 对右区间递归排序 */
    }
}                                                  /* QuickSort */
```

> **注意**：为排序整个文件，只需要调用 $\text{QuickSort}(R,1,n)$ 即可完成对 $R[1..n]$ 的排序。

3. 划分算法(partition)

第一步：(初始化)设置两个指针 i 和 j，它们的初值分别为区间的下界和上界，即 $i=\text{low}$，$j=\text{high}$；选取无序区的第 1 个记录 $R[i]$($R[\text{low}]$)作为基准记录，并将它保存在变量 pivot 中。

第二步：令 j 自 high 起向左扫描，直到找到第 1 个关键字小于 pivot. key 的记录$R[j]$，将 $R[j]$ 移至 i 所指的位置上，这相当于 $R[j]$ 和基准 $R[i]$(pivot)进行了交换，使关键字小于基准关键字 pivot. key 的记录移到了基准的左边，交换后 $R[j]$ 中相当于是 pivot；然后，令 i 指针自 $i+1$ 位置开始向右扫描，直至找到第 1 个关键字大于 pivot. key 的记录 $R[i]$，将 $R[i]$ 移到 i 所指的位置上，这相当于交换了 $R[i]$ 和基准 $R[j]$，使关键字大于基准关键字的记录移到了基准的右边，交换后 $R[i]$ 中又相当于存放了 pivot；接着令指针 j 自位置 $j-1$ 开始向左扫描，如此交替改变扫描方向，从两端各自往中间靠拢，直至 $i=j$ 时，i 便是基准 pivot 最终的位置，将 pivot 放在此位置上就完成了一次划分。

例 9.4　给出了一次划分的过程及整个快速排序的过程示例。

算法 9.5　划分算法。

```
int Partition(SeqList R,int i,int j)
/* 调用 Partition(R,low,high)时,对 R[low..high]进行划分,并返回基准记录的位置 */
{ReceType pivot = R[i];                      /* 用区间的第 1 个记录作为基准 */
  while(i < j)                                 /* 从区间两端交替向中间扫描,直至 i = j 为止 */
    {while(i < j&&R[j].key >= pivot.key)       /* pivot 相当于在位置 i 上 */
        j-- ;                                  /* 从右向左扫描,查找第 1 个关键字小于 pivot.key 的记录 R[j] */
    if(i < j)                                  /* 表示找到的 R[j]的关键字< pivot.key */
        R[i++] = R[j];                         /* 相当于交换 R[i]和 R[j],交换后 i 指针加 1 */
    while(i < j&&R[i].key <= pivot.key)        /* pivot 相当于在位置 j 上 */
        i++;                                   /* 从左向右扫描,查找第 1 个关键字大于 pivot.key 的记录 R[i] */
    if(i < j)                                  /* 表示找到了 R[i],使 R[i].key > pivot.key */
        R[j-- ] = R[i];                        /* 相当于交换 R[i]和 R[j],交换后 j 指针减 1 */
    }                                          /* endwhile */
  R[i] = pivot;                                /* 基准记录已被最后定位 */
  return i;
}
```

例 9.5　快速排序的一次划分过程和排序过程示例(如图 9.4 所示)。

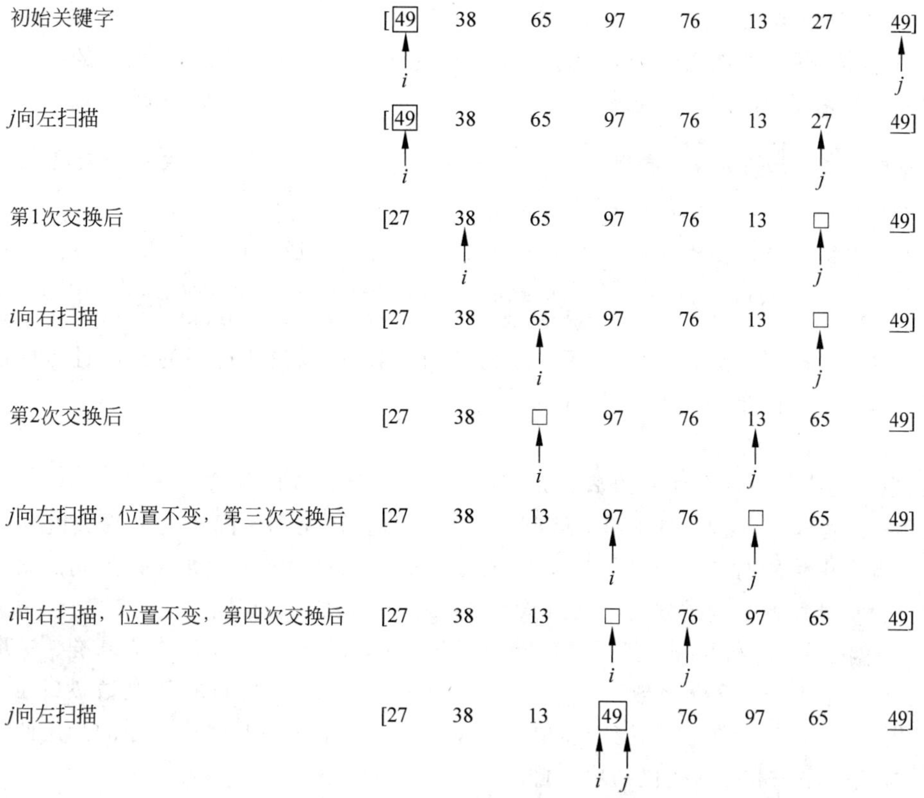

初始关键字　　　　　　　　　[49　38　65　97　76　13　27　49]
　　　　　　　　　　　　　　　 ↑i　　　　　　　　　　　　 ↑j

j向左扫描　　　　　　　　　　[49　38　65　97　76　13　27　49]
　　　　　　　　　　　　　　　 ↑i　　　　　　　　　　 ↑j

第1次交换后　　　　　　　　　[27　38　65　97　76　13　□　49]
　　　　　　　　　　　　　　　　 ↑i　　　　　　　　　 ↑j

i向右扫描　　　　　　　　　　[27　38　65　97　76　13　□　49]
　　　　　　　　　　　　　　　　　　　 ↑i　　　　　　 ↑j

第2次交换后　　　　　　　　　[27　38　□　97　76　13　65　49]
　　　　　　　　　　　　　　　　　　　 ↑i　　　　 ↑j

j向左扫描，位置不变，第三次交换后　[27　38　13　97　76　□　65　49]
　　　　　　　　　　　　　　　　　　　　 ↑i　　 ↑j

i向右扫描，位置不变，第四次交换后　[27　38　13　□　76　97　65　49]
　　　　　　　　　　　　　　　　　　　　 ↑i　↑j

j向左扫描　　　　　　　　　　[27　38　13　49　76　97　65　49]
　　　　　　　　　　　　　　　　　　　　 ↑i ↑j

(a) 一次划分过程

初始关键字　　　[49　38　65　97　76　13　27　49]
一趟排序之后　　[27　38　13]　49　[76　97　65　49]
二趟排序之后　　[13]　27　[38]　49　[49　65]　76　[97]
三趟排序之后　　13　27　38　49　49　[65]　76　97
排序结果　　　　13　27　38　49　49　65　76　97

(b) 各趟排序后的状态

图 9.4　快速排序过程

4. 算法分析

快速排序的时间主要耗费在划分操作上，对长度为 k 的区间进行划分，共需进行 $k-1$ 次关键字的比较。

1）最坏时间复杂度

最坏情况是每次划分选取的基准都是当前无序区中关键字最小（或最大）的记录，划分的结果是基准左边的子区间为空（或右边的子区间为空），而划分所得的另一个非空的子区间中记录数目，仅仅比划分前的无序区中记录个数减少一个。因此，快速排序必须进行 $n-1$ 次划分，第 i 次划分开始时区间长度为 $n-i+1$，所需的比较次数为 $n-i(1 \leqslant i \leqslant n-1)$，故总的比较次数达到最大值：$C_{\max}=n(n-1)/2=O(n^2)$。

如果按上面给出的划分算法，每次取当前无序区中的第 1 个记录为基准，那么当文件的记录已按递增序（或递减序）排列时，每次划分所取的基准就是当前无序区中关键字最小（或最大）的记录，则快速排序所需的比较次数反而最多。

2) 最好时间复杂度

在最好情况下,每次划分所取的基准都是当前无序区的"中值"记录,划分的结果是基准的左、右两个无序子区间的长度大致相等。总的关键字比较次数为 $O(n\log_2 n)$。

> **注意**:用递归树来分析最好情况下的比较次数更简单。因为每次划分后左、右子区间长度大致相等,故递归树的高度为 $O(\log_2 n)$,而递归树每一层上各结点所对应的划分过程中所需要的关键字比较次数总和不超过 n,故整个排序过程所需要的关键字比较总次数 $C(n)=O(n\log_2 n)$。

因为快速排序的记录移动次数不大于比较的次数,所以快速排序的最坏时间复杂度应为 $O(n^2)$,最好时间复杂度为 $O(n\log_2 n)$。

3) 基准关键字的选取

在当前无序区中选取划分的基准关键字是决定算法性能的关键。

(1)"三者取中"规则,即在当前区间里,将该区间首、尾和中间位置上的关键字进行比较,取三者之中值所对应的记录作为基准,在划分开始前将该基准记录和该区间的第 1 个记录进行交换,此后的划分过程与上面所给的 Partition 算法完全相同。

(2) 取位于 low 和 high 之间的随机数 k(low$\leqslant k\leqslant$high),用 $R[k]$ 作为基准。选取基准最好的方法是用一个随机函数产生一个取位于 low 和 high 之间的随机数 k(low$\leqslant k\leqslant$high),用 $R[k]$ 作为基准,这相当于强迫 $R[\text{low..high}]$ 中的记录是随机分布的。用此方法所得到的快速排序一般称为随机的快速排序。

4) 平均时间复杂度

尽管快速排序的最坏时间复杂度为 $O(n^2)$,但就平均性能而言,它是基于关键字比较的内部排序算法中速度最快的,快速排序亦因此而得名。它的平均时间复杂度为 $O(n\log_2 n)$。

5) 空间复杂度

快速排序在系统内部需要一个栈来实现递归。若每次划分较为均匀,则其递归树的高度为 $O(\log_2 n)$,故递归后需栈空间为 $O(\log_2 n)$。最坏情况下,递归树的高度为 $O(n)$,所需的栈空间为 $O(n)$。

6) 稳定性

快速排序是非稳定的,反例为[2,2,1],其快速排序的结果为[1,2,2]。

9.4　选　择　排　序

选择排序(selection sort)的基本思想是:每一趟从待排序的记录中选出关键字最小的记录,顺序放在已排好序的子文件的最后,直到全部记录排序完毕。常用的选择排序方法有**直接选择排序**和**堆排序**。

9.4.1　直接选择排序

1. 基本思想

含有 n 个记录的文件的直接选择排序(straight selection sort)可经过 $n-1$ 趟直接选择

排序得到有序结果。

初始状态时,无序区为 $R[1..n]$,有序区为空。第 1 趟排序是在无序区 $R[1..n]$ 中选出关键字最小的记录,将它与 $R[1]$ 交换;第 2 趟排序是在无序区 $R[2..n]$ 中选出关键字最小的记录,将它与 $R[2]$ 交换;第 i 趟排序开始时,当前有序区和无序区分别为 $R[1..i-1]$ 和 $R[i..n]$($1 \leqslant i \leqslant n-1$)。该趟排序从当前无序区中选出关键字最小的记录 $R[k]$,将它与无序区的第 1 个记录 $R[i]$ 交换,使 $R[1..i]$ 和 $R[i+1..n]$ 分别变为记录个数增加 1 个的新有序区和记录个数减少 1 个的新无序区。这样,n 个记录的文件的直接选择排序可经过 $n-1$ 趟直接选择排序得到有序结果。

例 9.6　直接选择排序的过程示例(如图 9.5 所示)。

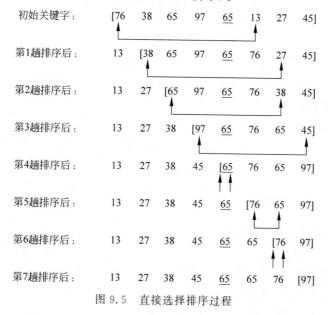

图 9.5　直接选择排序过程

2. 算法描述

算法 9.6　直接选择排序算法。

```
void SelectSort(SeqList R)
{ int i,j,k;
  for(i = 1;i < n;i++){                    /* 进行第 i 趟排序(1≤i≤n-1) */
    k = i;                                 /* k 里记录第 i 趟中所选出的最小元素的位置 */
    for(j = i + 1;j <= n;j++)              /* 在当前无序区 R[i..n] 中选 key 最小的记录 R[k] */
      if(R[j].key < R[k].key)
        k = j;                             /* k 记下目前找到的最小关键字所在的位置 */
      if(k!= i){                           /* 交换 R[i] 和 R[k] */
        R[0] = R[i]; R[i] = R[k]; R[k] = R[0];      /* R[0] 作为暂存单元 */
      }
    }
}
```

3. 算法分析

(1) 关键字比较次数。无论文件初始状态如何,在第 i 趟排序中选出最小关键字的记录,需进行 $n-i$ 次比较,因此,总的比较次数为 $n(n-1)/2 = O(n^2)$。

(2) 记录的移动次数。当初始文件为正序时,移动次数为 0;文件初态为反序时,每趟排序均要执行交换操作,总的移动次数取最大值$(n-1)$。直接选择排序的平均时间复杂度为$O(n^2)$。

(3) 直接选择排序是一个就地排序。

(4) 稳定性分析。从例9.6中可以看出直接选择排序是不稳定的。

9.4.2 堆排序

1. 堆的定义

n个关键字序列$K_1,K_2,\cdots,K_n$称为**堆**,当且仅当该序列满足如下关系:

$$K_i \leqslant K_{2i} \quad 且 \quad K_i \leqslant K_{2i+1} \tag{9.1}$$

或

$$K_i \geqslant K_{2i} \quad 且 \quad K_i \geqslant K_{2i+1}(1 \leqslant i \leqslant \lfloor n/2 \rfloor) \tag{9.2}$$

若将此序列所存储的向量$R[1..n]$看作是一棵完全二叉树的存储结构,则堆实质上是满足如下性质的完全二叉树:树中任一非叶结点的关键字均不大于(或不小于)其左右孩子结点(若存在)的关键字。

2. 大根堆和小根堆

根结点(亦称为堆顶)的关键字是堆里所有结点关键字中最小者的堆称为**小根堆**。根结点的关键字是堆里所有结点关键字中最大者的堆称为**大根堆**。

> **注意**:堆中任一子树亦是堆。

例9.7 小根堆和大根堆示例。

关键字序列$(10,15,56,25,30,70)$和$(70,56,30,25,15,10)$分别满足式(9.1)和式(9.2),故它们均是堆,其对应的完全二叉树分别如图9.6和图9.7所示。

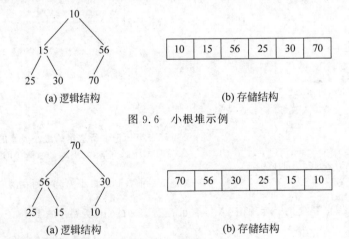

图9.6 小根堆示例

图9.7 大根堆示例

3. 堆排序及其特点

堆排序(heap sort)是一树形选择排序,其特点是:在排序过程中,将$R[1..n]$看成是一棵完全二叉树的顺序存储结构,利用完全二叉树中双亲结点和孩子结点之间的内在关系,在当前无序区中选择关键字最大(或最小)的记录。

4. 堆排序与直接插入排序的区别

直接选择排序中,为了从 $R[1..n]$ 中选出关键字最小的记录,必须进行 $n-1$ 次比较,然后在 $R[2..n]$ 中选出关键字最小的记录,又需要进行 $n-2$ 次比较。事实上,在后面的 $n-2$ 次比较中,有许多比较可能在前面的 $n-1$ 次比较中已经做过,但因为前一趟排序时未保留这些比较结果,所以后一趟排序时又重复执行了这些比较操作。

由于堆排序可以通过树结构保存部分比较结果,因此能够减少比较次数。

5. 堆排序

堆排序利用了大根堆(或小根堆)堆顶记录的关键字最大(或最小)这一特征,使得在当前无序区中选取最大(或最小)关键字的记录变得简单。

用大根堆排序的基本思想如下:

(1) 先将初始文件 $R[1..n]$ 建成一个大根堆,此堆为初始的无序区。

(2) 再将关键字最大的记录 $R[1]$(堆顶)和无序区的最后一个记录 $R[n]$ 交换,由此得到新的无序区 $R[1..n-1]$ 和有序区 $R[n]$,且满足 $R[1..n-1].\text{key} \leqslant R[n].\text{key}$。

(3) 由于交换后新的根 $R[1]$ 有可能违反堆的定义,故应将当前无序区 $R[1..n-1]$ 重新调整为堆;然后再次将 $R[1..n-1]$ 中关键字最大的记录 $R[1]$ 和该区间的最后一个记录 $R[n-1]$ 交换,由此得到新的无序区 $R[1..n-2]$ 和有序区 $R[n-1..n]$,且仍满足关系 $R[1..n-2].\text{key} \leqslant R[n-1..n].\text{key}$,同样要将 $R[1..n-2]$ 重新调整为堆。以此类推,直到无序区只有一个元素为止。

> **注意:**
> ① 只需要进行 $n-1$ 趟排序,选出较大的 $n-1$ 个关键字即可以使得文件递增有序。
> ② 用小根堆排序与利用大根堆类似,只不过其排序结果是递减有序的。堆排序和直接选择排序相反:在任何时刻,堆排序中无序区总是在有序区之前,且有序区是在原向量的尾部由后往前逐步扩大至整个向量为止。

算法 9.7 堆排序的算法。

```
void HeapSort(SeqList R)           /* 对 R[1..n]进行堆排序,不妨用 R[0]做暂存单元 */
{ int i;
  BuildHeap(R);                    /* 将 R[1-n]建成初始堆 */
  for(i = n; i > 1; i-- )
    { /* 对当前无序区 R[1..i]进行堆排序,共进行 n-1 趟 */
    R[0] = R[1]; R[1] = R[i]; R[i] = R[0];      /* 将堆顶和堆中最后一个记录交换 */
    Heapify(R,1,i-1);            /* 将 R[1..i-1]重新调整为堆,仅有 R[1]可能违反堆性质 */
    }
}
```

接下来讨论 BuildHeap 和 Heapify 函数的实现。因为构造初始堆必须使用到调整堆的操作,所以先讨论函数 Heapify 的实现。

1) Heapify 函数的实现

每趟排序开始前 $R[1..i]$ 是以 $R[1]$ 为根的堆,在 $R[1]$ 与 $R[i]$ 交换后,新的无序区 $R[1..i-1]$ 中只有 $R[1]$ 的值发生了变化,故除 $R[1]$ 有可能违反堆性质外,其余任何结点为根的子树均是堆。因此,当被调整区间是 $R[\text{low}..\text{high}]$ 时,只需要调整以 $R[\text{low}]$ 为根的树即可。

$R[\text{low}]$ 的左、右子树(若存在)均已是堆,这两棵子树的根 $R[2\text{low}]$ 和 $R[2\text{low}+1]$ 分别

是各自子树中关键字最大的结点。若 $R[low].key$ 不小于这两个孩子结点的关键字,则 $R[low]$ 未违反堆性质,以 $R[low]$ 为根的树已是堆,无须调整;否则必须将 R[low] 和它的两个孩子结点中关键字较大者进行交换,即 $R[low]$ 与 $R[large]$($R[large].key=$ $max(R[2low].key, R[2low+1].key)$)交换。交换后又有可能使结点 $R[large]$ 违反堆性质,同样由于该结点的两棵子树(若存在)仍然是堆,故可重复上述调整过程,对以 $R[large]$ 为根的树进行调整。此过程直至当前被调整的结点已满足堆性质,或者该结点已是叶子为止。上述过程就像过筛子一样,把较小的关键字逐层筛下去,而将较大的关键字逐层选上来。因此,有人将此方法称为"筛选法"。

算法 9.8 用筛选法调整堆。

```
void Heapify(SeqList R,int k,int m)
/* 假设 R[k..m]是以 R[k]为根的完全二叉树,且分别以 R[2k]和 R[2k+1]为根的左、右子树 */
/* 为大根堆,调整 R[k],使整个序列 R[k..m]满足堆的性质 */
{t = r[k];                    /* 暂存"根"记录 R[k] */
x = r[k].key;
i = k;
j = 2 * i;                    /* j是第 i 个结点的左孩子位置 */
while(j <= m)
  {if(j < m && R[j].key < R[j+1].key)
  j = j + 1;                  /* 若存在右子树,且右子树根的关键字大,则沿右分支"筛选" */
  if(x < R[j].key)
    {R[i] = R[j];
    i = j;
    j = 2 * i;
    }                         /* 继续筛选 */
  else
    break;                    /* 筛选完毕 */
  }
R[i] = t;                     /* 将 R[k]填入恰当的位置 */
}
```

例 9.8 输出堆顶元素并调整建新堆的过程示例(如图 9.8 所示)。

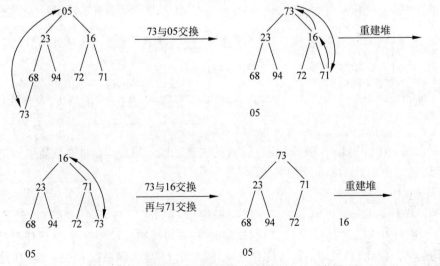

图 9.8 输出堆顶元素并调整建新堆的过程示意图

2) BuildHeap 函数的实现

要将初始文件 $R[1..n]$ 调整为一个大根堆，就必须将它所对应的完全二叉树中以每一结点为根的子树都调整为堆。显然只有一个结点的树是堆，而在完全二叉树中，所有序号 $i > \lfloor n/2 \rfloor$ 的结点都是叶子，因此以这些结点为根的子树均已是堆。这样，我们只需要依次将以序号为 $\lfloor n/2 \rfloor$，$\lfloor n/2 \rfloor - 1$，$\cdots$，1 的结点作为根的子树都调整为堆即可。

算法 9.9　建大根堆算法。

```
void BuildHeap(SeqList R)      /*利用筛选法将初始文件 R[1..n]调整为一个大根堆*/
{int i;
for(i = n/2;i > = 1;i-- )
    Heapify(R,i,n)
}
```

例 9.9　用筛选法建新堆的过程示例。

对于关键字序列(72,73,71,23,94,16,05,68)，用筛选法建小根堆，其中 $n = 8$，故从第 4 个结点起进行调整。新建堆过程如图 9.9 所示。

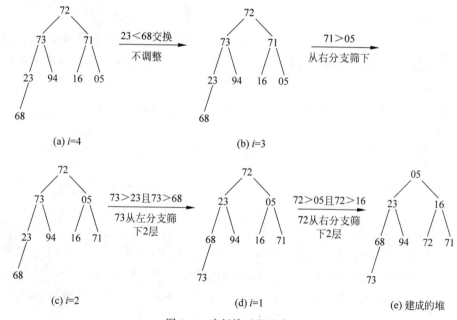

图 9.9　建新堆过程示意图

6. 算法分析

堆排序适合于待排序的记录个数较多的情况，因其运行时间主要消耗在建初始堆和调整新堆时进行的反复筛选上，对深度为 K 的堆，筛选法中进行的关键字比较次数至多为 $2(K-1)$ 次（因为在每个结点的两个孩子中选一个较小的时候比较两次，选出比较小的孩子与其父结点比较一次），在建含 n 个结点深度为 h 的堆时，总共需要的关键字比较次数不超过 $4n$。这是因为：由于第 i 层上的结点数至多为 2^{i-1}，以它们为根的二叉树的深度为 $h-(i-1)$，在第 i 层的每个结点及其子树建成堆时，需要 $2(h-(i-1)-1) = 2(h-i)$ 次比较，故第 i 层中的 2^{i-1} 棵子树共需要 $2^{i-1} \times 2(h-i)$ 次比较，便可得到 2^{i-1} 堆。所以在建堆时，对深度为 h 的完全二叉树，先从 $h-1$ 层开始直到第 1 层，最多共需

$$\sum 2^{i-1} \times 2(h-i) = \sum 2^i (h-i) = \sum 2^{h-j} \times j \leqslant 2n \frac{\sum j}{2^j} \leqslant 4n$$

次比较。

因为：

$$\sum 2^i (h-i) = 2^{h-1}(h-(h-1)) + 2^{h-2}(h-(h-2)) + \cdots + 2^1(h-1)$$
$$= 2^{h-1} \times 1 + 2^{h-2} \times 2 + \cdots + 2^1(h-1)$$

所以：

$$原式 = \sum 2^{h-j} \times j$$

而 2^{h-1} 是第 h 层的结点个数（最多），当然要小于树中的总结点个数 n。而 $2^{h-j} = 2^h \times 2^{-j} = 2^h/2^j$，而 h 是树的深度，所以 $2^h \leqslant 2n$(n 是树中结点个数)。

所以：

$$\sum 2^{h-j} \times j = \frac{\sum 2^h}{2^j} \times j \leqslant 2n \frac{\sum j}{2^j} \leqslant 4n$$

堆排序的时间，主要耗费在建立初始堆和调整建新堆时进行的反复"筛选"上，它们均是通过调用 Heapify 实现的。堆排序的最坏时间复杂度为 $O(n\log_2 n)$；堆排序的平均性能较接近于最坏性能。由于建初始堆所需的比较次数较多，所以堆排序不适宜于记录数较少的文件。堆排序是就地排序，辅助空间为 $O(1)$。它是不稳定的排序方法。

9.5 归 并 排 序

前面介绍的各种排序方法对待排序列的初始状态都不做任何要求，而**归并排序**（merge sort）则要求待排序列已经部分有序。部分有序的含义是待排序列由若干个有序的子序列组成。归并排序的基本思想是：将这些有序的子序列进行归并，从而得到有序的序列。归并是一种常见运算，其方法是：比较各子序列的第 1 个记录的键值，最小的一个就是排序后序列的第 1 个记录的键值。取出这个记录，继续比较各子序列现在的第 1 个记录的键值，便可找出排序后的第 2 个记录。如此继续下去，最终可以得到排序结果。因此，归并排序的基础是归并。

下面首先讨论两个有序子序列的归并。

1. 两个有序子文件归并成一个有序子文件算法

算法基本思路如下：

设两个有序的子文件放在同一向量中相邻的位置上：$R[low..m]$，$R[m+1..high]$，先将它们合并到一个局部的暂存向量 R_1 中，待合并完成后将 R_1 复制回 $R[low..high]$ 中。

合并过程中，设置 i、j 和 p 3 个指针，其初值分别指向这 3 个记录区的起始位置。合并时依次比较 $R[i]$ 和 $R[j]$ 的关键字，取关键字较小的记录复制到 $R_1[p]$ 中，然后将被复制记录的指针 i 或 j 加 1，并将指向复制位置的指针 p 加 1。

重复这一过程直至两个输入的子文件有一个已全部复制完毕（不妨称其为空），此时将另一非空的子文件中的剩余记录依次复制到 R_1 中即可。

实现时,R_1 是动态申请的,因为申请的空间可能很大,故需加入申请空间是否成功的处理。

算法 9.10 归并算法。

```
void Merge(SeqList R,int low,int m,int high)
{ /*将两个有序的子文件 R[low..m]和 R[m+1..high]归并成一个有序的*/
/*子文件 R[low..high]*/
int i=low,j=m+1,p=0;              /*置初始值*/
RecType * R1;                     /*R1 是局部向量,若 p 定义为此类型指针速度更快*/
R1=(RecType *)malloc((high-low+1)*sizeof(RecType));
if(!R1)                           /*申请空间失败*/
    Printf("Insufficient memory available!");
while(i<=m&&j<=high)              /*两子文件非空时取其小者输出到 R1[p]上*/
    R1[p++]=(R[i].key<=R[j].key?R[i++]:R[j++]);
while(i<=m)                       /*若第 1 个子文件非空,则复制剩余记录到 R1 中*/
    R1[p++]=R[i++];
while(j<=high)                    /*若第 2 个子文件非空,则复制剩余记录到 R1 中*/
    R1[p++]=R[j++];
for(p=0,i=low; i<=high; p++,i++)
    R[i]=R1[p];                   /*归并完成后将结果复制回 R[low..high]*/
return ok;                        /*本行可去掉*/
}
```

2. 二路归并排序算法

现利用两个有序序列的归并来实现归并排序。这种归并排序称为二路归并排序。二路归并排序有两种实现方法:自底向上和自顶向下。

1)自底向上的方法

自底向上的基本思想是:第一趟归并排序时,将待排序的文件 $R[1..n]$ 看作是 n 个长度为 1 的有序子文件,将这些子文件两两归并,若 n 为偶数,则得到 $\lceil n/2 \rceil$ 个长度为 2 的有序子文件;若 n 为奇数,则最后一个子文件轮空(不参与归并)。故本趟归并完成后,前 $\lceil \log_2 n \rceil$ 个有序子文件长度为 2,但最后一个子文件长度仍为 1;第二趟归并则是将第一趟归并所得到的 $\lceil \log_2 n \rceil$ 个有序的子文件两两归并,如此反复,直到最后得到一个长度为 n 的有序文件为止。

上述的每次归并操作,均是将两个有序的子文件合并成一个有序的子文件,故称其为"二路归并排序"。类似的有 $k(k>2)$ 路归并排序。

例 9.10 二路归并排序的过程示例。

序列(49,38,65,97,76,13,27)的排序过程如图 9.10 所示。

```
初始关键字:   [49],[38],[65],[97],[76],[13],[27]
一趟归并:     [38,49],[65,97],[13,76],[27]
二趟归并:     [38,49,65,97],[13,27,76]
三趟归并:     [13,27,38,49,65,76,97]
```

图 9.10 二路归并排序过程示例

在某趟归并中,设各子文件长度为 length(最后一个子文件的长度可能小于 length),则归并前 $R[1..n]$ 中共有 $\lceil n/\text{length} \rceil$ 个有序的子文件:$R[1..\text{length}]$,$R[\text{length}+1..2\text{length}]$,…,

$R[(\lceil n/length \rceil - 1) * length + 1..n]$。

> **注意**：调用归并操作将相邻的一对子文件进行归并时，必须对子文件的个数是奇数，以及最后一个子文件的长度小于 length 这两种特殊情况进行特殊处理：
> ① 若子文件个数为奇数，则最后一个子文件无须和其他子文件归并(本趟轮空)。
> ② 若子文件个数为偶数，则要注意最后一对子文件中后一子文件的区间上界是 n。

算法 9.11 一趟归并排序算法。

```
void MergePass(SeqList R,int length)           /* 对 R[1..n]进行一趟归并排序 */
{ int i;
for(i = 1;i + 2 * length - 1 <= n;i = i + 2 * length)
Merge(R,i,i + length - 1,i + 2 * length - 1);   /* 归并长度为 length 的两个相邻子文件 */
  if(i + length - 1 < n)                        /* 尚有两个子文件,其中后一个长度小于 length */
    Merge(R,i,i + length - 1,n);                /* 归并最后两个子文件 */
    /* 注意:若 i≤n 且 i + length - 1≥n 时,则剩余一个子文件轮空,无须归并 */
}
```

算法 9.12 二路归并排序算法。

```
void MergeSort(SeqList R)                /* 采用自底向上的方法,对 R[1..n]进行二路归并排序 */
{ int length;
  for(length = 1; length < n; length * = 2)  /* 进行 ⌈log₂n⌉ 趟归并 */
    MergePass(R,length);                       /* 有序段长度≥n 时终止 */
}
```

自底向上的归并排序算法虽然效率较高,但可读性较差。

2) 自顶向下的方法

采用分治法进行自顶向下的算法设计,形式更为简洁。

设归并排序的当前区间是 $R[low..high]$,则分治法的 3 个步骤是：

(1) 分解：将当前区间一分为二,即求分裂点 $mid = \lfloor (low + high)/2 \rfloor$。

(2) 求解：递归地对两个子区间 $R[low..mid]$ 和 $R[mid+1..high]$ 进行归并排序。

(3) 组合：将已排序的两个子区间 $R[low..mid]$ 和 $R[mid+1..high]$ 归并为一个有序的区间 $R[low..high]$。

递归的终结条件：子区间长度为 1(一个记录自然有序)。

算法 9.13 采用分治法进行二路归并排序。

```
void MergeSortDC(SeqList R,int low,int high)
/* 用分治法对 R[low..high]进行二路归并排序 */
{int mid;
if(low < high)                          /* 区间长度大于 1 */
  {
  mid = (low + high)/2;                  /* 分解 */
  MergeSortDC(R,low,mid);                /* 递归地对 R[low..mid]排序 */
  MergeSortDC(R,mid + 1,high);           /* 递归地对 R[mid + 1..high]排序 */
  Merge(R,low,mid,high);                 /* 组合,将两个有序区归并为一个有序区 */
  }
}
```

3．算法分析

1）存储结构要求

可用顺序存储结构，也易于在链表上实现。

2）时间复杂度

对于长度为 n 的文件，需进行 $\lfloor \log_2 n \rfloor$ 趟二路归并，每趟归并的时间为 $O(n)$，故其时间复杂度无论是在最好情况下还是在最坏情况下均是 $O(n\log_2 n)$。

3）空间复杂度

需要一个辅助向量来暂存两有序子文件归并的结果，故其辅助空间复杂度为 $O(n)$，显然它不是就地排序。

> **注意**：若用单链表做存储结构，很容易给出就地的归并排序。

4）稳定性

归并排序是一种稳定的排序。

9.6　基　数　排　序

前面介绍的各种排序方法都是根据关键字值的大小来进行排序的。本节介绍的基数排序是一种借助于多关键字排序的思想对单个逻辑关键字进行排序的方法。

9.6.1　多关键字的排序

假设有 n 个记录的序列 $\{R_1, R_2, \cdots, R_n\}$，且每个记录 R_i 含有 d 个关键字 $(K_i^0, K_i^1, \cdots, K_i^{d-1})$，对序列中任意两个记录 R_i 和 R_j，当且仅当 $(K_i^0, K_i^1, \cdots, K_i^{d-1}) \leqslant (K_j^0, K_j^1, \cdots, K_j^{d-1})$ 时，有 $R_i \leqslant R_j$。其中，称 K^0 为**最主位关键字**，K^{d-1} 为**最次位关键字**。

排序时有如下两种方法：**最高位优先**和**最低位优先**。

最高位优先（Most Signification Digit first，MSD）：排序时先对最主位关键字 K^0 进行排序，将序列分成若干子序列；再对每个子序列按关键字 K^1 进行排序；然后再将每个子序列进一步划分为若干子序列，从而将整个序列划分成多个子序列；依此类推，直至对每个子序列按最次位关键字 K^{d-1} 排序，最后将所有所得子序列依此连接，得到一个有序序列。

最低位优先（Least Signification Digit first，LSD）：排序时先对最次位关键字 K^{d-1} 进行排序，再对高一位的关键字 K^{d-2} 进行排序，依次类推，直至对每个子序列按最高位关键字 K^0 排序后得到一个有序序列。

例 9.11　扑克牌的排序。

扑克牌有花色和面值（点数），规定花色高于面值。在花色中规定梅花＞方块＞红心＞黑桃；在面值中 2＜3＜4＜…＜10＜J＜Q＜K＜A。其排序有两种方法：

方法 1：先按花色分成 4 堆，每堆内按面值从小到大排序，最后按花色顺序收集起来。这种方法叫最高位（MSD）优先法。

方法 2：先按面值分成 13 堆，将 13 堆从小到大排序，再按花色分成 4 堆，最后按花色顺序收集起来。这种方法叫最低位（LSD）优先法。

两种方法的特点:

(1) 使用 MSD 方法进行排序时,必须将待排序序列分割成若干子序列,再对每个子序列分别进行排序。

(2) 使用 LSD 进行排序时,不必将待排序序列分割成子序列,对每个关键字都是整个序列参加排序,但对 K_i 进行排序时,只能用稳定的排序方法;另外,用 LSD 方法进行排序时,在一定条件下,亦可通过若干次"分配"和"收集"来实现排序。

9.6.2 链式基数排序

基数排序(radix sort)是借助于"分配"和"收集"两种操作对单逻辑关键字进行排序的一种内部排序方法。

单逻辑关键字的分解:一般情况下,单逻辑关键字可以看成是由若干关键字复合而成的。例如,数值型关键字,可以把每一个十进制数位看成是一个关键字位;字符串型关键字,可以把组成字符串的每一个字符看成是一个关键字位。

下面讨论 LSD 方法的一个实现。

为了有效地存储和重排记录,算法采用静态链表。有关数据类型的定义如下:

```
#define RADIX 10
#define KEY_SIZE 6
#define LIST_SIZE 1000
typedef int KeyType;
typedef struct{
        KeyType key[KEY_SIZE];        /*子关键字数组*/
        OtherType other_data;         /*其他数据项*/
        int next;                     /*静态链域*/
        }RecordType1;
typedef struct{
        RecordType1 r[LIST_SIZE + 1];  /*r[0]为头结点*/
        int length;
        int keynum;
        }SlinkList;                    /*静态链表*/
typedef int PVector[RADIX];
```

算法 9.14 分配算法。

```
void Distribute(RecordType1 r[],int i,PVector head,PVector tail)
/*记录数组 r 中记录已按低位关键字 key[i + 1],…,key[d]进行过"低位优先"排序*/
/*本算法按第 i 位关键字 key[i]建立 RADIX 个队列,同一个队列中记录的 key[i]相同*/
/*head[j]和 tail[j]分别指向各队列中第 1 个和最后一个记录(j = 0,1,2,…,RADIX - 1)*/
/*head[j] = 0 表示相应队列为空队列*/
{
  for(j = 0; j <= RADIX - 1; ++j)
    head[j] = 0;                      /*将 RADIX 个队列初始化为空队列*/
  p = r[0].next;                      /*p 指向链表中的第 1 个记录*/
  while(p! = 0)
    {
    j = Order(r[p].key[i]);           /*用记录中第 i 位关键字求相应队列号*/
    if(head[j] == 0)
      head[j] = p;                    /*将 p 所指向的结点加入第 j 个队列中*/
    else
      r[tail[j]].next = p;
```

```
        tail[j] = p;
        p = r[p].next;
        }
}
```

算法 9.15 收集算法。

```
void Collect(RecordType1 r[],PVector head,PVector tail)
/* 本算法从 0 到 RADIX - 1 扫描各队列,将所有非空队列首尾相接,重新链接成一个链表 */
{
j = 0;
while(head[j] == 0)                      /* 找第 1 个非空队列 */
  ++j;
r[0].next = head[j]; t = tail[j];
while(j < RADIX - 1)                     /* 寻找并串接所有非空队列 */
  {
  ++j;
  while((j < RADIX - 1)&&(head[j] == 0)) /* 查找下一个非空队列 */
    ++j;
  if(head[j]!= 0)                        /* 链接非空队列 */
    {
    r[t].next = head[j]; t = tail[j];
    }
  }
  r[t].next = 0;                         /* t 指向最后一个非空队列中的最后一个结点 */
}
```

算法 9.16 基数排序算法。

```
void RadixSort(RecordType1 r[],int length)
/* length 个记录存放在数组 r 中,执行本算法进行基数排序后,链表中的记录将按 */
/* 关键字从小到大的顺序相链接 */
{
n = length;
for(i = 0; i <= n - 1; ++i)
  r[i].next = i + 1;                     /* 构造静态链表 */
r[n].next = 0;
d = keynum;
for(i = d - 1; i >= 0; -- i)            /* 从最低位子关键字开始,进行 d 趟分配和收集 */
  {
  Distribute(r,i,head,tail);            /* 第 i 趟分配 */
  Collect(r,head,tail);                 /* 第 i 趟收集 */
  }
}
```

例 9.12 基数排序的过程示例。

初始关键字序列为(02,77,70,54,64,21,55,11,38,21),基数排序过程如图 9.11 所示。

在这个例子中,文件和所有的队列都表示成向量(一维数组)。显然,关键字的某一位有可能均为同一个数字(例如,个数都为 0),这时所有的记录都同时装入同一个队列中(例如,同时装入 0 号队列中)。因此,如果每个队列的大小和文件大小相同,则需要一个 10 倍于文件大小的附加空间。此外,排序时需要进行反复的分配和收集记录。所以,采用顺序表示是不方便的。

基数排序所需的计算时间不仅与文件的大小 n 有关,而且还与关键字的位数、关键字的基有关。设关键字的基为 r(十进制数的基为 10,二进制数的基为 2),为建立 r 个空队列

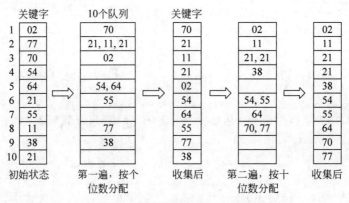

图 9.11　基数排序过程示意图

所需的时间为 $O(r)$。把 n 个记录分放到各个队列中并重新收集起来所需的时间为 $O(n)$，因此一遍排序所需的时间为 $O(n+r)$。若每个关键字有 d 位，则总共要进行 d 遍排序，所以基数排序的时间复杂度为 $O(d(n+r))$。由于关键字的位数 d 直接与基数 r 以及最大关键字的值有关，因此不同的 r 和关键字将需要不同的时间。

基数排序所需的辅助存储空间为 $O(n+r)$。基数排序是稳定的。

9.7　内部排序算法比较

1．排序的分类

按平均时间可将排序分为以下四类：

(1) 平方阶 $[O(n^2)]$ 排序，一般称为简单排序，如直接插入、直接选择和冒泡排序。

(2) 线性对数阶 $O(n\log_2 n)$ 排序，如快速、堆和归并排序。

(3) 时间复杂度为 $O(n^{1+\alpha})$ 的排序，α 是介于 0～1 的常数，即 $0<\alpha<1$，如希尔排序。

(4) 时间复杂度为 $O(n+r)$ 的排序，如基数排序。

2．各种排序方法的比较

简单排序中直接插入最好；快速排序最快；当文件为正序时，直接插入和冒泡均为最佳。

3．影响排序效果的因素

因为不同的排序方法适应不同的应用环境和要求，所以选择合适的排序方法应综合考虑下列因素：

(1) 待排序的记录数目 n。

(2) 记录的大小(规模)。

(3) 关键字的结构及其初始状态。

(4) 对稳定性的要求。

(5) 语言工具的条件。

(6) 存储结构。

(7) 时间和辅助空间复杂度等。

4．不同条件下排序方法的选择

(1) 若 n 较小(如 $n \leqslant 50$)，可采用直接插入或直接选择排序。当记录规模较小时，直接插入排序较好；否则，若直接选择移动的记录数少于直接插入，应选直接选择排序为宜。

（2）若文件初始状态基本有序（指正序），则应选用直接插入、冒泡或随机的快速排序为宜。

（3）若 n 较大，则应采用时间复杂度为 $O(n\log_2 n)$ 的排序方法：快速排序、堆排序或归并排序。快速排序是目前基于比较的内部排序中被认为是最好的方法，当待排序的关键字随机分布时，快速排序的平均时间最短；堆排序所需的辅助空间少于快速排序，并且不会出现快速排序可能出现的最坏情况。这两种排序都是不稳定的。若要求排序稳定，则可选用归并排序。但本章介绍的从单个记录起进行两两归并的排序算法并不值得提倡，通常可以将它和直接插入排序结合在一起使用。先利用直接插入排序求得较长的有序子文件，然后再两两归并之。因为直接插入排序是稳定的，所以改进后的归并排序仍是稳定的。

（4）在基于比较的排序方法中，每次比较两个关键字的大小之后，仅仅出现两种可能的转移，因此可以用一棵二叉树来描述比较判定过程。

当文件的 n 个关键字随机分布时，任何借助于"比较"的排序算法，至少需要 $O(n\log_2 n)$ 的时间。

基数排序只需要一步就能引起 m 种可能的转移，即把一个记录装入 m 个箱子之一，因此在一般情况下，基数排序可能在 $O(n)$ 时间内完成对 n 个记录的排序。但是，基数排序只适用于像字符串和整数这类有明显结构特征的关键字，而当关键字的取值范围属于某个无穷集合（如实数型关键字）时，无法使用基数排序，这时只有借助于"比较"的方法来排序。

当 n 很大，记录的关键字位数较少且可以分解时，采用基数排序较好。

（5）有的语言（如 Fortran、COBOL 或 Basic 等）没有提供指针及递归，导致实现归并、快速（它们用递归实现较简单）和基数（使用了指针）等排序算法变得复杂。此时可考虑用其他排序。

（6）本章给出的排序算法，输入数据均是存储在一个向量中。当记录的规模较大时，为避免耗费大量的时间去移动记录，可以用链表作为存储结构。例如，插入排序、归并排序、基数排序都易于在链表上实现，使之减少记录的移动次数。但有的排序方法，如快速排序和堆排序，在链表上却难以实现，在这种情况下，可以提取关键字建立索引表，然后对索引表进行排序。然而更为简单的方法是：引入一个整型向量 t 作为辅助表，排序前令 $t[i]=i(0\leqslant i<n)$，若排序算法中要求交换 $R[i]$ 和 $R[j]$，则只需要交换 $t[i]$ 和 $t[j]$ 即可；排序结束后，向量 t 就指示了记录之间的顺序关系：$R[t[0]].\text{key}\leqslant R[t[1]].\text{key}\leqslant\cdots\leqslant R[t[n-1]].\text{key}$，若要求最终结果是 $R[0].\text{key}\leqslant R[1].\text{key}\leqslant\cdots\leqslant R[n-1].\text{key}$，则可以在排序结束后，再按辅助表所规定的次序重排各记录，完成这种重排的时间是 $O(n)$。

9.8　外部排序简介

在许多实际应用系统中，经常遇到要对数据文件中的记录进行排序处理的情况。由于文件中的记录很多、信息量庞大，整个文件所占据的存储单元远远超过一台计算机的内存容量。因此，无法把整个文件输入内存中进行排序。于是，就有必要研究适合于处理大型数据文件的排序技术。通常，这种排序往往需要借助于具有更大容量的外存设备才能完成。相对于仅用内存进行排序（又称为内排序）而言，这种排序方法就叫作**外排序**。在实际应用中，由于使用的外存设备不同,通常又可以分为磁盘文件排序和磁带文件排序两大类。磁带排序和磁盘排序的基本步骤类似,它们的主要不同之处在于初始归并段在外存储介质中的分布方式,磁盘是直接存取设备,磁带是顺序存取设备。

外部排序基本上由两个相对独立的阶段组成。首先,按可用内存大小,将外存上含 n 个记录的文件分成若干长度为 h 的子文件,依次读入内存并利用有效的内部排序方法对它们进行排序,并将排序后得到的有序子文件重新写入外存,通常称这些有序子文件为归并段或顺串;然后,对这些归并段进行逐趟归并,使归并段(有序的子文件)逐渐由小到大,直至得到整个有序文件为止。

最简单的归并方法类似于内部排序中的二路归并算法。二路归并排序的方法,其基本思想就是:先把具有 n 个记录的文件看作是由 n 个长度为 1 的顺串构成的。在此基础上进行一趟又一趟的归并。一趟归并,是把文件中每一对长度为 h 的顺串合并成一个长度为 $2h$ 的顺串;其结果将使文件中顺串的长度增加一倍而使顺串的数量减少一半。经过若干趟归并之后,当文件中只含有一个长度为 n 的顺串时,整个文件的排序就完成了。

还有一种常用的快速的多路归并法:**多路归并排序**。多路归并排序是二路归并排序的推广,它可以减少归并趟数,k 路归并排序的基本方法是:开始把若干长度为 k 的初始顺串尽量均匀地分布到 m 个输入文件 f_1、f_2、……、f_m 上,然后反复从 f_1、f_2、……、f_m 各读一个顺串,归并成长度为 mk 的顺串,轮流地写到输出文件 g_1、g_2、……、g_m 上。下一趟从 g_1、g_2、……、g_m 归并到 f_1、f_2、……、f_m。一趟又一趟地反复进行,直到排序结束。在进行多路归并时,需要从 k 个记录中选关键字最小的记录,为了不增加内部归并时需进行关键字比较的次数,在具体实现时,通常不用选择排序的方法,而用"败者树"来实现。又从外部的趟数 $\lfloor \log_k m \rfloor$ 可见,若减少 m 也可减少外部排序的时间,对待排序的初始记录进行"置换选择排序"可以得到平均长度为 $2h$ 的有序子序列。

本 章 小 结

- 由于排序是数据处理中经常运用的一种重要运算,因此,这一章是本书的重点之一。
- 本章主要介绍了排序及与排序相关的一些概念,详细讨论了各种常见的排序算法的设计与实现;并对这些排序算法的稳定性和复杂性进行了较为详尽的分析。
- 从本章讨论的各种排序算法可以看到,不存在"十全十美"的排序算法,每一种排序方法都有其优缺点,有其本身适用的场合。
- 由于排序运算在计算机应用问题中经常碰到,读者应重点理解各种排序算法的基本思想,熟练掌握各种排序算法的设计与实现,充分掌握各种排序方法的特点以及对算法的分析方法,从而面对实际问题时能选用合适的排序方法。

习 题 9

一、单项选择题

1. 若对 n 个元素进行直接插入排序,在进行第 i 趟排序时,假定元素 $r[i+1]$ 的插入位置为 $r[j]$,则需要移动元素的次数为( )。

    A. $j-i$ B. $i-j-1$ C. $i-j$ D. $i-j+1$

  2. 在对 n 个元素进行冒泡排序的过程中,至少需要(　　)趟才能完成。

    A. 1   B. n C. $n-1$ D. $\lfloor n/2 \rfloor$

  3. 在对 n 个元素进行快速排序的过程中,若每次划分得到的左、右两个子区间中元素的个数相等或只差一个,则整个排序过程得到的含两个或两个元素的区间个数大致为(　　)。

    A. n B. $\lfloor n/2 \rfloor$ C. $\lfloor \log_2 n \rfloor$ D. $2n$

  4. 在对 n 个元素进行直接选择排序的过程中,在第 i 趟需要从(　　)个元素中选择出最小值元素。

    A. $n-i+1$ B. $n-i$ C. i D. $i+1$

  5. 若对 n 个元素进行堆排序,则在构成初始堆的过程中需要进行(　　)次筛运算。

    A. 1   B. $\lfloor n/2 \rfloor$ C. n D. $n-1$

  6. 假定对元素序列$(7,3,5,9,1,12)$进行堆排序,并且采用小根堆,则由初始数据构成的初始堆为(　　)。

    A. $1,3,5,7,9,12$ B. $1,3,5,9,7,12$

    C. $1,5,3,7,9,12$ D. $1,5,3,9,12,7$

  7. 若对 n 个元素进行归并排序,则进行归并的趟数为(　　)。

    A. n B. $n-1$ C. $\lceil n/2 \rceil$ D. $\lceil \log_2 n \rceil$

  8. 若一个元素序列基本有序,则选用(　　)方法较快。

    A. 直接插入排序   B. 直接选择排序

    C. 堆排序   D. 快速排序

  9. 若要从 1000 个元素中得到 10 个最小值元素,最好采用(　　)方法。

    A. 直接插入排序   B. 直接选择排序

    C. 堆排序   D. 快速排序

  10. 在平均情况下速度最快的排序方法为(　　)。

    A. 直接选择排序   B. 归并排序

    C. 堆排序   D. 快速排序

二、填空题

  1. 每次从无序子表中取出一个元素,把它插入有序子表中的适当位置,此种排序方法叫做_____排序;每次从无序子表中挑选出一个最小或最大元素,把它交换到有序表的一端,此种排序方法叫作_____排序。

  2. 在堆排序过程中,对任一分支结点进行筛选运算的时间复杂度为_____,整个堆排序过程的时间复杂度为_____。

  3. 快速排序在平均情况下的空间复杂度为_____,在最坏情况下的空间复杂度为_____。

  4. 对 20 个记录进行归并排序时,共需要进行_____趟归并,在第 3 趟归并时是把长度为_____的有序表两两归并为长度为_____的有序表。

  5. 若对一组记录$(46,79,56,38,40,80,35,50,74)$进行直接插入排序,当把第 8 个记录插入前面已排序的有序表时,为寻找插入位置需比较_____次。

  6. 若对一组记录$(46,79,56,38,40,80,35,50,74)$进行直接选择排序,用 k 表示最小值元素的下标,进行第 1 趟时 k 的初值为 1,则在第 1 趟选择最小值的过程中,k 的值被修改_____次。

7. 若对一组记录(76,38,62,53,80,74,83,65,85)进行堆排序,已知除第 1 个元素外,以其余元素为根的结点都已是堆,则对第 1 个元素进行筛选运算时,它将最终被筛到下标为_____的位置。

8. 假定一组记录为(46,79,56,64,38,40,84,43),在冒泡排序的过程中进行第 1 趟排序时,元素 79 将最终下沉到其后第_____个元素的位置。

9. 假定一组记录为(46,79,56,38,40,80),对其进行归并排序的过程中,第 2 趟归并后的结果为_____。

10. 在所有排序方法中,_____排序方法采用的是二分法的思想。

三、应用题

1. 对给定的一组关键字{491,088,508,057,909,168,886,273,652,461}分别写出直接插入排序、冒泡排序、希尔排序(增量为 5、2、1)、直接选择排序、堆排序、归并排序和基数排序的各趟运行结果。

上述方法中,哪些是稳定的排序?哪些是非稳定的排序?对不稳定的排序试举出一个不稳定的实例。

2. 判别下列序列是否为堆(小根堆或大根堆),若不是,则将其调整为堆:

(1) (100,86,73,35,39,42,57,66,21)

(2) (12,70,33,65,24,56,48,92,86,33)

(3) (103,97,56,38,66,23,42,12,30,52,06,20)

(4) (05,56,20,23,40,38,29,61,35,76,28,100)

四、算法设计题

1. 一个线性表中的元素为正整数或负整数,设计一个算法,将正整数和负整数分开,使线性表的前部为负整数,后部为正整数,不要求对它们排序,但要求尽量减少交换次数。

2. 编写一个直接插入排序算法,使得查找插入位置时不是采用顺序的方法而是采用二分的方法。

3. 以单链表为存储结构,写一个直接选择排序算法。

4. 写一个堆删除算法:HeapDelete(R,i),将 $R[i]$ 从堆中删去,并分析算法时间。(提示:先将 $R[i]$ 和堆中最后一个元素交换,并将堆长度减 1,然后从位置 i 开始向下调整,使其满足堆的性质。)

5. 已知两个单链表中的元素递增有序,试写一算法将这两个有序表归并成一个递增有序的单链表。算法应利用原有的链表结点空间。

参 考 文 献

[1] Adam Drozdek. Data Structures and Algorithm in C++[M]. 2nd ed. 北京：清华大学出版社，2003.

[2] 严蔚敏，吴伟民. 数据结构(C 语言版)[M]. 北京：清华大学出版社，2007.

[3] 殷人昆. 数据结构(C 语言版)[M]. 北京：清华大学出版社，2017.

[4] 李宗璞，薛琳，丁林花，等. 数据结构实验指导与习题解析[M]. 北京：清华大学出版社，2016.

[5] 张乃孝. 数据结构与算法学习辅导及习题详解[M]. 北京：电子工业出版社，2004.

图书资源支持

感谢您一直以来对清华版图书的支持和爱护。为了配合本书的使用，本书提供配套的资源，有需求的读者请扫描下方的"书圈"微信公众号二维码，在图书专区下载，也可以拨打电话或发送电子邮件咨询。

如果您在使用本书的过程中遇到了什么问题，或者有相关图书出版计划，也请您发邮件告诉我们，以便我们更好地为您服务。

我们的联系方式：

清华大学出版社计算机与信息分社网站：https://www.SHUIMUSHUHUI.com/

地　　　址：北京市海淀区双清路学研大厦 A 座 714

邮　　　编：100084

电　　　话：010-83470236　　010-83470237

客服邮箱：2301891038@qq.com

QQ：2301891038（请写明您的单位和姓名）

资源下载：关注公众号"书圈"下载配套资源。

资源下载、样书申请

图书案例

书圈

清华计算机学堂

观看课程直播